世界兵器
大百科
近身守卫——手枪

王　旭◎编著

河北出版传媒集团
方圆电子音像出版社
·石家庄·

图书在版编目（ＣＩＰ）数据

近身守卫——手枪 / 王旭编著. -- 石家庄 ：方圆
电子音像出版社，2022.8
　　（世界兵器大百科）
　　ISBN 978-7-83011-423-7

　Ⅰ．①近… Ⅱ．①王… Ⅲ．①手枪－世界－少年读物
Ⅳ．①E922.11-49

　　中国版本图书馆CIP数据核字(2022)第132910号

JINSHEN SHOUWEI——SHOUQIANG

近身守卫——手枪

王　旭　编著

选题策划　张　磊
责任编辑　宋秀芳
美术编辑　陈　瑜

出　　版　河北出版传媒集团　方圆电子音像出版社
　　　　　（石家庄市天苑路 1 号　邮政编码：050061）
发　　行　新华书店
印　　刷　涿州市京南印刷厂
开　　本　880mm×1230mm　　1/32
印　　张　3
字　　数　45 千字
版　　次　2022 年 8 月第 1 版
印　　次　2022 年 8 月第 1 次印刷
定　　价　128.00 元（全 8 册）

前 言

人类使用兵器的历史非常漫长，自从进入人类社会后，战争便接踵而来，如影随形，尤其是在近代，战争越来越频繁，规模也越来越大。

随着战场形势的不断变化，兵器的重要性也日益被人们所重视，从冷兵器到火器，从轻武器到大规模杀伤性武器，仅用几百年的时间，武器及武器技术就得到了迅猛的发展。传奇的枪械、威猛的坦克、乘风破浪的军舰、翱翔天空的战机、千里御敌的导弹……它们在兵器家族中有着很多鲜为人知的知识。

你知道意大利伯莱塔 M9 手枪弹匣可以装多少发子弹吗？英国斯特林冲锋枪的有效射程是多少？美国"幽灵"轰炸机具备隐身能力吗？英国"武士"步兵战车的载员舱可承载几名士兵？哪一个型号的坦克在第二次世界大战欧洲战场上被称为"王者兵器"？为了让孩子们对世界上的各种兵器有一个全面和深入的认识，我们精心编撰了《世界兵器大百科》。

本书为孩子们详细介绍了手枪、步枪、机枪、冲锋枪，坦克、装甲车，以及海洋武器航空母舰、驱逐舰、潜艇，空中武器轰炸机、歼击机、预警机，精准制导的地对地导弹、防空导弹等王牌兵器，几乎囊括了现代主要军事强国在两次世界大战中所使用的经典兵器和现役的主要兵器，带领孩子们走进一个琳琅满目的兵器大世界认识更多的兵器装备。

本书融知识性、趣味性、启发性于一体，内容丰富有趣，文字通俗易懂，知识点多样严谨，配图精美清晰，生动形象地向孩子们介绍了各种兵器的研发历史、结构特点和基本性能，让孩子们能够更直观地感受到兵器的发展和演变等，感受兵器的威力和神奇，充分了解世界兵器科技，领略各国的兵器风范，让喜欢兵器知识的孩子们汲取更多的知识，成为知识丰富的"兵器小专家"。

目录

永不过时——转轮手枪

美国柯尔特沃克转轮手枪

　　柯尔特沃克转轮手枪由美国枪械发明家柯尔特和美国得克萨斯州骑警队长沃克联手发明，是柯尔特公司专门为美国骑兵部队生产的。

研发历程

　　1835 年，美国人塞缪尔·柯尔特发明了世界上第一支具有实用价值的转轮手枪。1845 年，装备了柯尔特转轮手枪的美国骑兵队与得克萨斯州骑警队联手，

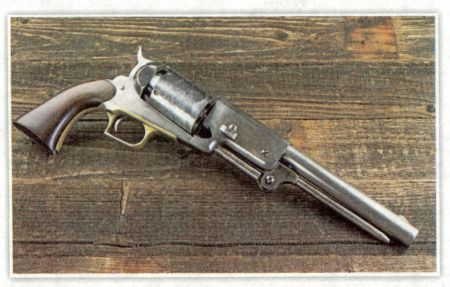

击败了装备单发步枪的印第安人。这场激战的胜利给美国骑兵和政府官员留下了极深的印象。在柯尔特转轮手枪获得他们的青睐后，第二年，美墨战争爆发，由于战争需求，美国骑兵上尉沃克找到柯尔特，提出与之合作，二人共同设计了一种新型的6发转轮手枪。新枪设计成功后，美国政府立刻就向柯尔特订购了上千支，因为柯尔特所在地区当时并没有能够大批量生产武器的兵工厂，于是他向伊莱·惠特尼求助，在其康涅狄格州的兵工厂投入生产。1847年，这批手枪被交付给美国军队。

军事放大镜

柯尔特最初将这款转轮手枪命名为柯尔特M1847式转轮手枪，后来沃克向美国政府推荐了这款枪。为了纪念沃克对自己的帮助，柯尔特最终将这款手枪命名为柯尔特沃克转轮手枪。

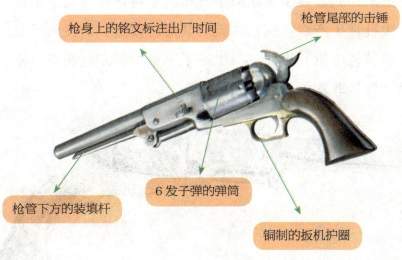

枪身上的铭文标注出厂时间

枪管尾部的击锤

6发子弹的弹筒

枪管下方的装填杆

铜制的扳机护圈

手枪性能

　　柯尔特沃克转轮手枪的设计简洁流畅、材料坚固耐用、扳机顺畅平滑，使用起来方便又可靠，最大的优点是射击精准度高，并且威力巨大，早期的柯尔特沃克转轮手枪就有一枪击毙一匹战马的威力。

发展状况

你知道吗

你知道柯尔特沃克转轮手枪在中国叫什么吗？

　　柯尔特沃克转轮手枪刚被设计出来，就爆发了美墨战争，在柯尔特沃克转轮手枪第一次批量生产后，柯尔特就对其进行改进，研发出了骑兵型转轮手枪。因此，只生产了一批的柯尔特沃克手枪是存世量非常稀少的收藏品。

美国柯尔特M1851
海军型转轮手枪

M1851 海军型转轮手枪是"转轮手枪之父"塞缪尔·柯尔特亲自研制的一款转轮手枪。作为柯尔特公司的顶尖产品，它是 19 世纪五六十年代最受欢迎的手枪之一。

军事放大镜

M1851 海军型转轮手枪曾在美国内战——南北战争中发挥了不小的作用，据说柯尔特曾以 M1851 海军型转轮手枪为主，将大量的精良武器卖给南军，这使得北军在战斗中连连受挫，甚至影响了战争走向。因此一些记者对柯尔特和他设计的武器口诛笔伐，称他是"丑陋的资本家"，认为他是让战争迟迟无法结束、国家难以重新统一的元凶。

研发历程

1847 年，柯尔特开始研制新型转轮手枪，并且在枪身上雕刻了 1843 年得克萨斯州海军在坎佩切战役中击败墨西哥海军的情景。1850 年，完成设计并制造出样枪。1851 年，正式投入生产。

柯尔特为了致敬让他的手枪
大放异彩的得克萨斯州骑兵
和海军，一开始，将这款枪命名
为 M1851 骑兵型转轮手枪，但是之
前已经有了一款骑兵型手枪，所以柯尔特又将"骑兵"
改为"海军"。

手枪性能

　　柯尔特 M1851 海军型转轮手枪使用起来十分轻便，
具有很高的射速和精准度，并且在大多数手枪还在使用
滑膛枪管的时代，海军型转轮手枪已经使用转轮弹膛。

海军型转轮手枪的射程有着
极大的优势，一经推出，
就受到了美国和英国的士兵以
及手枪爱好者的追捧。

　　M1851海军型转轮手枪经过多次射击测
验，表现都很出色，曾经在单手持枪射击70米
外的半身人像靶的测试中达到了80%的命中率。
这款枪的故障率也比其他手枪低得多，平均每连
续射击60次才出现一次故障。另外，该款转轮手枪还
采用了保险装置，能够保证在装满弹药时不会意外走火。

装备情况

　　柯尔特M1851海军型转轮手枪因为其良好的性能
在同类产品中脱颖而出，除了美国军队之外，许多其
他国家的军队也对其印象深刻，欧洲一些军火大国的
军队曾一度列装海军型转轮手
枪，比如英国在克里米亚
战争期间，就曾大量
装备该枪，另外该枪
也曾被加拿大等
国家批量购买。

你 知 道 吗

你知道M1851海军型转轮手
枪是世界上最早使用哪种枪管结
构的手枪吗？

美国柯尔特M1873转轮手枪

柯尔特 M1873 转轮手枪，全称为柯尔特 M1873 单动式转轮手枪，是一款传奇式的左轮枪，它的身影曾多次出现在美国西部电影中，是当时美国最流行的手枪之一，被人们冠以"和平捍卫者"的美称。

研发历程

1871 年，柯尔特公司推出了一款新式后装式转轮手枪，名叫柯尔特 M1871 转轮手枪。但是由于这款枪弹容量小，只有 4 发，而且结构复杂，实用性低，因此销量很差，不得不停产。紧接着柯尔特公司又进行了进一步研发，在第二年推出了实用性更强的后装式转轮手枪——M1872 转轮手枪，弹容量提高到 6 发，但是柯尔特公司仍然认为 M1872 转轮手枪有许多不足，

在生产了 7000 支之后决定再次进行改进。1873 年，再次改进后的柯尔特 M1873 转轮手枪被生产出来后立刻就参加了美军制式武器的竞选，凭借其优秀的性能一举赢得了美军制式武器的订单。

手枪结构

柯尔特 M1873 转轮手枪根据其枪管长度的不同，分为 3 种型号，分别是枪管为 190 毫米的骑兵型、140 毫米的炮兵型和 120 毫米的民用型。枪管前段有三角形准星，枪管通过尾部的螺纹固定在转轮座上，转轮座上还有装填口盖，底部装有退壳杆。

柯尔特 M1873 转轮手枪创新地采用固定式转轮座，

军事放大镜

"和平捍卫者"的名字来自一段传奇故事：1881 年，美国的快枪手怀特厄普曾用这款枪在 30 秒内连开 25 枪击毙了三名盗马贼，这次枪战被人们称为"OK 牧场大枪战"，而 M1873 转轮手枪也因此获得了"和平捍卫者"的美誉。

因为过去最常见的开放式转轮座顶部开放的设计存在一定的危险。而当时还有比较风靡的"撅把式"转轮座结构，即装弹或退壳时需要将手枪从转轮座处撅开，但这种结构坚固性差，使用大口径弹药时也可能会带来危险。

手枪性能

柯尔特 M1873 转轮手枪的高性能得益于它采用了很多创新实用的设计：弹簧装弹退壳系统，提高了装填

子弹和退壳的效率；固定式的底
把和转轮座，很好地提
高了手枪的可靠性和
弹膛的密封性，
转轮座顶部
增添了一道
凹槽，方便快速
瞄准；"和平捍卫者"
还设有一体式的击锤和
击针，以及保险卡榫，这
样能保证手枪的安全性；除
此之外，"和平捍卫者"的枪管
下方有一名为"凸杆"的杆状结构，有助于射手在握
持时保持平衡，可以增强射击时的稳定性。

你 知 道 吗

你知道美军在1873—1893年
购买的M1873"和平捍卫者"转轮
手枪大约有多少支吗？

美国柯尔特蟒蛇型转轮手枪

蟒蛇型转轮手枪是在沃克转轮手枪问世一百年后，柯尔特公司推出的一款全新的转轮手枪，是一款以精度和威力著称的经典转轮手枪。

研发历程

柯尔特公司在 1955 年正式推出蟒蛇型转轮手枪。最初，柯尔特公司的想法是设计出一种 9.65 毫米口径的比赛级左轮手枪，并采用加强型底把和单/双动击发机构，最后却阴差阳错地造出了这样一款闻名世界的 9 毫米口径转轮手枪。

手枪结构

蟒蛇型转轮手枪为双动击发手枪，但也能用手扳下击锤进行单动射击，弹巢（转轮）向左侧摇出进行退壳和装填。击发机构可以进行调整，使扳机扣力更轻柔。蟒蛇型转轮手枪的战斗型机械瞄准具是一种专门用来快速瞄准的瞄具，可以在枪厂或通过专业枪匠更换。片状

的准星上嵌有橙色的夜光塑料片，方便射手在昏暗的环境中进行瞄准。缺口式照门可以用改锥来调整风偏和高低，同样可以拆卸和更换。另外，蟒蛇型转轮手枪也支持安装瞄准镜。

 **手枪性能**

军事放大镜

枪械历史学家R.L.威尔逊曾称蟒蛇型转轮手枪为"柯尔特转轮手枪中的劳斯莱斯"，枪械历史学家伊恩·霍格也曾形容它是"世界上最好的转轮手枪"。

蟒蛇型转轮手枪的外观非常漂亮，其表面处理方式有早期的镀镍型和后期的不锈钢型两种。镀镍型最受欢迎的表面处理方式是烤蓝，即用特殊的溶液涂抹在枪身并高温烤制，形成漂亮的蓝紫色。

在镀镍型被不锈钢型取代后，表面处理方式也改变了：一种是拉丝加工，可以保护枪身不容易被划伤；另一种就是仿电镀漆处理，可以达到镀铬金属般的光泽效果，使枪身非常光滑明亮。除了高颜值外，蟒蛇型转轮手枪的加强型底把和融合了弹仓和枪膛功能的转动式弹巢大大提高了换弹流畅性和枪身稳定性。此外，轻柔的扳机和密闭式弹仓闭锁设计避免了枪支走火带来的危险。

装备和使用情况

蟒蛇型转轮手枪一经推出就受到了民间爱好者的喜爱，不仅如此，美国的一些警察机关也曾装备蟒蛇型转轮手枪。在半自动手枪问世后，美国警用转轮手枪的市场如潮水一般退去，不过这款枪在民间市场的价格却开始上涨，许多枪械收藏家都对它情有独钟。

你知道蟒蛇型转轮手枪是在哪一年停产的吗？

美国柯尔特巨蟒型转轮手枪

巨蟒型转轮手枪是柯尔特公司在1990年生产的一款大尺寸双动式转轮手枪，拥有极大的威力。

手枪结构

根据枪管长度的不同，巨蟒型转轮手枪分为4种型号，分别是2.5英寸、4英寸、6英寸和8英寸（1英寸=2.54厘米）。该枪沿用了柯尔特公司"蛇"系列转轮手枪的战斗风格握把，除了握把以外，枪身均采用高级不锈钢精制而成。枪管内有6条膛线。弹仓为一体式转轮，可以装填6发子弹，弹仓加工十分精细，换弹平滑顺畅，装弹和退壳时，需要从左侧退出弹仓。

军事放大镜

1955—1993年柯尔特公司一共推出了七条"蛇"，分别是蟒蛇（Boa）、眼镜蛇（Cobra）、响尾蛇（Diamondback）、蝰蛇（Viper）、眼镜王蛇（King cobra）、巨蟒（Anaconda）。

其瞄准方式有两种：一种是用机械瞄具瞄准，枪管前段的准星上有红点，枪尾的金属缺口式照门上有白点并且可调整宽度；另一种是加装光学瞄准镜。

手枪性能

巨蟒型转轮手枪继承了柯尔特公司"蛇"系列转轮手枪的优点，结构简单、做工精细、安全

你知道巨蟒型转轮手枪是哪一年开始服役的吗？

可靠，枪体全身采用
不锈钢精细加工，有
橡胶和木头两种材质
的握把，而且均配有
枪口制退器来减小后
坐力。

　　巨蟒型转轮手枪
的外形酷似它的前辈
蟒蛇型转轮手枪，而且精
准度是全系列最高的，但由
于它尺寸太大，不方便隐藏携带，
因此该枪没能成为美国执法部门的配枪，不过它仍然
受到了许多射击爱好者和猎人的偏爱。

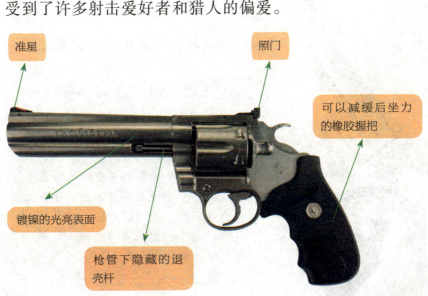

准星

照门

可以减缓后坐力
的橡胶握把

镀镍的光亮表面

枪管下隐藏的退
壳杆

美国史密斯 & 韦森 M29 转轮手枪

M29 转轮手枪是史密斯 & 韦森公司推出的一款大口径转轮手枪，因尺寸大、威力强而广受欢迎。

研发历程

1954 年，美国雷明顿武器公司推出了一种新设计的 0.44 英寸（11.176 毫米）马格南转轮手枪弹。1955 年，史密斯 & 韦森公司在 1950 型靶枪的基础上，将弹膛改进以使用该马格南弹，并对转轮和底把进行了热处理。

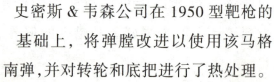

军事放大镜

20 世纪 60 年代末期，基本型号的 M29 转轮手枪面临停产，制造商开始改为生产定制化版本，可是在 1971 年，在著名警匪电影《肮脏的哈里》中，该型号手枪被主角称为"世界上火力最强的手枪"。电影一经发行，M29 转轮手枪因此声名远扬，引来了大量枪械爱好者的购买。

但改进后的这种枪被认为后坐力太大，没有人能承受。1957年，史密斯＆韦森公司在进一步改良后，将此枪重新命名为 Model 29，即 M29。

手枪性能

M29转轮手枪结构简单，但是弹容量较小。该枪采用优良的抛光和镍表面涂层技术，主要有烤蓝和镀镍两种表面处理方式，非常华丽。

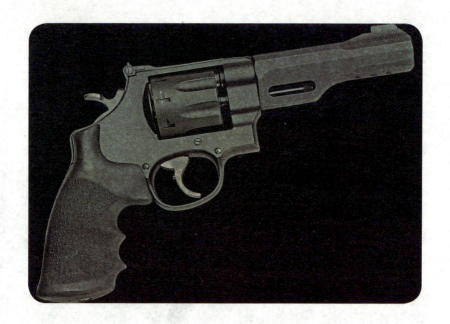

由于该枪使用 0.44 英寸（11.176 毫米）马格南弹，防护能力很强，威力十分惊人，近距离射击能够击倒一头大型野猪。并且作为一款大口径转轮手枪，该枪的双动扳机扣力较轻，射击精度很高。

你 知 道 吗

你知道史密斯 & 韦森 M29 转轮手枪的有效射程是多少吗？

美国史密斯＆韦森 M500转轮手枪

M500转轮手枪由史密斯＆韦森公司在2003年推出，号称是"世界上威力最大的转轮手枪"。它的杀伤力十分惊人，可以轻松击穿钢板和砖头。

手枪结构

史密斯＆韦森M500转轮手枪的口径非常大，为0.50英寸，即12.7毫米。M500是双动式击发机构，采用史密斯＆韦森公司生产的X型大尺寸底把，发射的是0.50英寸（12.7毫米）

史密斯＆韦森马格南弹，但是由于子弹太大，弹巢里只能装下 5 发。

手枪性能

虽然 M500 转轮手枪发射大口径子弹的动能巨大，但该枪采用的一系列先进设计可以很好地减小后坐力，

比如超重的枪身和枪管下方的配重块可以抑制枪口上跳，厚实的橡胶握把可以减缓冲击，以及枪口制退器可以增强稳定性等。

军事放大镜

初学者在学习使用任何枪械时，都应该在专业教练的指导下进行，但由于 M500 转轮手枪的后坐力实在太大，不易掌控，所以史密斯＆韦森公司特别强调初学者在使用该枪时必须有教练特别看护。

使用范围

M500 转轮手枪并不是军事用枪，而是用于射击运动或狩猎大型动物的手枪，因为它的威力足以击杀一头犀牛。不过，就狩猎来说，恐怕 M500 已经没有用武之地了，毕竟现在大型动物基本上都被保护起来了。

衍生型号

M500 转轮手枪的知名度非常高，衍生型号也多达 8 种，其中有作为紧急求生手枪的 M500ES；附有各式配件的定制型 M500 转轮手枪。此外，还有小型手枪 M500HIVIZ，其拥有不锈钢打造的枪身，枪管只有 8 英寸，却仍然搭配了枪口制退器。

你知道吗

你知道史密斯＆韦森 M500 转轮手枪是哪一年开始服役的吗？

美国儒格阿拉斯加人转轮手枪

　　阿拉斯加人转轮手枪是美国斯特姆·儒格公司
（Sturm Ruger）在 2005 年推出的一款大口径短枪管转
轮手枪，是目前世界上口径最大的短管转轮手枪。

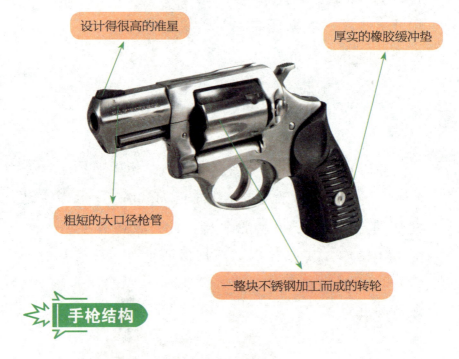

设计得很高的准星

厚实的橡胶缓冲垫

粗短的大口径枪管

一整块不锈钢加工而成的转轮

手枪结构

　　阿拉斯加人转轮手枪的枪管粗短，看上去就像古代
的臼炮，子弹发射的瞬间会产生很大的后坐力，子弹口
径越大，后坐力越大，子弹飞出枪口时，枪口上抬的幅

度也就越高。因此为了减小后坐力，设计师研制阿拉斯加人转轮手枪时将枪口上抬的高度预估在内，把准星设计得很高。这款枪还采用了特殊的转轮固定系统来增强缓冲效果，握把上非常厚实的橡胶缓冲垫可以很有效地减缓巨大的后坐力。

军事放大镜

在使用"阿拉斯加人"这类大口径转轮手枪时，应该采用站立的射击姿势，而不能在俯卧状态下进行射击。因为该枪后坐力太大，在用卧姿射击时，手肘支撑在地上，巨大的后坐力很容易伤到胳膊肘。

手枪性能

阿拉斯加人转轮手枪作为防身手枪，其大口径带来的巨大威力和短枪管的便携性深受野外运动爱好者的欢迎。由于这款手枪在有效范围内射击的威力大得可怕，有一些它的支持者认为它有与史密斯&韦森 M500 转轮手枪一较高下的实力，甚至可以夺取"世界上威力最大的手枪"的称号。

销售对象

在美国，爱好打猎、钓鱼等野外活动的人非常多。在阿拉斯加州，对喜欢在野外游玩或者钓鱼的人们来说，很容易遭遇熊的袭击，人们如果不想成为熊的晚餐，要么以极快的速度逃跑，要么掏出一把威力足够大的手枪保护自己。因此儒格公司在推出阿拉斯加人转轮手枪仅仅一年后，它就成了儒格公司的手枪系列中最受欢迎的产品之一，最开始光顾的客人都是手枪迷和猎人，后来它的销售目标逐渐扩大到了所有的野外活动爱好者。

你知道吗

你知道阿拉斯加人转轮手枪是由儒格公司的哪一款手枪改进而来的吗？

沙俄/苏联纳甘 M1895 转轮手枪

纳甘 M1895 转轮手枪是比利时设计师利昂·纳甘为沙皇俄国军方设计的一款军用转轮手枪。

研发历程

1895 年，纳甘 M1895 转轮手枪被研制出来，一开始该枪按照发射机构的不同，有单动和双动两种版本，被士兵称为"列兵型"和"军官型"。不过单动式的纳甘 M1895 转轮手枪在 1918 年停产，除了一些比赛用枪之外，大部分纳甘 M1895 转轮手枪都被改装成双动式。最初，纳甘 M1895 转轮手枪在比利时的兵工厂生产，后来转移到沙俄的兵工厂，并大量装备于沙俄的军队和警察机关。十月革命胜利后，新生的苏维埃政权又继续装备纳甘 M1895 转轮手枪，使得该枪成为其第一代警用制式手枪。

　　纳甘 M1895 转轮手枪的枪管前部有消声器接口，苏联的特种部队基本上配备的都是装有消声器的版本，用来执行一些特殊任务。除此之外，M1895 转轮手枪还有短枪管的版本，可以让便衣警察把枪隐蔽地藏在衣服里。

手枪结构

　　M1895 转轮手枪是唯一一款采用气动密封式转轮结构的手枪，发射时转轮与枪管后端闭锁，可以有效防

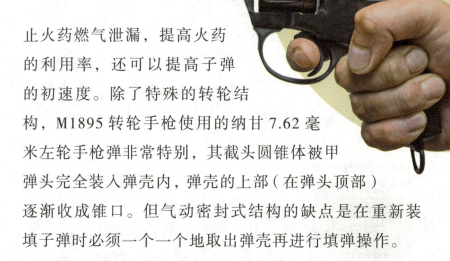

止火药燃气泄漏，提高火药的利用率，还可以提高子弹的初速度。除了特殊的转轮结构，M1895 转轮手枪使用的纳甘 7.62 毫米左轮手枪弹非常特别，其截头圆锥体被甲弹头完全装入弹壳内，弹壳的上部（在弹头顶部）逐渐收成锥口。但气动密封式结构的缺点是在重新装填子弹时必须一个一个地取出弹壳再进行填弹操作。

服役情况

M1895 转轮手枪的使用非常广泛，在第二次世界大战时被苏联红军大量装备，还有一部分被德军缴获并装备。M1895 转轮手枪一直被苏联军队装备到第二次世界大战后托卡列夫手枪出现才被撤装，但仍然被俄罗斯铁路警察使用至今。

你知道吗

你知道纳甘 M1895 转轮手枪选择 7.62 毫米口径的原因是什么吗？

英国韦伯利 MK VI 型转轮手枪

　　作为英国著名的制式转轮折转式韦伯利手枪的一个后期代表作,韦伯利 MK VI 型转轮手枪是有史以来最好的军用左轮手枪,被誉为"六响枪的终结者"。

研发历程

　　1887—1913 年,韦伯利·斯科特公司先后推出了韦伯利 MK Ⅰ 型、韦伯利 MK Ⅱ 型、韦伯利 MK Ⅲ 型、韦伯利 MK Ⅳ 型、韦伯利 MK Ⅴ 型等转轮手枪。1913 年,又在韦伯利 MK Ⅴ 型的基础上研制出韦伯利 MK Ⅵ 型转轮手枪。1915 年,该枪开始列装英国部队。

手枪结构

韦伯利 MK VI 型转轮手枪采用特殊的中折式设计，按下击锤旁的转轮闩可以打开转轮上方的镫形锁扣，再向下折开枪管，退壳板会弹出转轮中的子弹或弹壳。装弹后，把枪管上抬折回，手枪顶框重新卡住镫形锁扣即可。

韦伯利 MK VI 型转轮手枪没有设置保险装置，但其最出色的设计解决了这个问题，当枪不处于待发状态时，它的回转式击锤可以保证击针离开弹底，从而避免走火。韦伯利 MK VI 型转轮手枪可以在单动发射模式和双动发射模式之间切换，在双动发射模式下需要很大的力才能扣动扳机，不过仍然可以接受。

枪身左侧刻着韦伯利公司的商标"WEBLEY"和翅膀样式的韦伯利枪弹商标，枪身右侧标着生产序列号。

手枪性能

韦伯利 MK VI 型转轮手枪的威力十分惊人，

军事放大镜

韦伯利 MK VI 型转轮手枪是韦伯利转轮手枪中最著名的一款手枪，在第一次世界大战中表现出色，可以算得上是韦伯利公司的骄傲。

这是因为它使用的子弹是大口径韦伯利弹，但是这种子弹每颗重量超过 17 克，这就导致这款枪在发射时会有很大的后坐力。而且韦伯利 MK Ⅵ 型转轮手枪的弹速相当慢，其枪口初速仅有约 200 米 / 秒。不过这种子弹在有效射程内的威力非常大，性能比当时大部分的子弹都要优秀得多。但当时的英军普遍对它的射程大为不满，甚至在英军中有这样一句传言："如果你能用该死的韦伯利转轮手枪射杀 50 码外的目标，我保证你能用李 – 恩菲尔德步枪射杀 800 码外的目标。"

你知道吗 ???

你知道作为英国军队制式武器的韦伯利 MK Ⅵ 型转轮手枪在 1954 年被哪种手枪取代了吗？

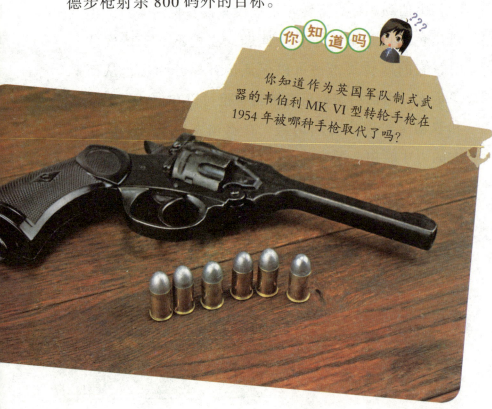

忠诚卫士——半自动手枪

德国毛瑟 C96 手枪

　　毛瑟 C96 手枪是毛瑟兵工厂在 1896 年推出的一款 7.63 毫米口径的半自动手枪，由德国毛瑟兵工厂的设计师费德勒三兄弟发明，该枪是世界上第一款真正的军用半自动手枪。

军事放大镜

　　一战期间，德国陆军向毛瑟兵工厂购买了一批发射 9 毫米帕拉贝鲁姆手枪弹的毛瑟 C96 手枪的衍生型——毛瑟 M1916 手枪。为了避免使用者误用 7.63 毫米弹药，毛瑟兵工厂在这款枪的木制握把上刻印了一个红色的"9"字当作记号，因此这款枪也叫"红9手枪"。

毛瑟 C96 手枪采用的盒式枪套，可以接驳在握把后面，当作枪托

研发历程

　　1893 年，毛瑟兵工厂的费德勒三兄弟在工作之余，研究半自动手枪的工作原理，并尝试设计新的手枪，但毛瑟兵工厂的老板毛瑟兄弟一开始并没有表态支持，因为他们当时研究的重点是步枪。直到 1895 年费德勒三兄弟成功造出了 7.63 毫米口径的样枪，其威力就已经接近步枪了，于是毛瑟兄弟认可了这款枪。他们认为这款枪性能良好，具有极好的市场前景，于是对样枪做了进一步的改进，在 1896 年投入生产，并为它申请了专利，这就是大名鼎鼎的毛瑟 C96 半自动手枪。

手枪性能

　　毛瑟 C96 手枪的自动方式为枪管短后坐式，闭锁方式为闭锁卡铁起落式，这是最早采用空仓挂机机构的手枪。这些结构使该手枪的功能比同时期的手枪都更加完善。枪管内刻有 6 条右旋膛线，搭配 7.63 毫米的枪弹，这给毛瑟 C96 手枪带来了大威力和高射速，质量优秀的同时能够提供强劲的火力。

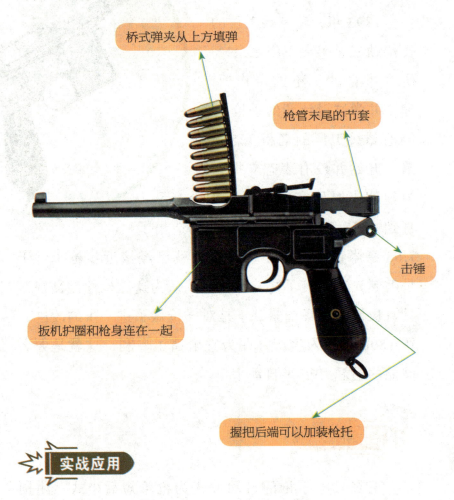

桥式弹夹从上方填弹

枪管末尾的节套

击锤

扳机护圈和枪身连在一起

握把后端可以加装枪托

 实战应用

　　除德国军队外，中国、意大利、土耳其、俄国等国的军队也曾装备毛瑟 C96 手枪，以取代转轮手枪。毛瑟 C96 手枪真正的用武之地是在我国战场。由于各种原因，我国军队严重缺乏一种近战武器以填补自卫手枪与步枪之间的火力间隙，而毛瑟 C96 手枪以其火力猛烈、轻便小巧、弹容量大的特点，受到我国军队的青睐。1896—1939 年，毛瑟兵工厂累计生产了 100 余万支毛瑟 C96 手枪，其中约 70% 被出口到中国。

你知道吗

你知道毛瑟 C96 手枪在中国叫什么吗？

德国鲁格P08手枪

鲁格 P08 手枪是历史上第一款军用半自动手枪，由乔治·鲁格设计，德国武器弹药制造公司生产。

研发历程

1893 年，美籍德国人雨果·博查特发明了世界上第一款半自动手枪——7.65 毫米口径的博查特 C93 手枪，但这款枪有工艺复杂、操作不便等缺点。后来，乔治·鲁格在这款手枪的基础上进行了改进，1899 年研制成功，1900 年投入生产，随后 7.65 毫米口径的鲁格 P08 手枪被瑞士选为陆军制式手枪，成为世界上第一款军用制式手枪。1904 年 9 月 12 日，德国海军正式列装，并将其命名为 M1904。1908 年 8 月 22 日，德国陆军正式采用改进后的 9 毫米口径的 P08 手枪作为制式武器。

乔治·鲁格不仅设计出了这款著名的手枪，还发明了两种子弹，其中最有名的是 9 毫米 ×19 毫米鲁格弹（又名帕拉贝鲁姆 9 毫米手枪弹），是全球使用最广泛的手枪子弹。

手枪结构

鲁格 P08 手枪的自动方式是枪管短后坐式，枪管前段的片状准星呈三角形斜坡状，尾端是带有 V 形缺口式照门的弧形表尺。此枪具有两种口径，分别是 7.65 毫米口径型和 9 毫米口径型。

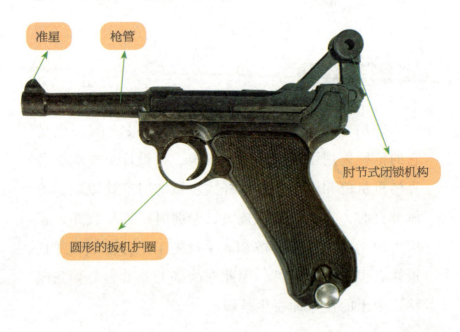

准星

枪管

肘节式闭锁机构

圆形的扳机护圈

手枪性能

鲁格 P08 外观优雅、性能可靠，最大的特色是它的枪机采用了肘节式闭锁机构，在设计上参考了马克沁重机枪和温彻斯特杠杆式步枪的肘节式原理，枪机伸直时，有很强的抵抗力，弯曲时很容易收缩，就像人的手肘一样。鲁格 P08 手枪做工十分精细，并且枪体有很多细小零件，因此在战场上非常容易受到泥沙、尘土的侵入而发生故障。

发展情况

你知道鲁格 P08 手枪在 1938 年被哪种手枪替代为德军制式手枪吗？

鲁格 P08 手枪在德军参加第一次世界大战时就开始被使用，并且被许多国家的军队装备，其中瑞士军队从 20 世纪初到 20 世纪 70 年代一直装备鲁格 P08 手枪。

鲁格 P08 手枪最初仅由德国武器弹药制造公司生产，总生产量超过 40 万支，1911 年后德国的其他兵工厂也被授权开始生产鲁格 P08 手枪，直到 1943 年才结束批量生产，改为少量订制。有很多国家也曾大量仿制生产鲁格 P08 手枪，仿制生产总数约为 205 万支。

德国瓦尔特 PP/PPK 手枪

瓦尔特 PP 手枪是德国瓦尔特公司为警察设计的一种半自动手枪。瓦尔特 PPK 是瓦尔特 PP 手枪的改良型，尺寸较小。

研发历程

1929 年，德国的卡尔·瓦尔特兵工厂推出了第一款小型半自动手枪，这就是著名的 PP 手枪。"PP"的意思是警用手枪（Polizei Pistole），因为这是专门为德国警察研制的一款自卫手枪。在 1931 年，为了满足刑事侦探人员、高级官员以及秘密特工的需求，卡尔·瓦尔特兵工厂又在 PP 手枪的基础上研制了更小型的 PPK（Polizei Pistole Kriminal）手枪，"K"的意思是刑警。

瓦尔特 PP/PPK 半自动手枪首次将转轮手枪的双动发射机构成功地移植到了半自动手枪上，这是一个枪械制造上的突破性技术进步。此后，这种结构理念体现在几乎所有的现代半自动手枪上。

迄今为止，这是世界上推广应用时间最长、应用范围最广泛的手枪结构上的一项科技成果。

手枪结构

瓦尔特PP/PPK手枪的结构非常简单，两款枪的零件数都很少，分别是42件和39件，其中有29件通用零件。瓦尔特PP/PPK手枪采用双动发射机构、外露式击锤，配有机械瞄准具，保险装置包括手动保险、击针保险和跌落保险等。保险位于套筒尾部左侧，弹匣扣位于握把左侧、扳机后方。瓦尔特PP/PPK手枪发射的都是7.65毫米柯尔特手枪弹。不过相比于瓦尔特PP手枪，瓦尔特PPK手枪的握把更短，因此弹匣容量相应较小。

军事放大镜

和瓦尔特PP手枪相比，瓦尔特PPK手枪因为威力适中、外形更精致，所以一经面世就受到了青睐。二战期间，不仅被德国的警察和特工大量使用，还深受德国的陆军、空军以及宪兵的喜爱。德国战败后，许多盟军喜欢将PPK手枪作为纪念品。

衍生型号

（1）PPK-L。PPK-L手枪是PPK手枪的轻型变体，与9毫米口径的PPK手枪不同，这款枪发射的是更轻的7.65毫米口径子弹。

（2）PP Super。PP Super手枪是PP手枪的变体，采用全钢结构，是一款9毫米口径的双动式手枪。最初设计为警用手枪，但仅仅只有约2000支被德国警察部队装备。该枪于1979年停产。

（3）PPK/S。PPK/S手枪采用不锈钢打造，发射7.65毫米口径的子弹，沿用了PPK手枪的套筒和枪管以及PP手枪的套筒座，还增长了握把。

（4）PPS。PPS手枪是瓦尔特公司为便衣警察专门研制的一款小型手枪，PPS的意思是警用超薄手枪。该枪十分小巧便携，实用性也很强。

世界影响

PP和PPK手枪对第二次世界大战后的德国乃至世界各国的手枪设计都产生了极大的影响，尤其是PPK手枪的经典设计，引导了第二次世界大战以后世界手枪设计的潮流。其中，伯莱塔公司和勃朗宁公司从PPK的设计中受到启发，设计出一系列经典的自卫型手枪。自此以后，世界手枪的设计开始朝着PPK手枪的美观外形发展。如瑞士西格公司和德国绍尔公司设计的P220、P226等一系列型号的手枪均受到了PPK手枪设计的极大影响。

你知道吗

你知道瓦尔特PP/PPK手枪的有效射程是多少吗？

德国瓦尔特 P38 手枪

瓦尔特 P38 手枪是德国研制的一种 9 毫米口径半自动手枪，用来取代价格昂贵的鲁格 P08 手枪。

研发历程

20 世纪 30 年代，当时的德国陆军正在寻找鲁格 P08 手枪的替代品，这时收到了瓦尔特递交的新型手枪，名叫"瓦尔特 AP 手枪"，是一把 9 毫米口径、采用内置击锤的闭锁式手枪。德军司令部对这款枪非常满意，但仍提出了一些改进方案。1938 年，德国瓦尔特公司研发出了 P38 手枪，该枪正式成为德国军队的制式配枪。在二战期间，P38 手枪的制造数量达到了 100 万支。

手枪结构

瓦尔特 P38 手枪是最早采用闭锁式枪膛的手枪。

射手可以预先在枪膛内装入一发子弹，然后把击锤拉回安全位置。在双动模式下，射手直接扣动扳机就可以射出枪膛内的子弹，因为扣动扳机的同时会竖起击锤，而随后的射击动作都会通过枪机的循环运动而完成推弹入膛、抛壳和竖起击锤的步骤。而且 P38 手枪的套筒后端有着和 PP 手枪一样的上膛指示器，可以方便射手得知膛室内是否有子弹。

军事放大镜

1939 年 9 月 1 日，德国军队以闪电攻势突袭波兰，瓦尔特 P38 手枪作为德国军队的制式配枪，在实战中发挥了巨大的威力。在苏德战场上，苏联军队缴获了德军大量的 P38 手枪，许多苏联士兵都将它作为自己的随身配枪，爱不释手。

手枪性能

瓦尔特 P38 手枪小巧轻便、火力猛烈、动作可靠、准确性高、易于大批量生产。此外，P38 装上弹药、竖起击锤后，可以再放下击锤；无论何时都能迅速地扳起击锤并扣动扳机打出枪膛内的子弹。在战争中，有时迅速开火比瞄准更重要，该枪仅需简单地扣动扳机就可以完成竖起击锤和射出子弹这一系列动作，所以一经问世，就深受青睐。

你知道吗

你知道除德国外，还有哪些国家在二战后使用过瓦尔特 P38 手枪吗？

德国瓦尔特 P99 手枪

　　瓦尔特 P99 手枪是德国瓦尔特公司研制的一种半自动手枪，适合执法人员使用。

研发历程

　　1956 年，新组建的联邦德国军队将瓦尔特公司生产的 P38 手枪的改进型选为制式手枪，并命名为 P1 手枪。后来瓦尔特公司又陆续推出了 P5 手枪、P5 手枪改进而来的 P1A1 手枪，以及 P88 手枪。1994 年，瓦尔特公司以 P88 手枪为基础，开始研制更加先进的手枪。他们最初是想设计一种更适合执法人员使用的警用手枪，后来又考虑到平民自卫的用途，便设计出了 P99 手枪。

手枪结构

瓦尔特 P99 手枪采用枪管短后坐原理，采用枪管偏移式闭锁机构、拉簧式发射机构，可以切换单、双动发射方式，还有弹膛指示器。瓦尔特 P99 手枪有 3 个保险装置——击针保险、扳机保险和非待击保险，击针保险和扳机保险又起到了跌落保险的作用。

P99 手枪根据机械瞄具的不同，有两个版本，分别在欧洲和美国市场销售，一种是 U 型照门，照门带有荧光标记，准星上则是荧光点；另一种是缺口式照门，照门缺口两侧和准星上都带有荧光点。

军事放大镜

瓦尔特公司的 P99 手枪最先采用了没有击锤的击针式击发机构，是瓦尔特公司里程碑式的产品，代表了瓦尔特公司对击锤击针式击发机构创新性的思维及先进的生产技术。

手枪性能

瓦尔特 P99 手枪的金属部件经过了特殊的特尼佛工艺或镀铬处理，目的是提高部件的耐磨性能。由玻璃纤维聚合物材料制成的套筒座质量轻，人机工程好，更便于握持。握把轴线和枪管轴线的角度符合人体工程学，重心稍稍后移，改善了平衡性，可以抑制射击时枪管的跳动，这使得该枪在连续射击时更容易被控制。此外，枪身外形棱角都做了自然过渡处理，防止在快速出枪时，枪身会勾挂衣服，便于随身携带。

准星

照门

非常防滑的颗粒握把

加大尺寸的扳机护圈

你知道吗

你知道瓦尔特 P99 手枪在手枪界拥有什么样的美誉吗？

德国 HK USP 手枪

HK USP 手枪是德国黑克勒－科赫（HK）公司主要针对美国民间、执法机构和军事部门研发的一种半自动手枪，主要装备于德国、丹麦、日本等多个国家的军队和警察部队。

手枪结构

军事放大镜

一开始，HK USP 手枪只有9毫米和10.16毫米两种口径，但是美国人对11.43毫米（0.45英寸）口径的手枪情有独钟，于是 HK 公司设计了发射该口径手枪弹的新版 USP 手枪，被称为 USP45 式。

HK USP 手枪全枪分为 5 个部分，分别是枪管、套筒、底把、复进簧组件和弹匣，全枪一共有 53 个零件。枪管由铬钢经冷锻制成；套筒用高碳钢加工而成；底把由强化玻璃纤维塑料制成；复进簧则是特殊的双重复进簧装置；弹匣采用嵌合了不锈钢的工程塑料制成。HK USP 手枪还有多种不同型号的扳机可以选用。

该枪的机械瞄具是缺口式照门
和片状准星。

手枪性能

　　HK USP 手枪的耐用性强，
精准度高，动作可靠，人机功能
优秀，双重复进簧装置可以很好地
抵消后坐力，使射手在快速射击时也容
易控制手枪，握把的设计符合人体工程学，

手感舒适，自然瞄准时指向性极佳。HK USP 手枪的握把底部两侧的半圆形凹槽让人即便戴着手套也能轻易取出弹匣。通过在手枪底把下方的战术导轨上加装不同的战术组件，可以有效地提高其在特殊环境下的作战性能。

你知道吗

你知道 HK USP 手枪代号中的"USP"是什么意思吗？

比利时 FN M1906 手枪

M1906手枪是由约翰·勃朗宁设计、比利时FN公司推出的一款袖珍型半自动手枪。

研发历程

1904年，著名的枪械设计师约翰·勃朗宁在柯尔特M1903手枪的基础上，设计制作了一支袖珍型半自动手枪，

军事放大镜

M1906手枪是世界上首款袖珍型半自动手枪，它的成功设计也让它成为后来大多数袖珍型自动手枪的"模板"。

并推销给柯尔特公司。可是对方认为这款枪太小，结构又太复杂，拒绝了勃朗宁。于是勃朗宁又找到FN公司，FN公司很喜欢这支枪的风格，便答应了合作并协助勃朗宁继续改进，最终在1905年完成设计并将其命名为M1906。1906年7月，FN公司正式将其推向市场。

手枪结构

　　M1906 手枪采用了自由枪机和惯性闭锁机构，结构非常简单，只有 33 个零件，套筒、枪管、复进簧、击针簧组件、套筒座、弹匣等主要部分的拆解也十分方便。而且 M1906 手枪的安全性也很好，共有三重保险，分别是弹匣保险、手动保险和握把保险。在膛内有弹的情况下也能放心携带。在手枪没有装弹匣时，弹匣保险可以锁住扳机，无法射击；手动保险在套筒尾部左侧，将它向上拨入套筒缺口即为保险状态；握把保险在握把后方，只有正确握持手枪，虎口挤压到握把后才能射击。

手枪性能

M1906 手枪尺寸小、质量轻，不如成年男性的手掌大，即使握在手里也不容易被发现，隐蔽性很好。M1906 的外形非常平滑，照门和准星全部被套筒顶端的凹槽代替，平板形状的扳机可以在掏枪时不被衣服或口袋钩住而影响出枪速度。

你知道吗

你知道 M1906 手枪在我国的俚称是什么吗?

瑞士西格－绍尔P220手枪

西格－绍尔P220手枪是瑞士军方为替代昂贵的P210手枪而由瑞士西格（SIG）公司和德国绍尔（Sauer）公司合作研发的一款半自动手枪。

军事放大镜

瑞士、丹麦、日本等国家都曾将西格－绍尔P220手枪选为军队制式手枪。后来，西格公司在西格－绍尔P220手枪的基础上改进开发出了一系列新的手枪，它们凭借性能优越、价格便宜的特点，深受军用、警用和民间市场的欢迎。

研发历程

1949年，瑞士西格公司推出了西格P210半自动手枪，但由于价格昂贵且产量低，难以满足军队使用的需求，于是规模较小的西格公司便与德国绍尔公司合作，在西格P210半自动手枪的基础上共同研制出价格便宜、能够量产的新型手枪——西格－绍尔P220手枪。1975年，该枪正式列装瑞士军队。

自此，西格－绍尔系列手枪正式问世。

手枪结构

西格－绍尔 P220 手枪的底把采用了当时比较少见的铝合金材质，大大减轻了手枪的重量，底把表面经过了抛光处理。P220 手枪的套筒由一块 2 毫米厚的钢板冲压、加工而成。而枪管、待击解脱柄、空仓挂机和分解旋柄均由优质钢材冷锻制作，击锤、扳机和弹匣扣均为铸件，复进簧则由缠绕钢丝制成。握把侧片是塑料材质。

手枪性能

西格－绍尔 P220 手枪采用单／双动击发机构，因为该枪稳定可靠，因此设计师没有采用待击解脱柄以外的保险装置，这么做也可以保障在战场上不会贻误战机。

你 知 道 吗 ???

你知道西格－绍尔 P220 手枪在 1975 年被瑞士军队装备后的军方编号是什么吗？

苏联托卡列夫 TT-33 手枪

托卡列夫 TT-33 手枪是苏联制造的半自动手枪，由苏联枪械设计师费德尔·华西列维奇·托卡列夫设计而成，因而该枪又被称为托卡列夫 TT 手枪或托卡列夫手枪。

研发历程

1930 年以前，苏联军队装备的手枪大部分都是从德国进口的毛瑟 C96 手枪，于是苏联革命议会希望能有一款新型本土的手枪取代毛瑟 C96 手枪和当时仍在服役的纳甘 M1895 转轮手枪。

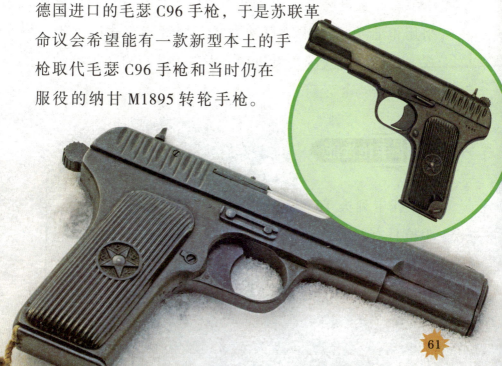

1930 年，苏联枪械设计师菲德尔·托卡列夫设计了一款新型半自动手枪——TT-30 手枪。此枪一经问世，就深受苏联士兵的喜爱，很快 TT-30 手枪就被苏联选中成为新的军用制式手枪。TT-30 手枪于 1936 年开始生产，并在投产之后，针对枪管、扳机及底把等进行了一些简化设计，目的是提高生产效率，这种改进型名为 TT-33。

手枪结构

托卡列夫 TT-33 手枪全枪基本由枪管、上节套、下节套、复进装置、扳机部、弹匣 6 个部分组成。该枪采用枪管短后坐式的自动方式、枪管起落式的闭锁方式、击锤回转式的击发机构，发射模式只有单发一种，弹匣容量为 8 发。

手枪性能

托卡列夫 TT-33 手枪具有两大特点：一是结构紧凑。该枪在吸收勃朗宁手枪优

军事放大镜

托卡列夫 TT-33 手枪在近战中一枪毙敌的概率很高，所以它成为在第二次世界大战中为数不多的屡立"战功"的手枪，是最著名的苏制手枪之一。

点的基础上，创新了一套近似模块化的内部设计，包括击锤、阻铁、击锤簧、阻铁簧等，使枪的整体结构更加紧凑。二是威力大。托卡列夫 TT-33 手枪发射的托卡列夫 7.62 毫米手枪弹是世界上同口径枪弹中威力最大的枪弹，这也是该枪被众多国家仿制的主要原因之一。

发展情况

你知道吗

你知道托卡列夫 TT-33 手枪名字中的"TT"是怎么来的吗？

第二次世界大战结束后，苏联的影响力不断扩大，苏制武器也开始被许多国家仿制，其中也包括托卡列夫 TT-33 手枪。比如波兰的 PW wz.33 手枪，外形和结构与 TT-33 几乎完全一致。该枪在 1946—1959 年服役期间生产了数十万支，直到今天一些波兰警察还在使用这款枪。我国在 20 世纪 50 年代也学习了苏联的技术，仿制 TT-33 研制出了著名的 54 式手枪，被我国人民称作"黑星手枪"。54 式手枪根据亚洲人的手型改进了握把曲线、扳机形状等。作为 TT-33 手枪仿制型号，其工艺水平和产品质量甚至比苏联原产的 TT-33 手枪还要优秀。

苏联马卡洛夫 PM 手枪

马卡洛夫 PM 手枪是由苏联枪械设计师尼古拉·马卡洛夫研制的一款半自动手枪。

研发历程

二战结束后，苏联人对战时的经验进行总结，发现在实战中手枪的使用率非常低，而且托卡列夫手枪具有没有保险装置、停止作用不强的缺点，因此苏联军方决定寻找新的军用自卫手枪来替代托卡列夫手枪，要求是要比托卡列夫手枪结构更紧凑、性能更安全，停止作用更强。

1948 年，苏联枪械设计师尼古拉·马卡洛夫以瓦尔特 PP 手枪为基础，根据苏联军方的要求进行改进和创新，最终研制出了马卡洛夫 PM 手枪。1951 年，

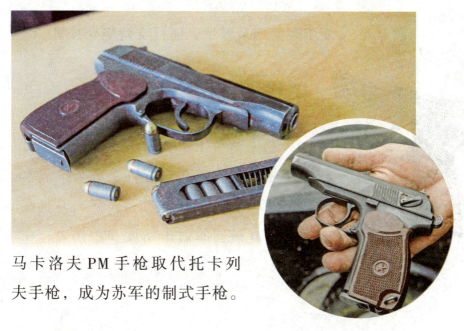

马卡洛夫 PM 手枪取代托卡列夫手枪，成为苏军的制式手枪。

手枪结构

马卡洛夫 PM 手枪采用简单的自由后坐式工作原理，击发机构采用的是击锤回转式，发射机构是双动式。两个保险装置分别是不到位保险和

军事放大镜

由于马卡洛夫 PM 手枪的杀伤力不如一般战斗手枪，所以后来它被升级改造为马卡洛夫 PMM 手枪。该枪采用了更轻的 PMM 枪弹，加强了复进簧，弹匣容量也增加到双排 12 发，原来纤细的握把也进行了相应的改进。

手动保险，采用片状准星和缺口式照门。弹匣容量为 8 发，采用钢制，而且镂空了弹匣壁，既减轻了重量，

又便于观察剩余弹量，而且支持空仓挂机。

手枪性能

马卡洛夫 PM 手枪是一款紧凑型自卫手枪，结构简单，零件总数少，成本低廉，后坐力小，人机功效良好，并且在 15 ~ 20 米有最佳的射击精度和杀伤力，在当时受到了极大欢迎。

装备情况

马卡洛夫 PM 手枪的用户非常多，在俄罗斯、阿富汗、叙利亚、乌克兰等数十个国家和地区都有马卡洛夫手枪的身影。2003 年，俄罗斯打算用 MP-443 手枪替代马卡洛夫 PM 手枪作为警察配枪，但由于俄罗斯使用马卡洛夫手枪的警察实在太多，财政问题是一大难关，最终换枪计划只能放弃。

你知道吗

你知道马卡洛夫 PM 手枪又被称为什么吗？

美国柯尔特 M1911 手枪

M1911 手枪是柯尔特公司推出的美国第一款制式半自动手枪，一经推出就迅速成为美军的最爱，至今仍是部分美军部队的装备之一。

研发历程

19 世纪末，美国和菲律宾爆发战争，当时美军装备的是柯尔特公司的转轮手枪，美军发现转轮手枪火力不足而且装填太慢，性能不理想，于是美军高层决定研发一款新型手枪替代转轮手枪。

20 世纪初，在美国新一代的军用制式手枪的招标大会上，美国军方选中柯尔特公司和萨维奇公司的手枪进入最终竞标环节，于是两家公司再一次对自己的产品进行改进。在 6000 发子弹连续射击试验中，萨维奇公司的手枪出现了 37 次故障，而柯尔特公司的手枪却没有出现任何问题，最后柯尔特公司赢得了这次竞标。

1911 年，美国陆军采用柯尔特公司的新型手枪作为制式手枪，并将其命名为 M1911。随后的两年，性能优异的 M1911 手枪也接连成为美国海军和海军陆战队的制式手枪。

手枪结构

M1911 手枪采用枪管短后坐式的自动方式和枪管偏移式的闭锁方式，还采用了单动发射机构和空仓挂机机构。M1911 手枪搭配了双重保险，分别是握把保险和手动保险。握把保险只有在握住手枪握把、掌心压住保险机关时，才可射击；手动保险在手枪套筒左侧末端，上拨保险就会锁紧击锤及阻铁，使得套筒无法动作。

手枪性能

M1911 手枪的性能十分出色，可靠性高，有极强的停止能力，发射的 0.45 英寸（11.43 毫米）

军事放大镜

M1911 手枪作为美军制式手枪列装部队长达 74 年，经历了一战、二战、朝鲜战争、越南战争等多场战争，是美军在战场上最常见的武器。M1911 及 M1911A1 在服役期间美国的总产量超过了 270 万支，是全球累计产量最多的自动手枪之一。

口径的大威力子弹能够让敌人快速失去战斗能力。该枪故障率很低，不会在战斗中的关键时刻"掉链子"。此外，M1911 手枪结构简单，零件数量较少，易于拆解、维修和保养。不过，M1911 手枪也有一些缺点，比如单排弹匣的容量较小，只有 7 发，算上枪膛内可以装填的 1 发子弹，只有 8 发。此外，该枪的体积和重量稍大，后坐力也比较大。

空仓挂机杆

延长的枪尾可以保护虎口

握把上方削出的凹面方便操作扳机

可以单手操作的弹匣卡榫

出厂测试

M1911 手枪质量很高，不仅是因为精湛的做工，更是因为有着枪械史上最严苛的出厂前测试。最严苛的测试是在 1911 年 3 月 3 日开始的，此后每一次测试中的每支枪都要经过 6000 发子弹断断续续地射击；6000 发子弹射击完成后，再用这些手枪装配一些有问题的枪弹继续进行测试；接着还会用酸性液体或泥水浸泡它们，等到表面生锈，再进行更多的射击测试。

改进型号

你知道吗

你知道柯尔特 M1911 手枪是谁设计的吗?

M1911A1 手枪火力强大，是射手十分喜欢的一款手枪。该型手枪还采用了枪管短后坐式自动方式和勃朗宁独创的枪管偏移式闭锁机构，具有极强的可靠性，被称为"忠诚卫士"。其一经问世，便成为美军制式装备，并在战争中得到广泛使用。

捷克 CZ 75 手枪

捷克 CZ 75 手枪是由捷克国营切斯卡·兹布罗约夫卡公司的工程师约瑟夫·库斯基、弗朗泰斯克·库斯基兄弟二人共同研制的一款采用大容量弹匣、双动扳机的半自动手枪。

研发历程

20 世纪 70 年代，捷克斯洛伐克政府要求设计一种发射 9 毫米标准手枪弹、采用双动扳机和大容量弹匣的制式手枪。

1975年，库斯基兄弟吸取诸多手枪的优点，研制出这种新型手枪，并将其命名为 CZ 75 手枪。1976年，CZ 75 手枪正式投入生产，并成为捷克斯洛伐克军队和警察的制式武器。

军事放大镜

CZ 75 手枪因其出色的性能，在70多个国家和地区热销，美国的一些枪械制造商便开始仿制 CZ 75 手枪，而且在俄罗斯、意大利、土耳其等国也有仿制的 CZ 75 手枪。

手枪结构

CZ 75 手枪的设计借鉴了许多著名手枪，它的整体结构是基于 FN M1935 "大威力" 手枪设计而成，如外露式击锤、复进簧系统和闭锁系统等都参考了 FN "大威力" 手枪，双动发射机构则吸收了瓦尔特 P38 手枪和史密斯＆韦森 M39 手枪的特点，套筒和枪管的风格则借鉴了西格 P210 手枪。

手枪性能

　　库斯基兄弟将 CZ 75 手枪的套筒与枪身结合，使得该枪导槽变长且不会卡顿。射击时，较长的导槽能使套筒流畅地运行；后坐时，平稳运行的套筒又可以提高精准度。

　　CZ 75 手枪枪体上设计最人性化的地方就是它的握把，握把轴线与枪管轴线的夹角约为 120°，这非常符合人体工程学。当枪手握住 CZ 75 指向目标时，稍作瞄准，枪口就可以自然地对准目标，因此 CZ 75 非常适合快速瞄准射击。

你知道吗

　　你知道 CZ 75 手枪取代了哪款过时的手枪成为捷克斯洛伐克军队的制式武器吗？

以色列 IMI 沙漠之鹰手枪

　　沙漠之鹰手枪拥有硕大的枪体和巨大的威力，是以色列军事工业公司的王牌产品，也是一款世界名枪。

研发历程

　　1979 年，马格南研究公司成立之初，研究人员想要设计一种名为马格南之鹰的打靶或狩猎用枪。1981 年，该公司推出了第一款原型枪，该枪因其具有的巨大威力和帅气的外形而备受欢迎，于是马格南研究公司决定寻找一家大公司合作将这款枪投入生产。后来，马格南研究公司与以色列军事工业公司合作，对马格南之鹰手枪进行改进。1985 年，沙漠之鹰手枪被正式推向市场。

手枪结构

　　沙漠之鹰手枪的体积与重量都比一般手枪大得多。枪管采用固定式设计，在射击时十分稳定，利于提高射击精准度，顶部设有导轨，用来安装瞄准镜。套筒两侧各有一个保险机柄，左右手均可操作。握把采用硬橡胶材料。

手枪性能

沙漠之鹰手枪发射的马格南弹威力很大，一般手枪采用的刚性闭锁原理是无法承受它发射时的后坐力的，于是设计人员将通常步枪采用的导气式自动原理和枪机回转式闭锁机构装在沙漠之鹰手枪上，又搭配了两根平行的复进弹簧降低它的后坐力，这导致该枪的重量、体积都较大。

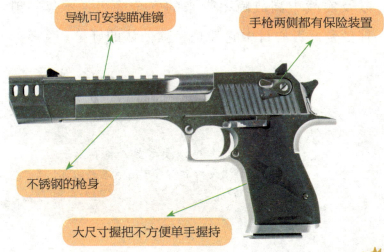

导轨可安装瞄准镜

手枪两侧都有保险装置

不锈钢的枪身

大尺寸握把不方便单手握持

　　军方和警方没有选择沙漠之鹰手枪作为制式武器的原因是考虑到它难以控制的后坐力和过大的杀伤力以及实战中高故障率带来的安全隐患，不过在射击和狩猎爱好者心目中它却是一款公认的好枪。

你知道吗

　　你知道沙漠之鹰手枪在射击和狩猎爱好者心目中有着怎样的称号吗？

意大利伯莱塔 M9 手枪

M9 手枪为意大利伯莱塔公司为美国军队研制的一种军用手枪，至今依然是美军的主要制式手枪，且短时间内不会被替代。

研发历程

1978 年，美国空军想要更换老旧的 M1911 手枪，于是提出想要采用一款新的 9 毫米口径的半自动手枪，并向几家著名的枪械公司发出选型试验的邀请。1980 年，美国空军官方宣布选型试验的结果，选中伯莱塔公司的 92S-1 手枪。但令伯莱塔公司意外的是，美国军方采用了新的更严格的试验标准，于是开始了新一轮的选型试验，

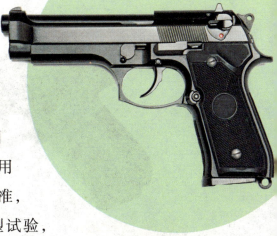

这次伯莱塔公司提交了改进型 92SB 手枪，接着在 92SB 型的基础上再一次改进为 92SB-F 型，但是伯莱塔公司觉得它名字太长，又改名为 92F 手枪。1985 年 1 月，92F 手枪被美国陆军选为制式手枪，正式命名为 M9 手枪。其后在美国陆军的要求下它再一次被改进为 92FS 型，并于 1990 年正式成为美军制式手枪，依旧叫作 M9 手枪。

手枪结构

伯莱塔 M9 手枪的自动原理是枪管短后坐式，闭锁方式是卡铁下沉式，发射机构是单 / 双动式，手枪左右两侧都有保险和弹匣释放钮，弹匣是双排式，弹容量为 15 发。

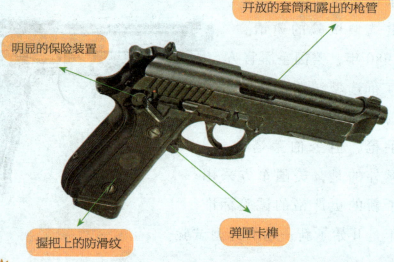

开放的套筒和露出的枪管

明显的保险装置

握把上的防滑纹

弹匣卡榫

手枪性能

M9 手枪的优点数不胜数，比如性能强大、故障率低、适应性强等，结构上的显著特点有天窗式套筒设计、单 / 双动扳机组件等，另外，枪管下方锁定枪机组件的使用和击锤跌落保险，使该枪从 1.2 米高的地方坠落到坚硬的地面也不会走火。磨砂质地的枪身不反光且耐腐蚀，内凹形状的扳机护圈，还有握把上增加了防滑纹，便于双手持握，这些设计使得伯莱塔手枪的可靠性非常高。该枪击发时间短，保证了快速射击。此外，M9 手枪套筒后部没有枪管衬垫，可牢固地锁定枪管的前部，同时也提高了射击精准度。

军事放大镜

目前，美国海岸警卫队以西格P229 手枪作为主要防护用途武器，但仍有少量 M9 手枪装备于后备部队。此外，美国空军警卫队依旧以M9 手枪作为主要防护武器。

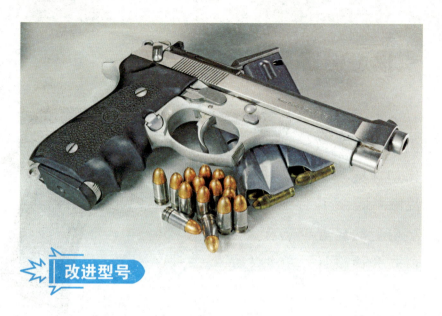

改进型号

2003 年，美国军方推出了 M9 手枪的改进型，名为 M9A1 手枪。该型号的主要变化包括：在手枪底把前面增加了皮卡汀尼导轨用来加装战术灯、镭射指示器等通用战术附件；扩张了弹匣插入口以便快速插入弹匣；弹匣上涂覆 PVD 胶面减少摩擦，以提高手枪在阿富汗和伊拉克等地的沙漠环境下的可靠性。

你知道吗

你知道 M9 手枪的有效射程是多少吗？

火力迅猛——全自动手枪

苏联斯捷奇金 APS 手枪

斯捷奇金 APS 手枪是苏联工程师伊戈尔·斯捷奇金研制的一款全自动手枪，是世界上唯一一款军用制式冲锋手枪。

研发历程

第二次世界大战后，苏联提出为军事人员设计一种全新的军用手枪的计划，并提出要求：采用新的 9 毫米×18 毫米马卡洛夫手枪弹，能切换全自动和半自动射击模式，并且在全自动模式下要容易操控，最后还要求可以驳接枪托。1948 年，苏联枪械设计师伊戈尔·斯捷奇金接受了这一任务，并很快就设计出一款冲锋手枪。1951 年，这款枪开始装备于苏联红军，并被命名为斯捷奇金全自动手枪，英文缩写为 APS。

手枪结构

斯捷奇金 APS 手枪采用简单的自由后坐式工作原理，结构和马卡洛夫 PM 手枪类似，全钢结构，外露式击锤，双动式扳机，巧妙地采用了将复进簧套在枪管外，加之双

排双进弹匣的设计，结构非常简单。而且在钢制套筒的左后方设置了一个三段位的保险兼快慢机柄，可以在保险、单发、连发之间切换。握把内安装了一个简单的插棒式弹簧缓冲器，并且延长了套筒的后坐行程，还采用了一种可以接驳到握把上当作枪托的盒式枪托，就像毛瑟 C96 手枪一样，在作战时可以用肩带背在肩上。

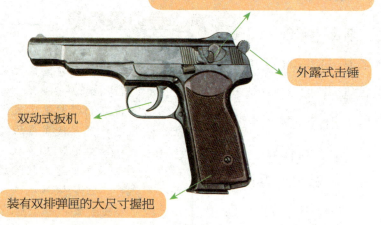

套筒后方的三段位的保险兼快慢机柄

外露式击锤

双动式扳机

装有双排弹匣的大尺寸握把

手枪性能

你 知 道 吗

你知道斯捷奇金 APS 手枪从苏联现役武器中撤装后被哪种枪取代了吗?

全钢结构的斯捷奇金 APS 手枪体积和质量很大,而且盒式枪托也很笨重,为了给它减重,设计师尽可能地将手枪各部位的较厚的钢板变薄或对其进行开孔,而且考虑到在俄罗斯寒冷的天气中枪手需要戴手套的细节,又加大、加宽了手枪的弹匣扣、扳机护圈、枪尾部与击锤等处。这些设计既有效地减轻了重量,又保证了手枪的质量。

奥地利格洛克17式手枪

格洛克17式手枪是奥地利格洛克有限公司为奥地利陆军研制的一款手枪，是格洛克系列手枪面世的第一款。

研发历程

20世纪80年代初，奥地利陆军寻求一款新手枪以取代服役多年的瓦尔特P38手枪，当时的格洛克公司成立不久，没有名气，因此十分珍惜这次机会。格洛克公司认真听取了奥地利陆军高级将领的要求，并以此为基础设计了全新的手枪造型和结构，而且采用了全新的材料和工业技术。1983年，格洛克17式手枪问世，经过一系列严格检验最终成为奥地利陆军的制式手枪。

军事放大镜

最初款的格洛克17式手枪于1983年由奥地利格洛克公司推出后，前后共经历了4次改进，目前最新的版本是2017年推出的第五代格洛克17式手枪。格洛克17及其系列手枪被全球40多个国家的军队或警察部门装备。

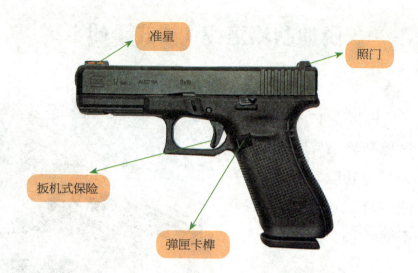

准星

照门

扳机式保险

弹匣卡榫

手枪结构

格洛克 17 式手枪采用枪管偏移式闭锁结构，枪身使用了大量塑料零件，如套筒座、发射机座、扳机和发射机座销等，这使得手枪的重量非常轻。格洛克 17 式手枪的一个显著特点就是采用了扳机式保险。扳机式保险非常安全：在子弹上膛后，只需要手指用力扣动扳机就能松开保险，手指离开扳机后就会自动

回到保险状态。这一设计对使用者在紧急情况下拔枪自卫来说非常重要。另外，格洛克 17 式手枪的扳机阻力较大，如果不是故意按动扳机的话是很难发射的。

手枪性能

格洛克 17 式手枪使用 9 毫米鲁格弹，弹匣容量为 17 发。手枪外形流畅，装在兜里快速拔出也不会勾住衣服。枪体大量采用工

你知道吗

你知道第四代格洛克 17 式手枪在套筒上刻有什么字样来注明型号吗？

程塑料配件，重量轻，握把符合人体工程学，几乎不用瞄准就可拔枪射击，且发射精度高。

格洛克 17 式手枪及一系列衍生型都有着很高的可靠性。材料坚固耐用，结构设计简单，在格洛克公司的试验中，格洛克 17 式手枪曾在连续经受了冰冻、沙土、泥浆、深水、除油的情况下仍能正常射击。格洛克 17 式手枪的零件也较少，包括弹匣在内全枪只有 32 个零部件，因此也便于维修。

奥地利格洛克 18 式手枪

格洛克 18 式手枪是格洛克公司在格洛克 17 式手枪的基础上改进而来的，可以在全自动射击模式或单发射击之间切换。

研发历程

1983 年，格洛克 17 式手枪研制成功后，格洛克公司的老板格斯通·格洛克就已经

军事放大镜

格洛克 18 式手枪一共经历了 3 次改进，最新的版本是第三代格洛克 18，即 Glock 18 Gen3。1999 年后推出的新版格洛克 18 式手枪在手枪底把上增加了战术导轨，用来安装各种战术配件，握把上还增加了手指凹槽。

想到要寻求一个比军用手枪更加广阔的市场。于是，格洛克公司又为射击比赛设计了加长型的格洛克 17L。1988 年，格洛克公司正式推出针对警察和军队市场的格洛克 18 式手枪。

手枪结构

格洛克 18 式手枪采用枪管短后坐原理、内置式击锤、扳机式保险以及可更换的机械瞄准具。

和格洛克 17 式手枪一样，格洛克 18 式手枪的弹匣可装填 17 发子弹，并且二者的弹匣可以通用。作为全自动手枪，格洛克 18 式手枪结构简单，没有增加减速机构，理论射速超过了每分钟 1000 发，如果按住扳机不放，标准弹匣中区区 17 发子弹，不到 2 秒钟就会被打光。因此后来格洛克公司生产了一种 31 发容量的加长弹匣，还可以加装一种俗称"加号底座"的配件，将弹容量进一步增加到了 34 发。

你知道吗

你知道格洛克公司为什么只把格洛克 18 式手枪销售给各国军警和执法部门吗？

P4　美国柯尔特沃克转轮手枪：M1847 式步行者转轮手枪

P7　美国柯尔特 M1851 海军型转轮手枪：膛线枪管

P11　美国柯尔特 M1873 转轮手枪：3.7 万

P14　美国柯尔特蟒蛇型左轮手枪：1999 年

P16　美国柯尔特巨蟒型转轮手枪：1990 年

P20　美国史密斯 & 韦森 M29 转轮手枪：50 米

P23　美国史密斯 & 韦森 M500 转轮手枪：2003 年

P26　美国儒格阿拉斯加人转轮手枪：超级红鹰转轮手枪

P29　沙俄 / 苏联纳甘 M1895 转轮手枪：为了简化生产机器

P32　英国韦伯利 MK VI 型转轮手枪：FN M1935 "大威力"手枪

P37　德国毛瑟 C96 手枪：盒子炮或匣子枪

P41　德国鲁格 P08 手枪：瓦尔特 P38 手枪

P45　德国瓦尔特 PP/PPK 手枪：50 米

P48　德国瓦尔特 P38 手枪：瑞典、法国和苏联

P51　德国瓦尔特 P99 手枪：安全手枪

P54　德国 HK USP 手枪：通用自动装填手枪（Universal Self-loading Pistol）

P57　比利时 FN M1906 手枪：掌心雷

P60　瑞士西格 - 绍尔 P220 手枪：M75

P63　苏联托卡列夫 TT-33 手枪：以设计者和制造厂的名字的首位字母命名

P66　苏联马卡洛夫 PM 手枪：校官手枪

P70　美国柯尔特 M1911 手枪：约翰·勃朗宁

P73　捷克 CZ 75 手枪：CZ 52 手枪

P76　以色列 IMI 沙漠之鹰手枪：手炮

P80　意大利伯莱塔 M9 手枪：50 米

P84　苏联斯捷奇金 APS 手枪：AKS-74U 短突击步枪

P87　奥地利格洛克 17 式手枪：Gen4

P89　奥地利格洛克 18 式手枪：因为格洛克 18 式手枪威力较大

世界兵器大百科

火力之王——机枪

王　旭◎编著

河北出版传媒集团
方圆电子音像出版社
·石家庄·

图书在版编目（CIP）数据

火力之王——机枪 / 王旭编著. -- 石家庄：方圆
电子音像出版社，2022.8
　　（世界兵器大百科）
　　ISBN 978-7-83011-423-7

Ⅰ．①火… Ⅱ．①王… Ⅲ．①机枪—少年读物 Ⅳ.
①E922.14-49

中国版本图书馆CIP数据核字(2022)第140407号

HUOLI ZHI WANG——JIQIANG

火力之王——机枪

王　旭　编著

选题策划　张　磊
责任编辑　赵　彤
美术编辑　陈　瑜

出　　版　河北出版传媒集团　方圆电子音像出版社
　　　　　（石家庄市天苑路1号　邮政编码：050061）
发　　行　新华书店
印　　刷　涿州市京南印刷厂
开　　本　880mm×1230mm　　1/32
印　　张　3
字　　数　45千字
版　　次　2022年8月第1版
印　　次　2022年8月第1次印刷
定　　价　128.00元（全8册）

前　言

人类使用兵器的历史非常漫长，自从进入人类社会后，战争便接踵而来，如影随形，尤其是在近代，战争越来越频繁，规模也越来越大。

随着战场形势的不断变化，兵器的重要性也日益被人们所重视，从冷兵器到火器，从轻武器到大规模杀伤性武器，仅用几百年的时间，武器及武器技术就得到了迅猛的发展。传奇的枪械、威猛的坦克、乘风破浪的军舰、翱翔天空的战机、千里御敌的导弹……它们在兵器家族中有着很多鲜为人知的知识。

你知道意大利伯莱塔 M9 手枪弹匣可以装多少发子弹吗？英国斯特林冲锋枪的有效射程是多少？美国"幽灵"轰炸机具备隐身能力吗？英国"武士"步兵战车的载员舱可承载几名士兵？哪一个型号的坦克在第二次世界大战欧洲战场上被称为"王者兵器"？为了让孩子们对世界上的各种兵器有一个全面和深入的认识，我们精心编撰了《世界兵器大百科》。

本书为孩子们详细介绍了手枪、步枪、机枪、冲锋枪，坦克、装甲车，以及海洋武器航空母舰、驱逐舰、潜艇，空中武器轰炸机、歼击机、预警机，精准制导的地对地导弹、防空导弹等王牌兵器，几乎囊括了现代主要军事强国在两次世界大战中所使用的经典兵器和现役的主要兵器，带领孩子们走进一个琳琅满目的兵器大世界认识更多的兵器装备。

　　本书融知识性、趣味性、启发性于一体，内容丰富有趣，文字通俗易懂，知识点多样严谨，配图精美清晰，生动形象地向孩子们介绍了各种兵器的研发历史、结构特点和基本性能，让孩子们能够更直观地感受到兵器的发展和演变等，感受兵器的威力和神奇，充分了解世界兵器科技，领略各国的兵器风范，让喜欢兵器知识的孩子们汲取更多的知识，成为知识丰富的"兵器小专家"。

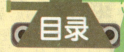

目录

轻捷机敏——轻机枪

英国刘易斯轻机枪

刘易斯轻机枪是由美国陆军上校刘易斯研制的一款机枪。该枪经历过第一次世界大战和第二次世界大战，以其良好的综合性能获得了军队的青睐。

中国在20世纪20年代早期就已进口刘易斯轻机枪，并多次用于实战，在当时获得了良好的口碑。

20世纪初期，刘易斯向美国军方推销自己设计的机枪，但遭到了美国军方的拒绝，后来刘易斯带着自

己的新设计来到比利时，
在一家兵工厂工作。1914
年，第一次世界大战爆
发，工厂的员工们纷纷
逃亡英国，并带去了大
量的设计方案和设备，
随后在英国开始研制
刘易斯轻机枪。1915年，刘易斯轻
机枪研制成功，并作为制式武器正
式装备英国军队。

机枪结构

　　刘易斯轻机枪的散热设计十分独特，枪管外部采
用圆柱形散热套管，枪管内部装有铝制的散热薄片，
开火时，可以将高速喷出的火药燃气吸入套管内，为
枪管降温。机枪弹鼓采用中心固定式，开火时，弹鼓
可以通过轴承转动把子弹直接推入枪内。

机枪性能

　　刘易斯轻机枪具有优秀的射击能力，不仅射程远、

射速快，还能够提供有力的火力支援。

另外，该枪弹夹装子弹较多，这意味着射击的时间长，能够对敌军进行有效地压制。刘易斯轻机枪凭借独特的冷却系统、良好的可靠性以及充足的备弹量，获得了英国政府的青睐。

服役记录

第一次世界大战结束后，仍有许多国家还在装备刘易斯轻机枪，除了英国，还有加拿大、法国、澳大利亚、挪威及德国等国家。

1938年，英国军方装备的刘易斯轻机枪开始替换为布伦轻机枪。但是敦刻尔克撤退后，英国又开始大量使用刘易斯轻机枪，该枪主要作为防空机枪，装备卡车、火车或者作为固定的火力点。随着加拿大大量生产布伦轻机枪，英国布伦轻机枪的产量也逐步提高，刘易斯轻机枪再度退出一线，转而装备英国地方志愿军。

你知道日本仿制的刘易斯轻机枪叫什么名字吗？

英国布伦轻机枪

布伦轻机枪也称布朗式轻机枪，在第二次世界大战中发挥了重要的作用。

研发历程

1933 年，英国军队为新型轻机枪选型，选中了捷克斯洛伐克 ZB-26 轻机枪，并在该轻机枪的基础上研发出了布伦轻机枪。1935 年，英国正式将该枪列装为制式装备，并从捷克斯洛伐克购买了该枪的生产权。1938 年，英国正式投产布伦轻机枪，英国军方简称"布伦"或"布伦枪"。

军事放大镜

英国布伦（Bren）轻机枪的名字来源于布尔诺（Brno）和恩菲尔德（Enfield）两大生产商，用 Brno 和 Enfield 的前两个字母组合而成。

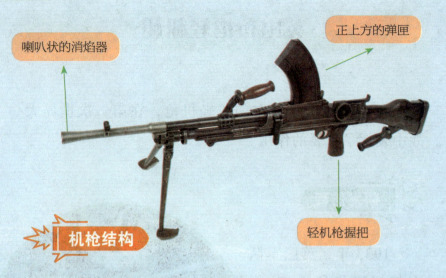

喇叭状的消焰器

正上方的弹匣

轻机枪握把

机枪结构

　　布伦轻机枪采用了导气式工作原理，枪机采用偏转式闭锁机构。该枪弹匣位于机匣的正上方，从机匣正下方抛壳。枪管口还装有喇叭状消焰器。枪身左侧装有带护翼的准星和觇孔式照门。

　　布伦轻机枪在导气管上别出心裁，前端设有气体调节器，并设置了4挡调节，每一挡对应不同直径的通气口，可以调整枪弹发射时进入导气装置的火药气体量。该枪拉机柄可以进行折叠，并在供弹口、拉机柄、抛壳口等机匣开口处设有防尘盖。

机枪性能

　　布伦轻机枪有着良好的适应能力，火力十分猛烈，使用范围十分广泛，在进攻和防御中都有出色的表现，在实战中被证明是最好的轻机枪之一，与美军的勃朗宁自动步枪一样，能够提供强有力的火力支援。

衍生型号

布伦轻机枪衍生型号有许多种，其中包括MK Ⅰ型、MK Ⅱ型、MK Ⅲ型、MK Ⅳ型和L4轻机枪系列等。

MK Ⅰ型：该型号是原型的布伦轻机枪。

MK Ⅱ型：该型号是布伦轻机枪的小量改进的版本。

MK Ⅲ型：该型号是轻量型设计，主要为英军的东线部队及伞兵部队使用。

MK Ⅳ型：该型号是MK Ⅱ型的改进版本。

L4轻机枪系列：该型号是1958年英国对布伦轻机枪进行重新改进的版本，以适应北约各国制定的枪弹标准。

你知道吗

你知道布伦轻机枪枪管的冷却方式是什么吗?

7

捷克斯洛伐克 ZB-26 轻机枪

捷克斯洛伐克 ZB-26 轻机枪是世界上著名的轻机枪之一，该枪当时广销国外，曾装备于数十个国家的军队。

研发历程

军事放大镜

> ZB-26 轻机枪在抗日战争时期一直服役于中国军队，该枪在中国被大量生产并且仿制，在当时被称为"捷克式"轻机枪。作为第二次世界大战中综合性能出色的轻机枪，ZB-26 轻机枪在抗日战争中发挥了极大的作用。

在第一次世界大战中，很多国家发现轻机枪在实战中发挥了重要作用，

于是在战后开始研制自己的轻机枪，其中就包括捷克斯洛伐克。1920 年，设计师哈里克设计出一种新式轻机枪——布拉格Ⅰ式（Praga Ⅰ）轻机枪。1923 年，该枪通过改进，设计出布拉格Ⅱ式 A 型轻机枪，继而又在布拉格Ⅱ式 A 型轻机枪的基础上研制出布拉格Ⅰ-23 轻机枪。1924 年，

布拉格 I-23 轻机枪被陆军选中，不过此时布拉格兵工厂濒临破产，已无力生产。直到 1925 年，布拉格兵工厂与捷克斯洛伐克国营兵工厂签订生产条约，生产暂定名为 M24 的布拉格 I-23 轻机枪。1926 年，正式将该枪命名为布尔诺国营兵工厂 26 型轻机枪，简称 ZB-26 轻机枪。

机枪结构

　　ZB-26 轻机枪分为枪管组件、枪机组件、机匣组件、两脚架组件、发射机和弹匣组件、枪托组件等六大部分。该枪枪管口部较细，并装有喇叭状消焰器，枪管外部有圆环形的散热槽。枪托尾部有拖肩板和托底板，射击时，可以搭在肩膀上，有利于提高精准度和稳定性。该枪还配有双排双进的直弹匣，装有一个原装的快速装弹器。ZB-26 轻机枪的弹匣口上有一个非常方便的滑动防尘盖，以避免灰尘进入机匣导致枪械卡壳。

你知道吗

你知道英国仿制的 ZB-26 轻机枪叫什么名字吗？

机枪性能

ZB-26轻机枪采用导气式工作原理，该枪体积小、结构简单、动作可靠、携带方便，即使在激烈的战争中和恶劣的自然环境下也不易损坏，维护起来十分方便，只需要更换枪管就可以，非常适合一般步兵使用。

衍生型号

ZB-26轻机枪的衍生型号有很多，其中包括ZB-27型、ZB-30型、ZB-33型、ZB-39型等。

ZB-27型：该型号是ZB-26轻机枪的改良版本，主要区别就是开锁机构和闭锁机构的不同，与后期的布伦轻机枪相似。

ZB-30型：该型号改进了ZB-26轻机枪的部分缺陷。一是改变了枪机框与枪机的连接方式，二是在消焰器后面的活塞筒上增加了调节器，三是改变了枪管锁定环的尺寸。

ZB-33型：该型号是在ZB-30型的基础上进一步改进而成的。

比利时 FN Minimi 轻机枪

比利时 FN Minimi 轻机枪又称为迷你型机枪，是由比利时 FN 公司研发的一款轻机枪。

研发历程

FN Minimi 轻机枪是在 20 世纪 70 年代初期开始研发的，当时北约各国主流通用机枪发射的是 7.62 毫米枪弹。该枪最初也打算发射这种枪弹，后来比利时 FN 公司为了推广本公司研发的 5.56 毫米枪弹，使其成为新一代北约制式枪弹，所以在参加美国陆军举行的班用自动武器（SAW）评选时，将 FN Minimi 轻机枪改为发射 5.56 毫米枪弹。

机枪结构

FN Minimi 轻机枪作为导气式自动武器，采用开膛待击的方式，增强了枪膛的散热效果。导气箍上有一个旋转式气体调节器，该调节器是在 MAG 通用机枪的基础上发展而来的，有三个位置可调节：一个位置可正常使用，能限制射速，防止弹药消耗量过大；另一个位置应用于复杂天气，通过加大导气管内的气流量，能够降低故障率，但是会增大射速；还有一个位置是用来发射枪榴弹的。

FN Minimi 轻机枪的枪托下安装有折叠式两脚架，配有可快速更换的长或短重枪管。

机枪性能

FN Minimi 轻机枪采用小口径子弹，质量比通用机枪轻得多，可靠性较高，更适合做支援武器。该枪还采用了新研制的两用供弹机，

军事放大镜

FN Minimi 轻机枪一共包括三种类型，分别是标准型（长枪管）、伞兵型（短枪管）和车载型。标准型主要装备陆军和空军，伞兵型主要装备伞兵部队，车载型可安装在装甲车辆上。

两用供弹机作为该枪的一个完整部件固定于枪上，既可用弹链供弹，又可使用美国 M16 步枪的弹匣供弹，而且不需要更换供弹机部件，大大节省了换弹的时间。

衍生型号

比利时 FN Minimi 轻机枪型号众多，包括美军 M249 轻机枪系列、CS/LM8 型、C9 型等。

美军 M249 轻机枪系列：该系列由比利时 FN 公司生产，是在 FN Minimi 轻机枪的基础上改进而来的，该系列衍生出多种版本，比如 Mk 48 Mod 0 型、Mk 48 Mod 1 型。其中最著名的是美国 M249 班用自动武器（M249 SAW）。

CS/LM8 型：该型号由中国长风机器有限责任公司制造，是比利时 FN Minimi 轻机枪的仿制版。

C9 型：该型号是加拿大合法授权比利时 FN 公司生产的，该系列的型号有 C9A1 型、C9A2 型。

你知道吗

你知道 FN Minimi 轻机枪第一次公开露面是在哪一年吗？

美国M1918轻机枪

M1918轻机枪是由约翰·摩西·勃朗宁在第一次世界大战期间研制的，该枪自服役以来，受到了美军的喜爱，直到20世纪70年代还有国家把它当作制式武器。

研发历程

军事放大镜

> M1918轻机枪有一个特殊的设计，就是在机枪右侧有一个金属"杯"，可以将枪托底部插入其中，以便士兵在"行进间射击"的作战模式下使用。

第一次世界大战期间，由于美军缺乏密集的火力，装备力量太过薄弱，因此急需一种火力强大的武器。一开始美军从法国购买1915型CRSG轻机枪，没过多久就发现该枪性能极不可靠，而且火力不足。1917年，勃朗宁精心设计了一种性能优良的轻机枪，很快便被选中，美军对该枪进行测试，最终决定正式采用此枪，并命名为M1918轻机枪。1918年，全面投产，并交付美国陆军。

机枪特点

M1918轻机枪具有结构简单、分解方便、性能优异、

火力强大等优点。该枪可以进行突击作战，为己方提供火力支援。但该枪也有一些不足的地方，由于后坐力非常大，士兵站立连发射击时很难控制，因此需要安装两脚架，使用卧姿依托射击。

衍生型号

　　美国 M1918 轻机枪衍生型号众多，包括 M1918A1 型、M1918A2 型等。

　　M1918A1 型：该型号于 1937 年在 M1918 轻机枪的基础上改进而成，并安装了折叠式两脚架。

　　M1918A2 型：该型号于 1938 年在 M1918A1 型的基础上改进而成，将折叠式两脚架直接安装在枪管上。

你知道吗

　　你知道 M1918 轻机枪大量使用于哪一时期吗？

美国 M249 轻机枪

美国 M249 轻机枪是在比利时 FN Minimi 轻机枪的基础上改进而成的，该枪是步兵班中火力持久的连射武器。

军事放大镜

研发历程

美国 M249 轻机枪有 3 种供弹方式，分别是弹匣供弹、下垂式弹链供弹和弹链箱供弹，这在当今的机枪中是首屈一指的。

1966 年，美国重新提出研制自动武器的规划。1969 年，进一步明确恢复步兵班轻机枪火力的地位。1970 年 7 月，美国正式批准轻机枪的研究，并命名为"班用自动武器"（SAW）。于是美国开始正式招标，当时有不少枪械公司来投标，其中就包括比利时 FN 公司。经过各公司的竞争，最终比利时 FN 公司胜出。1982 年，美国最终决定采用比利时 FN 公司研制的 XM249 轻机枪。后来，美国又对 XM249 轻机枪做了一些测试，结果都符合他们的要求，于是将 XM249 轻机枪正式更名为 M249 轻机枪。

机枪性能

M249 轻机枪的枪管靠凸轮定位，可以快速更换，即使在枪管发生故障或过热时，枪手也不需要花费过多的时间来修理。该枪在护木下前方装有折叠式两脚架，以便于部署定点火力支援，而且在可靠性试验中表现优异，能够在恶劣的环境下使用。M249 轻机枪以优异的性能和强有力的火力输出，深受众多士兵的喜爱。

固定式准星

多倍瞄准镜

折叠式两脚架

服役记录

美国 M249 轻机枪还出现在了海湾战争和阿富汗战争期间，在 1991 年的海湾战争中，美国陆军装备了 1000 把 M249 轻机枪。在 2001 年的阿富汗战争中，美国部队所装备的 M249 轻机枪全部更新为 PIP 版本，并与装备 M240 轻机枪的士兵互相搭配来提供强大的火力支援。另外，在 1993 年索马里联合军事行动、1994 年波斯尼亚战争、1999 年科索沃战争中美军都有大规模装备 M249 轻机枪。

衍生型号

美国 M249 轻机枪型号众多，其中包括 M249 Para 型、M249 SPW 型、

你知道吗

你知道 M249 轻机枪采用的是哪种工作原理吗？

Mk 48 Mod 0 型、Mk 48 Mod 1 型等。

　　M249 Para 型：该型号也称 M249 伞兵型，是为美国空降部队提供的紧凑版本，并装有短枪管、旋转伸缩式管型金属枪托。

　　M249 SPW 型：该型号也称 M249 特种用途武器，是比利时 FN 公司根据美国特种部队司令部的要求开发的战术改良、轻量化版本。

　　Mk 48 Mod 0 型：该型号定名为"轻量化机枪"，主要用来取代 Mk 43 Mod 0/1 型及 M60E4 型。

　　Mk 48 Mod 1 型：该型号是 Mk 48 Mod 0 型的改良版本。

美国 Mk43 轻机枪

　　美国 Mk43 轻机枪是美国萨科防务公司在 M60E3 轻机枪的基础上研发而成的一种全新机枪。

研发历程

　　1980 年，当时美国陆军装备的还是 M249 轻机枪，军方曾考虑用 M249 轻机枪替代 M60 通用机枪，于是委托萨科防务公司进行改造，要求减轻 M60 通用机枪的重量，将该枪作为轻机枪使用。1985 年，研制成功，命名为 M60E3 轻机枪，首先服役于海军陆战队，后来空军和其他兵种也装备该枪。1990 年，受到 M4 卡宾枪加装导轨接口系统的影响，萨科防务公司对 M60E3 轻机枪进行改造。1994 年，成功研制出 M60E4 轻机枪，后来又进行了一些改造，命名为 Mk43 轻机枪。

军事放大镜

　　Mk43 轻机枪与 M60E4 轻机枪基本相同，它们都采用较短的突击型枪管，但也有显著的区别。一个区别是 Mk43 轻机枪采用了新的护木，新的护木在握把上有手指凹槽；另一个区别是导气系统，新的导气筒比原来的大，在外观上非常明显。

机枪结构

Mk43 轻机枪和 M60E3 轻机枪
采用的都是导气式工作原理，枪机
回转式闭锁机构，开膛待击，没有
安装气体调节器，采用自动切断火药
燃气流入活塞筒的方式控制作用于活塞
的火药燃气量。该枪的主要部件可以与 M60
通用机枪互换，从工作原理到部件设计都采用了 M60 通
用机枪的设计思想，并融入了导轨接口系统等"时尚"
设计的新理念。该枪还安装了两脚架，安装在机匣前方
的活塞筒套管上，容易更换。枪托底部还装有改进的缓
冲器，而且重新采用了被 M60E3 轻机枪抛弃的肩架。

机枪性能

Mk43 轻机枪不仅
增强了枪管的强度，
而且生产成本较

你知道美国 Mk43 轻机枪目前
由哪家公司特许生产吗？

低，其可靠性和舒适性得到进一步提高，用途更加广泛。
该枪还改进了供弹凸轮形状，提高了供弹机构的可靠性，
即使泥沙等异物进入也不会影响机枪的正常工作。

苏联 DP/DPM 轻机枪

DP 轻机枪是由苏联主持设计的机枪，DPM 轻机枪是在 DP 轻机枪的基础上改进而来的，这两种轻机枪都是苏联在第二次世界大战中装备的主要武器。

研发历程

军事放大镜

DP 轻机枪为苏联步兵提供了强有力的火力支援，弥补了马克沁 M1910 重机枪和 SG-43 重机枪动力不足的缺点。

在 20 世纪，马克沁重机枪算得上武器界的"大牌明星"。一战结束后，重机枪的弊端渐渐显露出来，

由于重机枪过于沉重，移动能力太差，无法有效地发挥出重机枪的威力，于是人们逐渐开始重视起机枪的机动性，轻机枪的概念由此而生。之后，各国开始研制各种不同结构、性能的轻机枪。

根据苏联红军的战斗要求，1923年，设计师捷格加廖夫开始设计轻机枪。1927年，捷格加廖夫设计的轻机枪研制成功，并通过试验，随后投入生产。1928年，开始装备苏联红军，被命名为DP轻机枪。1944年，又开发出DP轻机枪的改进型，称为DPM轻机枪。

机枪结构

DP轻机枪采用导气式工作原理。圆形弹盘平放在枪身上方，由上下两盘合拢构成，上盘靠弹簧使其回转，不断将子弹送到进弹口。枪管与机匣采用固定式连接，不能随时更换。枪管前方装有锥形消焰器，携行时可以拧下来，能够倒过来安装。枪身的前下方装有两脚架，枪管外装有护筒，下方装有活塞筒，内装有活塞和复进簧。

该枪的瞄准装置分为两个部分，分别是柱形准星和带 V 形缺口照门的弧形表尺。准星上下左右都能调整，两侧还有护翼，表尺也有护翼，该护翼兼作弹盘卡榫的拉手。另外，DP 轻机枪和 DPM 轻机枪没有太大差别，都采用弹盘供弹。

机枪性能

DP 轻机枪结构简单，制作工艺不高，即使是学徒也能制造出来，适合大批量生产。而且该枪动作可靠，既能单发射击，又能连发射击。总之，DP 轻机枪是一种性能优异的轻机枪，并且在战争中发挥了重要作用。

服役记录

DP 轻机枪曾广泛应用于苏联卫国战争中，并得到

士兵们的青睐，号称德国 MG42 通用机枪的"克星"。直到苏联卫国战争结束后才逐步退役，但在局部地区仍有使用。

我国在 1953 年仿制了 DP 轻机枪，命名为 53 式轻机枪，该枪在部队服役了 10 年，直到 RPD 机枪的仿制版——56 式轻机枪的出现才正式退役。

你知道吗

你知道 DP 轻机枪的口径是多少毫米吗？

苏联 RPD 轻机枪

　　俄罗斯 RPD 轻机枪，也称捷格加廖夫轻机枪，是由苏联少将捷格加廖夫设计的一款轻机枪。

研发历程

军事放大镜

> 　　RPD 轻机枪也被其他国家仿制，例如朝鲜生产的 62 式轻机枪和中国生产的 56 式轻机枪，仿制的都是 RPD 轻机枪。还有埃及和波兰等国在 20 世纪 50 年代中期也仿制生产过 RPD 轻机枪。

　　1943 年，苏联开发出一种新型中间枪弹，这种枪弹叫作 M43，因此苏联军方开始设计一种可以使用这种枪弹的新型轻机枪。1944 年，捷格加廖夫设计的 RD-44 轻机枪参加竞争试验，

经过测试被认为性能最佳，随后定型为 1944 型 RPD 轻机枪。由于当时正处于第二次世界大战中，所以一直到 1953 年，才开始大批量生产，并装备于部队。

机枪结构

RPD 轻机枪采用导气式工作原理。该枪主要由枪管、机匣、机框、导气装置、复进装置、机柄、供弹机、瞄准装置、弹链盒等组成。该枪采用弹链式供弹机构进行供弹，由于枪管管壁较厚，可连续射击 300 发子弹。机匣内部两侧还有闭锁卡槽、闭锁支撑面以及机框导槽，上方固定有抛壳挺。外部有连接发射机座的凹槽、弹链盒托座等。导气装置由气室、导气孔、气体调节器、活塞等组成。瞄准装置由表尺和准星组成，准星可上下调整，两侧还有护翼。该枪还设有横标尺以调整方向，转动螺杆可使照门左右移动。

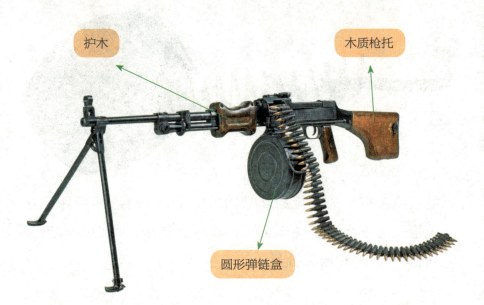

护木

木质枪托

圆形弹链盒

机枪性能

RPD 轻机枪结构并不新颖，但该枪具有结构简单、使用方便、性能可靠、重量轻等优点。与同口径的 AK 系列步枪相比，射击时更为稳定，后坐力小，有体验过的士兵形容 RPD 轻机枪的后坐感"只是枪身在震动"，这主要靠的是运动距离较长的复进装置。

服役记录

最早使用 RPD 轻机枪的是苏联，虽然苏联装备时间不长，

但 RPD 在其他华沙条约组织国家服役了相当长的一段时间。在亚洲和欧洲的战争中，也可以看到 RPD 轻机枪的身影，并且

你知道吗

你知道 RPD 轻机枪的另一个名字是什么吗？

还出现在局部冲突中。比如越战期间，美军特种部队在侦察的过程中，会截去 RPD 轻机枪枪管部分，这样大大减轻了机枪的重量，更有利于在密林中使用。罗德西亚战争中，南非的侦察部队会在战争中缴获 RPD 轻机枪，并把缴获的 RPD 轻机枪应用于敌后的渗透行动中。

苏联 RPK 轻机枪

RPK 轻机枪是苏联为替换 RPD 轻机枪而设计的一款轻机枪。

研发历程

RPK 轻机枪是在 AKM 突击步枪的基础上研发而来的，于 1959 年研制成功，并被命名为 RPK 轻机枪，同年开始服役。装备该枪后，苏联的轻武器实力有了显著提高。

机枪结构

RPK 轻机枪采用导气式工作原理，采用长、重枪管，有效射程及枪口初速比 AK-47 自动步枪高。该枪弹匣由合金制成，并能够与原来的钢制弹匣通用。该枪枪托外形与 RPD 轻机枪枪托相似，改用大型木制枪托。

机枪性能

RPK 轻机枪枪口处装有新型制退器，可以降低连续射击时的后坐力。该机枪还装有折叠式两脚架，以提高机枪的稳定性。此外，该枪射击精准度高，还能保持持续的火力，据说该枪曾发射了 1.2 万发枪弹而活动部件仍完好无损，堪称"枪界硬骨头"。

你知道吗

你知道 RPK 轻机枪是哪位设计师研制的吗？

以色列 Negev 轻机枪

Negev（内格夫）轻机枪是以色列国防军的制式多用途轻机枪，主要装备于特种部队和正规部队。

研发历程

以色列国防军原本使用的 FN MAG 58 通用机枪，尽管性能很好，但作为单兵武器来说太过笨重，不利于携带。因此以色列国防军迫切需要一种新型轻机枪来增强步兵的实力。1990 年，根据以色列国防军的要求，以色列军事公司开始研制一款新型轻机枪——Negev 轻机枪。1995 年，Negev 轻机枪最终定型。1996 年，开始对该机枪进行野战试验。1997 年，该机枪开始装备部队。

军事放大镜

Negev 轻机枪的诞生过程是坎坷的，它的竞争对手是 FN Minimi 轻机枪，这两种枪性能上相差无几，只是 FN Minimi 轻机枪没有得到适当维护，导致性能下降，再加上以色列军事公司通过政治手段向军方施压，最终 Negev 轻机枪胜出。

机枪结构

Negev 轻机枪采用导气式工作原理，

开膛待击方式，枪机回转闭锁机构，能够使用弹链或弹匣两种方式供弹，并配有折叠式两脚架。

机枪性能

　　Negev 轻机枪作为一种制式多用途武器，不仅可以作为轻机枪使用，还可作为突击步枪使用，该枪具有较长的枪管，在远射程上精准度高。此外，该枪还可装备在坦克、装甲车、舰艇、直升机上，提供强大的火力支援。

衍生型号

Negev 轻机枪有两种主要型号——枪管较短的突击型和枪管较长的标准型。

突击型：Negev 突击型没有配备标准型的两脚架，只是多数配备有前握把，配备前握把在没有依托时射击效果更好，在需要火力压制时也可以充当单脚架。只有少数特种部队装备了该型号机枪。

标准型：Negev 标准型的枪管装有一个瞄准装置，这是特意为红外激光指示器设定的。另外，标准型配有两脚架，经常被常规部队使用。

你知道吗

你知道 Negev 轻机枪的弹匣是否可拆卸吗？

火力迅猛——重机枪

英国马克沁重机枪

马克沁重机枪是由英国著名枪械设计师马克沁发明的一种机枪，该枪在近代战争中被普遍使用。

研发历程

军事放大镜

> 为了保证马克沁重机枪有足够的子弹满足快速发射的需要，马克沁还发明了帆布子弹带。

1882年，马克沁在英国考察时，发现老式步枪的后坐力很强，士兵们的肩膀经常青一块紫一块，于是马克沁在一支老式的温彻斯特步枪上

进行实验，成功地实现了单管枪的自动连续射击，并减轻了枪的后坐力。1884年，马克沁根据已有经验研制出了世界上第一支自动连续射击的机枪，即马克沁重机枪。1888年，该枪开始服役。

机枪性能

马克沁重机枪是一款真正意义上的全自动机枪。该枪的自动动作是以火药燃气为能源，在子弹发射的瞬间，机枪与枪管叩合，将火药气体能量作为动力，在弹簧的作用下，将第二发子弹推入枪膛，再次击发。这样一旦开始射击，马克沁重机枪就可以一直射击下去，直到子弹打完为止。此外，机枪连续发射会导致枪管过热，马克沁为解决这一问题，采用了水冷方式帮助枪管冷却。

服役记录

你知道吗

真正让马克沁重机枪成名的是第一次世界大战，

你知道马克沁被人们称为什么吗？

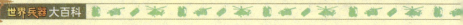

在索姆河战役中，德军使用
的马克沁重机枪使英法联军遭
到重创，并在第一次世界大战中显
示出优良的性能。从那以后，各国军队相继开始装备
马克沁重机枪。到了第二次世界大战时，马克沁重机
枪虽然已经落伍，但仍在许多部队服役。

德国 MG08 马克沁重机枪

德国 MG08 马克沁重机枪是在马克沁重机枪的基础上发展而来的，在第一次世界大战中得到了广泛使用。

研发历程

自从 1884 年马克沁重机枪问世后，该枪在战争中得到了充分应用，许多国家开始认识到重机枪的威力，于是纷纷开始仿制，其中就包括德国，MG08 马克沁重机枪由此问世。

机枪结构

德国 MG08 马克沁重机枪和马克沁重机枪一样使用冷却水为枪管降温，

军事放大镜

德国 MG08 马克沁重机枪相对于马克沁重机枪，并没有较大的改动，只是将可靠性较差的帆布子弹带改成了弹链。

39

只要弹药和冷却水充足，就可以持续射击很长时间。该枪采用后坐式工作原理，利用子弹弹出的后坐力来完成退弹和上弹两个动作。供弹系统采用标准的 250 金属弹链，保证了长时间的火力输出。该枪还设有四脚架，可使枪身保持很好的稳定性。

服役记录

在第一次世界大战期间，MG08 马克沁重机枪发挥了重要的作用，给协约国造成了巨大损失。《凡尔赛和约》明确规定，德军不得使用和研制水冷重机枪。德国不接受这一点，仍然保留了很多 MG08 马克沁重机枪，

还研制出性能更优越的 MG34 通用机枪、MG42 通用机枪。直到第二次世界大战结束时，德军仍然有大量 MG08 马克沁重机枪服役。

衍生型号

1934 年中国开始仿制 MG08 马克沁重机枪，1935 年仿制成功，并将它命名为民国 24 年式重机枪，又叫作"24 式"重机枪。MG08 马克沁重机枪还衍生出 MG08/15、MG08/18 等型号。

你知道吗

你知道德国 MG08 马克沁重机枪又叫作什么机枪吗？

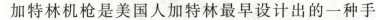

美国加特林机枪

　　加特林机枪是美国人加特林最早设计出的一种手动型多管机枪，也是世界范围内大规模实用化的机枪。

研发历程

　　1861年，美国内战爆发，作为医生的加特林经常看到从前线运来的伤亡士兵，感到万分伤痛，于是心中萌生了一个想法：如果发明一种机枪，依靠凶猛的火力，让一个士兵的战斗力顶一个连的战斗力，那样的话就不用那么多战士上战场了，也达到了减少战争伤亡的目的。

　　后来，加特林一边救死扶伤，一边思索新型机枪的研制计划。1861年年底，

军事放大镜

　　直到马克沁重机枪问世，加特林机枪才逐渐退出历史舞台，但是加特林机枪的工作原理并没有消失，该枪的工作原理仍然被运用到现代多种型号的机枪上，同时也为自动武器的出现奠定了基础。

加特林完成机枪模
型。1862 年，样枪通
过验证，最终定型。1865 年，加特林
机枪做了相应改进，将枪管由 4 根改为 6 根。1868 年，
枪管又由 6 根增加到 10 根。1870 年，英国政府经过对
比试验后，才正式开始生产加特林机枪。

机枪结构

　　加特林机枪有一个固定的圆筒，由多根枪管排列
而成，射击时由射手转动手柄，使枪管保持连续转动，
实现连续射击。该枪采用整体式弹壳结构和新的闭锁
机构，解决了漏气导致的供弹问题。

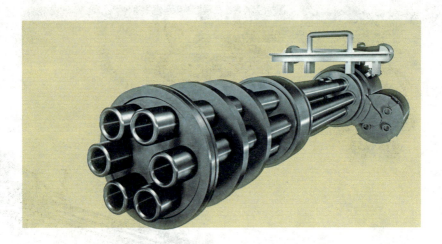

作战特点

　　加特林机枪具有性能优异、可靠性高、火力强大且不失精度等优点，还能为地面部队提供猛烈的火力援助。加特林机枪也有一些不足的地方，它体积、质量皆大，消耗能量多，不利于携带。另外，该枪射速较低，灵活性差，在战场上还会出现机枪卡壳或爆膛等问题。

你知道吗

　　你知道加特林机枪又被称作什么机枪吗？

美国 M1919 A4 重机枪

M1919 A4 重机枪是 M1917 A1 重机枪的改进型，该枪在第二次世界大战时逐渐替代了大多数的 M1917 重机枪。

军事放大镜

美军为 M1919 A4 重机枪研制了专用的携行工具，这加大了枪身的重量，增加了士兵的负重，使士兵不能迅速地转移机枪。因此，在实战中，M1919 A4 重机枪的效能没有完全发挥出来。

研发历程

第一次世界大战期间，美国军械局注意到水冷式重机枪的弊端：重机枪占据的空间太大，并且对步兵来说过于沉重。战后，美国军械局研发出一种气冷式重机枪，用于步兵火力支援。最终美国军方在 M1917 A1 重机枪的基础上研发出了 M1919 系列重机枪，M1919 A4 重机枪就是该系列中的一种。

机枪结构

M1919 A4 重机枪与 M1917 A1 重机枪一样，采用后坐式工作原理，卡铁起落式闭锁机构。该枪的枪管外部有一个散热筒，筒上有散热孔，散热筒前有助退器。机匣为长方体结构，内装自动机构组件。

机枪性能

经过改进后的 M1919 A4 重机枪质量较轻，不仅可以安装在轻便、低矮的三脚架上，还可安装在坦克、

枪管外部的散热筒

三脚架支撑整个枪身　　　机匣为长方体结构

装甲运兵车和两栖车辆上，在第二次世界大战中广泛使用，并发挥了关键作用，无论是在攻击中还是在防御上都发挥了出色的作用。

服役记录

在第二次世界大战中，M1919 A4 重机枪逐渐取代 M1917 A1 重机枪，成为美国陆军最主要的连级机枪。第二次世界大战结束后，该枪仍在许多国家服役。

冷战期间，澳大利亚军队于 1964—1974 年引进该枪，命名为 0.30L3 重机枪；奥地利将该枪装备在 M47 坦克上，命名为 MG A4 重机枪，一直服役到 1963 年。此外，印度尼西亚、哥斯达黎加、洪都拉斯、牙买加也订购了 M1919 A4 重机枪。即使到今天，该枪依然在局部地区冲突中发挥余热。

你知道吗

你知道 M1919 A4 重机枪改进后的型号是什么吗？

美国 M2 重机枪

　　美国 M2 重机枪也称 M2 勃朗宁重机枪，是由勃朗宁设计的大口径重机枪。

研发历程

　　M2 重机枪是由勃朗宁和温彻斯特武器公司的技术人员一起研发的，该枪主要用来对抗德国的坦克。应美国军械局的要求，勃朗宁设计出 12.7 毫米口径的重机枪。1921 年，该枪正式定型，被列为美军的制式装备，并被命名为 M1921 重机枪。1930 年，美军又推出 M1921 重机枪的改进版本，如 M1921 A1 型与 M1921 E2 型。1932 年，美军正式将改进版本命名为 M2 重机枪。

军事放大镜

　　M2 重机枪参与过多次实战，包括第二次世界大战、朝鲜战争、越南战争、海湾战争、阿富汗战争、伊拉克战争，受到了各国军队的青睐，是非常成功的重机枪。

机枪结构

M2 重机枪有三种冷却方式，不仅有水冷防空型，还有风冷基本型和风冷套筒型。枪身设有液压缓冲器，对该枪后坐力具有缓冲作用，并且液压缓冲器内油的流量可以进行调节，射速随着流量的变化而变化。

该枪采用单程输弹、双程进弹的供弹机构，扳机安装在机匣尾部且附有两个握把，射手可通过闭锁或开放枪机来进行半自动或全自动发射。该枪的机匣上还装有简单的片状准星和立框式表尺。

机枪性能

M2 重机枪采用大口径枪弹，具有高火力、弹道平稳、射程远、威力强大、精准度高的优点。由于该枪笨重，常架设在坦克、装甲车上，主要攻击轻装甲目标和低空防空目标。

随着技术的进步，现代战争中孕育出许多现代化武器，许多旧式武器逐渐退出历史舞台，但 M2 重机枪具有极高的通用性，用途广泛，所以一直应用至今。

衍生型号

M2 重机枪有大量的衍生型号，其中包括步兵型、同轴机枪型、炮塔型、M296 型、AN/M2 型等。

步兵型：该型号主要是步兵用的版本。

同轴机枪型：该型号主要安装在 M6 重型坦克上。

炮塔型：该型号主要安装在装甲车上。

M296 型：该型号一般用于直升机武器系统。

AN/M2 型：该型号主要作为飞机上的固定武器或空用机枪。

你知道吗

你知道 M2 重机枪是哪一款重机枪的放大重制版本吗？

美国 M61 重机枪

M61 重机枪是由美国开发的一种六管连发机枪。目前，该枪主要安装在飞机、装甲车和舰艇上，作为高射速近距离的火炮系统。

研发历程

1946 年 6 月，美国通用电气公司承包

> **军事放大镜**
>
> M61 重机枪的六支枪管运转一圈只需轮流击发一次，因此，无论是爆发出的热量还是造成的磨损，都在极低的限度内。

"火神计划"，为美国空军研制一种具有超级射速的自动武器。1950—1952 年，该公司拿出了多款原型机炮给美国军方评估，经过测试，美国军方选定 T171 型机炮，在对 T171 型机炮进行改进后，M61 重机枪就此诞生。

机枪特点

M61 重机枪采用加特林机枪工作原理，让炮弹在炮膛中进行六段加速，这样发射出的炮弹射速更高，能够在短时间内，以最强火力攻击对手。M61 重机枪的炮管更耐高温，寿命更长。

M61 重机枪也存在着一定的不足，因为是连发炮弹，所以作战时不得不携带大量的弹药，一旦弹药用完，就没有任何用处了。此外，因为 M61 重机枪射速过高，在发射的时候，容易出现炮弹卡壳、弹链故障等问题。

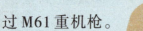 服役记录

在航空运用上，第一架搭载 M61 重机枪的是 F-104 战斗机，后来又有多款战斗机和轰炸机搭载了 M61 重机枪，其中包括 F-105 轰炸机、F-106 后期型战斗机、F-111 战斗机、F-4 战斗机与 B-58 轰炸机等。

目前，M61 重机枪安装在美国空军的 F-15 战斗机、F-16 战斗机，还有 F-22 隐形战斗机上。在美国海军航空部队中，F/A-18 战斗攻击机搭载的也是 M61 重机枪，F-14 战斗机退役前也曾搭载过 M61 重机枪。

你知道吗

你知道 M61 重机枪又被称为什么吗？

美国 M134 重机枪

M134 重机枪又称为"迷你炮",由美国通用电气公司制造,主要装备在武装车辆和各种直升机上。

军事放大镜

M134 重机枪在美国军队中有着不同的型号,M134 重机枪是美国陆军型号,GAU-2B/A 型是美国空军型号,GAU-17/A 型是美国海军型号。

研发历程

1960 年,美国军方开始对迷你枪概念进行分析和研究。1962 年,开始迷你枪的设计和定型。1962 年后期,美国空军向通用电气公司发出一份合同,要求生产重机枪。1962 年 12 月,第一挺迷你枪研制成功,被命名为 M37 重机枪。由于 M37 重机枪无法提供强大的火力支援,于是空军军官威廉·欧曼提出把 M37 重机枪换成 M134 重机枪,最终试验成功。

机枪结构

　　M134重机枪采用加特林机枪工作原理，用电动机带动六根枪管旋转，在射击时，依次完成输弹入膛、闭锁、击发、退壳、抛壳等一系列动作。该枪采用回转联动装置，组件包括六根枪管、一台驱动电机、枪管套管部件、后部枪支架、两个快速释放销、枪管夹持部件、套管盖和保险部分。

　　该枪供弹机构十分复杂，其供弹动作是通过塑料输弹带完成的，脱链方式是纵向直推。

机枪特点

M134 重机枪射速高、火力强，可靠性出色，可以不间断地进行射击，是十分有效的杀伤性武器。但M134 重机枪也有不足的地方，该枪虽然射速高，但是由于枪管过薄，容易出现温度过高而破损的问题。该枪结构复杂，分解起来相当困难，一旦出现故障，很难及时排除。

服役记录

M134 重机枪已诞生50 多年，到目前为止，依然在许多国家的军队中服役，其中包括美国、德国、法国、英国、加拿大和澳大利亚等。

你知道 M134 重机枪的旋转枪管是由什么能源来提供的吗？

世界兵器大百科

苏联 DShK/DShKM 重机枪

DShK 重机枪是苏联设计的一款机枪，DShKM 重机枪是其改进型号。

研发历程

1929 年，苏联军队要求设计一种大口径的防空机枪。

军事放大镜

DShK/DShKM 重机枪在战争中表现优秀。该枪发射的穿甲弹可以在 500 米外击穿 15 毫米厚的钢板，还能打击低飞的敌机。

1930 年，捷格加廖夫应要求开始设计，后将其命名为 DK 重机枪。1933—1935 年，DK 重机枪只有少量生产。由于该枪射速低、火力差，1938 年，DK 重机枪有了些改进。1939 年 2 月，改进后的 DK 重机枪正式被采用，被命名为 DShK 重机枪。第二次世界大战后期，捷格加廖夫对 DShK 重机枪进行了改进，改进后的机枪被命名为 DShKM 重机枪，在 1946 年正式被采用。

机枪结构

DShK 重机枪采用开膛待击方式，枪机偏转式闭锁机构，依靠枪机框上的闭锁斜面，使枪机的机尾下降，完成闭锁动作。该枪使用的是不可快速拆卸的重型枪管，枪管前方装有一个大型制退器，上方有框架形立式照门，后部下方有用于结合活塞套筒的结合槽，中部有散热环，以增强冷却能力。

机枪特点

DShK 重机枪经常被安装在坦克、装甲车、小型舰艇上，被广泛应用于低空防御和步兵火力支援，是一种极好的步兵战斗武器。由于该枪过于沉重，生产成本高，在恶劣的环境下缺乏可靠性，最后还是被其他更好的重机枪代替了。

服役记录

DShK 重机枪被不少国家仿制和生产，如中国、巴基斯坦及罗马尼亚。该枪曾被广泛应用在地方武装冲突中，越南战争期间也曾出现。

你知道吗

你知道中国仿制的 DShK/DShKM 重机枪叫什么名字吗？

苏联 NSV 重机枪

NSV 重机枪由苏联推出，用来取代 DShK 重机枪，该枪的地位与 M2 勃朗宁重机枪不相上下。

研发历程

苏联军队装备的 DShK 重机枪供弹机构复杂，故障率高，无法适应步兵在转移中射击，因此，为了能够适应战场，苏军于20世纪60年代对重机枪提出了轻便、容易操作、可靠性高的要求。1969年，开始研制新型重机枪，NSV 重机枪由此诞生。经过对比，NSV 重机枪的整体性能优于 DShK 重机枪。1972年，NSV 重机枪正式装备苏联红军。

机枪结构

NSV 重机枪采用导气式工作原理，

开膛待击方式，枪机偏移闭锁机构，同时机匣后部还有一个枪机组的弹簧缓冲器。该枪还采用了独特的前抛壳装置，没有传统的抛壳挺。枪管前端还装有一个喇叭状的膛口防跳器，该防跳器还具有消焰作用，以防止夜间喷发出的火焰灼烧眼睛。

机枪性能

NSV重机枪整体性能卓越，并且优于同类机枪，曾被华约成员国广泛用于军队中。

该枪还采用冲压加工与铆接装配工艺，不仅减轻了枪的重量，还优化了结构，生产性能也较好。在恶劣的环境下，该枪比DShK重机枪的性能更可靠，可以作为车载机枪或在阵地上使用。

军事放大镜

NSV重机枪的名字是由三位苏联设计师名字的首字母组成的，这三位设计师分别是尼克金（Nikitin）、沙科洛夫（Sokolov）和伏尔科夫（Volkov）。

衍生型号

NSV 重机枪衍生型号包括 NSVT 型和 WKM-B 型等。其衍生型号也被很多国家生产，如塞尔维亚、波兰等。

NSVT 型：该型号是装在车辆射架上的 NSV 重机枪的改装版本，主要装备在主战坦克及装甲运兵车上，塞尔维亚生产的 NSVT 型被命名为 M87 型。

WKM-B 型：该型号是波兰生产的 NSV 重机枪改用 12.7 毫米北约枪弹的版本。

你知道吗

你知道 NSV 重机枪被哪种重机枪取代了吗？

俄罗斯 Kord 重机枪

Kord 重机枪是俄罗斯联邦工业设计局在 NSV 重机枪的基础上研制的大口径机枪，主要用来对付轻型装甲目标。

军事放大镜

Kord 重机枪还有多种版本，例如 6P49 型、6P50 型、6P50-1 型、6P50-2 型、6P50-3 型、6P51 型等。

研发历程

1991 年，苏联解体后，生产 NSV 重机枪的工厂被划入乌克兰境内。对装备 NSV 重机枪的俄罗斯军队来说，NSV 重机枪的备件难以供应，于是俄罗斯军方决定研发一种新型重机枪，并且要求性能高于 NSV 重机枪。1997 年，新型重机枪——Kord 重机枪通过俄军验收。1998 年，开始服役。2001 年，开始量产。

机枪结构

与 NSV 重机枪相比，Kord 重机枪采用了新的结构，该枪的闭锁机构采用枪机回转式，并新增两脚架。枪口上还安装了一个制退器，并制作了一根高科技合金而成

的枪管，最大限度地减少了弹度的变形和下沉。Kord
重机枪的供弹机构和弹链类型与 NSV 重机枪一样，都
是右侧供弹，也可以换成左侧供弹。

机枪性能

Kord 重机枪底部枪架、连接装置、弹链、瞄准镜
等都能够和 NSV 重机枪通用，这样不仅有利于节省采
购经费还能够打开原华约国家的市场，可谓一举多得。

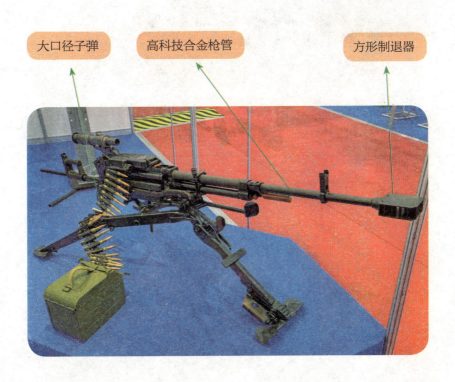

大口径子弹　　　高科技合金枪管　　　方形制退器

另外，Kord 重机枪可以快速更换枪管，有效提升火力连续性。

Kord 重机枪可以充当步兵武器，搭载在各种装甲车辆以及舰船上充当防空武器。Kord 重机枪可以快速、灵活地布置，成为一个固定火力点，大大提高重机枪的火力。

你知道吗

你知道俄罗斯 Kord 重机枪的口径是多少吗？

后起之秀——通用机枪

德国 MG34 通用机枪

　　MG34 通用机枪是由德国毛瑟公司设计的一种弹链供弹式机枪，是世界上最早出现的一种通用机枪，主要作为防空武器。

研发历程

　　MG34 通用机枪的开发是为了代替 MG13 等老式机枪，但由于德军战线过多，直到二战结束都未能完全取代。MG34 通用机枪是由海因里希·沃尔默设计的，并综合了许多老式机枪的特点改良而来。MG34 通用机枪推出后立即成为德军的主要武器。

机枪结构

MG34 通用机枪采用枪管短后坐式工作原理，主要由枪身、枪机、枪管节套和枪管、供弹机构及发射机构组成。枪身装有消焰器和助退器。该枪有两种供弹方式，分别是弹链供弹和鞍形弹鼓供弹。枪机由机体、机头、击针等组成。发射机构既可以单发也可以连发。枪管外形呈锥状，里面装有容纳火药残渣的沟槽。枪管和枪管节套分别用插销固定。

机枪特点

MG34 通用机枪具有射速高、杀伤力大等优点。作为一款通用机枪，该枪有着不同的使用状态。作为轻机枪使用时，可以搭配折叠式两脚架，能够自由地改变固定位置，以便更稳定地射击。作为重机枪使用时，可搭配高射三脚架使用，再配备后坐减震器和光学瞄准镜座，可用于防空射击。该枪的弊端也十分明显，生产工艺复杂，不利于大规模生产，由于射速过高，枪管也容易发生故障，因此无法满足德军在数量上的要求，只能制造价格较低、结构简单的机枪来代替 MG34 通用机枪。

衍生型号

MG34 通用机枪衍生型号众多，其中包括 MG42 通用机枪、MG34-T 型、MG81 型等。

MG42 通用机枪：该型号是 1942 年德国在 MG34 通用机枪的基础上改进而成。MG34 通用机枪的枪管节套为圆形，改进后的 MG42 通用机枪的枪管节套为方形。

MG34-T 型：该型号是坦克及军用车辆的同轴及车顶机枪型号，与 MG34 通用机枪的主要分别是枪管节套上没有散热孔，比原来的机枪稍重。

MG81 型：该型号是空用机枪的衍生型。

你知道吗

你知道 MG34 通用机枪是在哪种机枪的基础上改进而来的吗？

德国 MG42 通用机枪

MG42 通用机枪是德国研制的一种机枪，是第二次世界大战中最优秀的通用机枪之一。

研发历程

由于 MG34 通用机枪结构复杂、生产成本高，不能大批量生产，因此无法满足德国前线的需要。为了解决这一问题，德国军方要求对 MG34 通用机枪进行改进。第一次世界大战结束后，战败的德国不能制造水冷式重机枪，

军事放大镜

MG42 通用机枪在射击时会发出类似撕裂布匹的声音，苏联士兵形象地称其为"撕裂油布声"，盟军称该枪为"希特勒的电锯"。

于是德国人开始使用气冷式MG30通用机枪，并对MG30通用机枪做了一系列改进，最终发展成了MG42通用机枪。

机枪结构

MG42通用机枪采用后坐式工作原理，滚柱撑开式闭锁机构，击针式击发机构。枪管由盖环和卡榫组成，位于枪管套筒后侧。枪管复进装置由4根弹簧、推杆、导杆和顶圈组成，统一安装在一个套筒内，并兼有复进和缓冲双重作用。该枪使用弹链供弹，而且只能进行连发射击，并采用机械瞄准具，瞄准具由弧形表尺和准星组成。

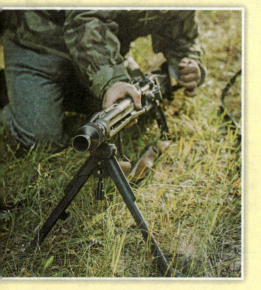

机枪性能

MG42通用机枪压制能力相当出色。该枪的射程和射速都优于其他国家的通用机枪，而且在实战中也有出色的表现，即使在零下40摄氏度的严寒中，该枪依然可以保持稳定的射击速度。MG42 通用机枪结构简单、造价低、生产工艺简单，适合大规模生产，在整个第二次世界大战中，生产的 MG42 通用机枪数量非常庞大。

衍生型号

MG42 通用机枪型号众多，其中包括 MG1 型、MG3 型、MG74 型等。

MG1 型：该型号是 20 世纪 50 年代由联邦德国改进而成，该枪既可作为轻机枪使用，又可作为重机枪使用。

MG3 型：该型号由联邦德国在 MG42 通用机枪的基础上改进而成，并且一直服役到今天。

MG74 型：该型号是 MG42 通用机枪的最后一代，由奥地利斯太尔公司研发，该型号采用暗绿色聚合物材质，并采用 7.62 毫米北约制式枪弹。

你知道吗

你知道 MG42 通用机枪的口径是多少吗？

美国 M60 通用机枪

M60 通用机枪是美国研发的一款通用机枪，目前依然是美军的主要步兵武器之一。

研发历程

军事放大镜

> M60 通用机枪有多个型号，主要有 M60D 型、M60E3 型、M60E4 型、M60E6 型等。

1944 年，美国春田兵工厂的工程师对缴获回来的 MG42 通用机枪进行仔细研究，并依照 MG42 通用机枪设计了美国第一挺通用机枪的原型——T44 式，随后 T44 式改进为 T52 式。然后，春田兵工厂又参考了 MG42 通用机枪和 FG42 伞兵步枪的部分设计，

组成了一种新的通用机枪，命名为 T161 式，后来又产生了全新的 T161E3 机枪（T 为美军武器试验代号）。1957 年，美军将改进后的 T161E3 机枪正式命名为 M60 通用机枪。1958 年，正式列装美军。

机枪结构

M60 通用机枪采用导气式工作原理，弹链式供弹方式，枪机回转式闭锁机构，发射 7.62 毫米北约制式枪弹。M60 通用机枪自带折叠式两脚架，可根据情况安装在可折叠的 M122 三脚架上，也可安装在车辆上。M60 通用机枪枪身的上下方、两脚架都有塑料隔热板，这样射手在折叠两脚架时无须碰触任何金属部位，对立姿或跪姿射击都适用。

M60 通用机枪采用固定式的片状准星，U 形缺口照门安装在立框式表尺上，照门可以调整高低和风偏。供弹机盖上方可安装一个瞄准装置，瞄准装置上有美国陆军标准的燕尾接口和偏心锁紧机构，以便安装白光 / 夜视瞄准镜、激光指示器等附件。

作战特点

M60通用机枪具有结构紧凑、火力猛、用途广泛等优点，总体来说性能优秀，但也有一些问题，主要包括枪管升温快、更换枪管困难、活动部件不耐用等，而且M60通用机枪的重量较大，不利于士兵携行，射速又相对较低。另外，M60通用机枪的许多零部件也存在脆弱易损、寿命短的问题，尤其是活动部件。据说击针很容易断裂，提把也容易损坏。

服役记录

M60通用机枪作为美国制式装备，参加了越南战争、海湾战争、阿富汗战争及伊拉克战争。尤其在越南战争中，

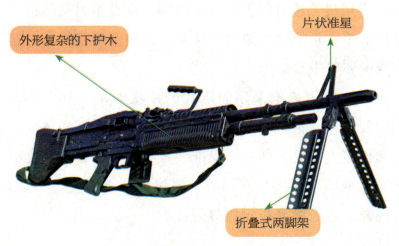

片状准星

外形复杂的下护木

折叠式两脚架

M60 通用机枪作为火力支援压制武器，在战场上发挥了出色的作用。

　　M60 通用机枪是世界上最著名的机枪之一，除美国装备外，澳大利亚是第二个装备 M60 通用机枪的国家，另外还有 30 多个国家的军队也装备了一定数量的 M60 通用机枪，至今 M60 通用机枪生产了约 25 万挺。

你知道吗

你知道美国春田兵工厂的另一个名字是什么吗?

美国 M240 通用机枪

M240 机枪作为一款通用机枪，其综合性能得到了北约成员国的认可，目前正服役于北约国家。

研发历程

作为美国自产的机枪，M60 通用机枪存在一系列问题，于是美国选中了 M240 通用机枪，并以此枪来取代 M60 通用机枪。比利时 FN 公司在美国哥伦比亚建立了分公司，并招聘工人来生产该枪。1977 年，M240 通用机枪被美军采用。

机枪性能

M240 通用机枪具有极强的通用性，能够发射北约各种口径的枪弹，还能安装在两脚架和三脚架上。该枪还具有高度的可靠性和坚固性，对于轻型结构物和简易覆盖物有更好的穿透力。

衍生型号

军事放大镜

M240通用机枪一直被美国武装部队使用，该枪主要装备于步兵以及安装在地面车辆、船舶和飞机上。

M240B 型：该型号是美国陆军和海军陆战队的制式步兵型机枪。

M240C 型：该型号由 M240 通用机枪改进而成，是安装在坦克及轻型装甲车上的同轴机枪型。

M240G 型：该型号于 1991 年正式定型，是美国海军陆战队的步兵型机枪。

M240E1 型：该型号于 1987 年设计，用于 LAV 系列轮式装甲车。

  M240D 型：该型号是 M240E1 型的改进型，是一种通用的车载机枪，后来广泛用于各种军用直升机上。

  M240L 型：该型号是 M240B 型的改进版本，最初称为 M240E6 型，后来美军制订了重量减轻计划，命名为 M240L 型。

你知道吗

你知道 M240 通用机枪的口径是多少毫米吗？

比利时 FN MAG 通用机枪

FN MAG 通用机枪是由比利时 FN 公司设计的新型通用机枪，是西方国家装备的主要机枪之一。

研发历程

第二次世界大战结束以后，许多国家都在试图利用 MG42 通用机枪的原理设计一款属于自己的通用机枪。1950 年，比利时 FN 公司设计师欧内斯特·费尔菲成功研制出一款新型的通用机枪——FN MAG 通用机枪。该枪的设计继承了德国 MG42 通用机枪和美国 M1918 轻机枪的优点，同时又有所创新。

机枪结构

比利时 FN MAG 通用机枪采用导气式工作原理，弹链供弹机构采用双程供弹方式，还搭配了两脚架和三脚架。该枪采用气冷式枪管，枪管可以迅速更换，枪管正下方还设有导气孔。该枪的气体调节器采用排气式原理，并装在导气箍中，调节器套筒内有一个气塞，气塞上有三个排气孔。通过气体调节器的调节，可以改变理论射速。该枪瞄准机构采用机械瞄准具。准星为片状，装在横向的燕尾槽中。表尺为立框式，可折叠。

军事放大镜

比利时 FN MAG 通用机枪的机匣结构与勃朗宁机枪十分相似，都采用长方形冲铆机匣，而且机匣内部表面进行了镀铬处理。

机枪性能

比利时 FN MAG 通用机枪具有使用广泛、动作可靠、结构坚固、适于持续射击等优点。该枪在设计时结合了各种武器的优点，取得了设计上的成功，因此成为世界上使用最广泛的通用机枪之一。

衍生型号

比利时 FN MAG 通用机枪衍生型号众多，主要包括 MAG 10-10 型、MAG 60-20 型、MAG 60-30 型、MAG 60-40 型等。

MAG 10-10 型：该型号是装上短枪管及枪托的丛林型。

MAG 60-20 型：该型号是标准的步兵型。

MAG 60-30 型：该型号是航空机枪的衍生型号。

MAG 60-40 型：该型号是装甲战斗车辆的同轴机枪型。

你知道比利时 FN MAG 通用机枪的另一个名字是什么吗？

苏联 PK/PKM 通用机枪

苏联 PK/PKM 通用机枪是由苏联设计的一款通用机枪,自服役以来,其他国家也相继装备了此枪。

研发历程

20 世纪 50 年代初,苏联设计师尼克金和沙科洛夫设计了一种弹链式供弹的 7.62 毫米口径机枪。同时,卡拉什尼科夫也在做着相同的工作,只是他设计的是 PK 通用机枪。这三位设计师设计的武器采用的都

是导气式原理,并且外形十分相似。1961 年,苏军在对两种机枪进行对比试验后,最终采用了卡拉什尼科夫设计的 PK 通用机枪。1969 年,卡拉什尼科夫推出了 PK 通用机枪的改进型,并命名为 PKM 通用机枪。

机枪结构

PK/PKM 通用机枪采用的都是枪机回转式闭锁机构。该枪枪机容纳部用钢板压铸成型法制造，枪托中央也被挖空，枪管外围刻有许多沟纹。导气活塞和导气管都在枪管下方，导气管通过一个弹簧钢销固定在机匣上，维护时可以自行拆卸。该枪还搭配了一个折叠式两脚架，并安装在导气管上。

机枪性能

PK/PKM 通用机枪具有可靠耐用、维护简单、子弹兼容性高、精准度高等优点，因此受到各国士兵的青睐。该枪除了可射击有生目标外，还可用作防空机枪。

衍生型号

PK/PKM 通用机枪型号众多，其中包括 PKMS/PKS 型、PKMB/PKB 型、PKMT /PKT 型等。

PKMS/PKS 型：PKMS 型是 PKM 通用机枪的改进版本，PKS 型是安装三脚架的 PK 通用机枪版本。

PKMB/PKB 型：PKMB 型是 PKM 通用机枪的改进版本。PKB 型是安装在装甲车上的版本。

PKMT/PKT 型：PKMT 型是 PKM 通用机枪的改进版本。PKT 型是将 PK 通用机枪改装成坦克炮塔内的同轴机枪型。

你知道吗

你知道 PK/PKM 通用机枪是在哪一种步枪的基础上改进而成的吗？

俄罗斯 Pecheneg 通用机枪

俄罗斯 Pecheneg 通用机枪是由俄罗斯研发设计的一款通用机枪，其设计原理借鉴了 PK 通用机枪。

研发历程

20 世纪 90 年代末期，其他国家都在研制 5.56 毫米口径的轻机枪，但并没有落下 7.62 毫米口径的通用机枪，而且改进后的 7.62 毫米口径通用机枪非常适合现代战争。1999 年，俄罗斯中央研究精密机械制造局成功研制出 7.62 毫米口径的通用机枪，并命名为 Pecheneg 通用机枪。

机枪结构

军事放大镜

> Pecheneg 通用机枪是 PK 通用机枪的改进版本，其中有 80% 的零件可以互换，该枪是为了作为俄罗斯特种部队一款真正的班用机枪而设计的。

Pecheneg 通用机枪最主要的改进是采用了一根新枪管，但是该枪管不可迅速更换。新枪管表面具有纵向散热开槽，并包裹有金属衬套，金属衬套的后面还设有一个永久连接的固定提把。该枪能够在机匣左侧的瞄准镜导轨上，安装各种快拆式光学瞄准镜或夜视瞄准镜。该枪的枪口安装了一个特殊的消焰器，在靠近枪口的位置装有一个不可拆卸的两脚架。

枪口上安装了一个消焰器

安置在枪口的两脚架

枪管表面有散热开槽

 **机枪性能**

Pecheneg 通用机枪具有精准度高、可靠性好的优点，并且枪管具有冷却作用，在射击时，不会缩短枪管寿命。该枪还可保持持续的火力，该枪的子弹对轻型结构物和简易覆盖物具有很强的穿透力。

衍生型号

Pecheneg 通用机枪型号众多，其中包括 PKP Pecheneg 型、PKP Pecheneg-N 型、Pecheneg-SP 型。

PKP Pecheneg 型：该型号为基本型，采用 7.62 毫米口径枪弹。

PKP Pecheneg-N 型：该型号与 PKP Pecheneg 型相似，不同的是，该枪在机匣左侧安装有夜视瞄准镜。

　　Pecheneg-SP 型：该型号是 2014 年由俄罗斯推出的PKP特种作战型机枪，目前主要有两个版本，一个是标准版本，另一个是特种部队版本。

你知道吗 ???

你知道此枪之名"Pecheneg"来自哪个民族吗？

P4　英国刘易斯轻机枪：日本九二式重机枪

P7　英国布伦轻机枪：气冷式

P9　捷克斯洛伐克 ZB-26 轻机枪：布伦轻机枪

P13　比利时 FN Minimi 轻机枪：1974 年

P15　美国 M1918 轻机枪：第二次世界大战期间

P18　美国 M249 轻机枪：气动式

P21　美国 Mk43 轻机枪：美国军械公司

P25　苏联 DP/DPM 轻机枪：7.62 毫米

P29　苏联 RPD 轻机枪：捷格加廖夫轻机枪

P31　苏联 RPK 轻机枪：卡拉什尼科夫

P34　以色列 Negev 轻机枪：可拆卸

P37　英国马克沁重机枪：自动武器之父

P41　德国 MG08 马克沁重机枪：史宾道机枪

P44　美国加特林机枪：格林机枪

P47　美国 M1919 A4 重机枪：M1919 A6 重机枪

P50　美国 M2 重机枪：M1917 重机枪

P52　美国 M61 重机枪：火神炮

P55　美国 M134 重机枪：电能

P58　苏联 DShK/DShKM 重机枪：54 式高射机枪

P61　苏联 NSV 重机枪：Kord 重机枪

P64　俄罗斯 Kord 重机枪：12.7 毫米

P68　德国 MG34 通用机枪：MG30 通用机枪

P71　德国 MG42 通用机枪：7.92 毫米

P75　美国 M60 通用机枪：美国斯普林菲尔德兵工厂

P78　美国 M240 通用机枪：7.62 毫米

P81　比利时 FN MAG 通用机枪：导气式机枪

P84　苏联 PK/PKM 通用机枪：AK-47 突击步枪

P88　俄罗斯 Pecheneg 通用机枪：佩切涅格人

世界兵器大百科

致命一击——步枪

王　旭◎编著

河北出版传媒集团
方圆电子音像出版社
·石家庄·

图书在版编目（CIP）数据

　　致命一击——步枪 / 王旭编著. -- 石家庄：方圆
电子音像出版社，2022.8
　　（世界兵器大百科）
　　ISBN 978-7-83011-423-7

　　Ⅰ. ①致… Ⅱ. ①王… Ⅲ. ①步枪－世界－少年读物
Ⅳ. ①E922.12-49

　　中国版本图书馆CIP数据核字(2022)第140399号

ZHIMING YIJI——BUQIANG

致命一击——步枪

王　旭　编著

选题策划　张　磊

责任编辑　宋秀芳

美术编辑　陈　瑜

出　　版	河北出版传媒集团　方圆电子音像出版社
	（石家庄市天苑路1号　邮政编码：050061）
发　　行	新华书店
印　　刷	涿州市京南印刷厂
开　　本	880mm×1230mm　1/32
印　　张	3
字　　数	45千字
版　　次	2022年8月第1版
印　　次	2022年8月第1次印刷
定　　价	128.00元（全8册）

前　言

人类使用兵器的历史非常漫长，自从进入人类社会后，战争便接踵而来，如影随形，尤其是在近代，战争越来越频繁，规模也越来越大。

随着战场形势的不断变化，兵器的重要性也日益被人们所重视，从冷兵器到火器，从轻武器到大规模杀伤性武器，仅用几百年的时间，武器及武器技术就得到了迅猛的发展。传奇的枪械、威猛的坦克、乘风破浪的军舰、翱翔天空的战机、千里御敌的导弹……它们在兵器家族中有着很多鲜为人知的知识。

你知道意大利伯莱塔 M9 手枪弹匣可以装多少发子弹吗？英国斯特林冲锋枪的有效射程是多少？美国"幽灵"轰炸机具备隐身能力吗？英国"武士"步兵战车的载员舱可承载几名士兵？哪一个型号的坦克在第二次世界大战欧洲战场上被称为"王者兵器"？为了让孩子们对世界上的各种兵器有一个全面和深入的认识，我们精心编撰了《世界兵器大百科》。

本书为孩子们详细介绍了手枪、步枪、机枪、冲锋枪，坦克、装甲车，以及海洋武器航空母舰、驱逐舰、潜艇，空中武器轰炸机、歼击机、预警机，精准制导的地对地导弹、防空导弹等王牌兵器，几乎囊括了现代主要军事强国在两次世界大战中所使用的经典兵器和现役的主要兵器，带领孩子们走进一个琳琅满目的兵器大世界认识更多的兵器装备。

本书融知识性、趣味性、启发性于一体，内容丰富有趣，文字通俗易懂，知识点多样严谨，配图精美清晰，生动形象地向孩子们介绍了各种兵器的研发历史、结构特点和基本性能，让孩子们能够更直观地感受到兵器的发展和演变等，感受兵器的威力和神奇，充分了解世界兵器科技，领略各国的兵器风范，让喜欢兵器知识的孩子们汲取更多的知识，成为知识丰富的"兵器小专家"。

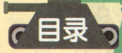

目录

 射击精准 —— 狙击步枪 / 63

枪族众多——非自动、自动步枪

英国李－恩菲尔德步枪

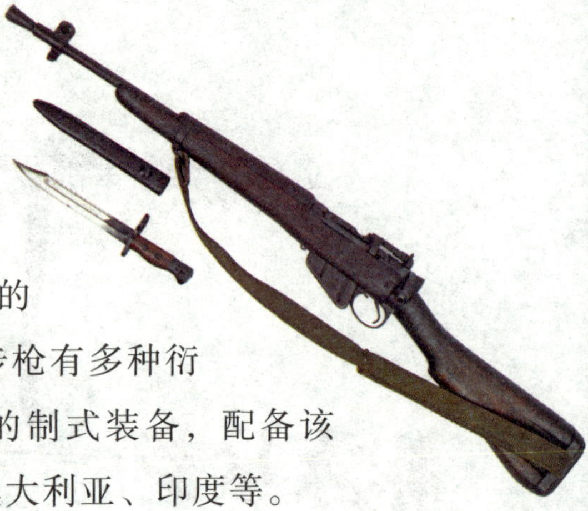

李－恩菲尔德步枪
的全称是李－恩菲尔德
弹匣式短步枪，是英国
军队 1895—1956 年使用的
一种制式手动步枪，该步枪有多种衍
生型号，是英联邦国家的制式装备，配备该
枪的国家包括加拿大、澳大利亚、印度等。

研发历程

1888 年，英国军队使
用的是李－梅特福弹匣式步
枪，简称 MLM 步枪，恩菲
尔德兵工厂在 MLM 步枪的
基础上，改进了其枪管膛线。
改进后的 MLM 步枪在 1895
年被正式命名为李－恩菲尔德弹
匣式步枪，简称 MLE 步枪。后来，

MLM 步枪与 MLE 步枪被统称为"李氏长步枪"。在布尔战争以后，该兵工厂又在李氏长步枪的基础上进行改进，研制出了一款短步枪，命名为李－恩菲尔德弹匣式短步枪，简称 SMLE 步枪。

军事放大镜

李－恩菲尔德步枪的优点为可靠性强、枪机行程短、操作方便，李－恩菲尔德步枪凭借着这些优点在第一次世界大战的堑壕战中，给敌人留下了深刻的印象。

步枪结构

李－恩菲尔德步枪采用的是由詹姆斯·帕里斯·李发明的旋转后拉式枪机和盒形可卸式弹匣（此后，英军的多种恩菲尔德手动步枪均是这个系统的改进型），其后端闭锁的旋转后拉式枪机装填子弹速度比较快；安装了固定式盒形双排容量 10 发弹匣，弹匣虽然可以拆卸，但是为维护或更换方便，

在使用中弹匣不拆卸，子弹通过机匣顶部抛壳口（装弹口）填装，可提高持续火力。

衍生型号

No.1 型步枪。该步枪最显著的特征是前枪托与枪口齐平，在第一次世界大战期间，被英国军队广泛使用。No.1 型步枪有多种改进型号，其中 1907 年定型的 MK.Ⅲ 是主要的改进型号，这种型号的步枪不仅满足了第一次世界大战的需要，甚至在第二次世界大战期间，也被大量使用，是前期英军装备的主要步枪。

No.2 型步枪。该步枪采用了 0.22 英寸口径，是训练专用的一种步枪。

No.3 型步枪。该步枪仿自毛瑟式（前端闭锁）枪机，也被称为 P-14 步枪，从第一次世界大战到第二次世界大战，No.3 型步枪曾多次被改进，从结构上来看，No.3 型步枪已经不属于李－恩菲尔德短步枪系列，但恩菲尔德皇家兵工厂一直把它包括在恩菲尔德步枪行列中。

No.4 型步枪。该步枪是在 No.1 型步枪的基础上改进的，采用了觇孔式照门，简化了主要零部件，从外形上来看，很容易与 No.1 型步枪区分。No.4 型步枪的基本型号为 MK.Ⅰ，这种型号的步枪主要被用于第二次世界大战；No.4 步枪的改进型为 MK.Ⅱ，这种型号的步枪主要被用于朝鲜战争。

No.5 型步枪。该步枪是 No.4 型步枪的缩短型，缩短了枪管，枪口处安装了喇叭形消焰器。在第二次世界大战中，No.5 型步枪主要用于东南亚战场。

你知道吗

你知道 No.4 型步枪的生产一直持续到哪一年吗？

俄罗斯 SVT-40 半自动步枪

　　SVT-40 步枪是由托卡列夫设计，图拉兵工厂和伊热夫斯克兵工厂生产的一种半自动步枪，是第二次世界大战期间苏联军队步兵的主要装备之一。

研发历程

　　为改善步枪的操作性和可靠性，苏联军方开始在 SVT-38 步枪的基础上进行改进，将改进后的步枪命名为 SVT-40 步枪。1940 年 7 月，开始在图拉兵工厂生产，由于 SVT-38 步枪中的一些零部件被简化，所

以 SVT-40 步枪的生产速度比 SVT-38 步枪的生产速度要快，1940 年年末至 1941 年年初，科若库兵工厂也开始生产 SVT-40 步枪。1945 年 1 月，SVT-40 步枪停止生产。

步枪结构

SVT-40步枪采用了导气式工作原理，由弹匣供弹，弹匣由钢板制成，枪管上方是短行程导气活塞，导气室与准星座、刺刀卡

军事放大镜

当时苏联步兵因为受教育程度比较低，再加上训练不足，对枪支的维护不像精锐部队那样专业，所以对SVT-40步枪一致差评，而像海军步兵的精锐部队，则认为SVT-40步枪比莫辛－纳甘步枪好用得多。

榫、枪口制退器构成了一个完整的枪口延长段；该步枪使用了枪机偏移式闭锁机构，这样的机构结构简单、便于生产且勤务性好，但连发射击的精度有所降低；该步枪采用了击锤式击发机构，扳机后面是手动保险，扳下保险可阻止射击；准星为柱形，能够精准调节步枪的高低和风偏，因为准星护罩顶端有一个透光孔，所以能够通过该孔来调整准星的高度；枪托为木制，枪口延长段后边有一小块冲压钢板，钢板上盖两侧有4个圆孔，主要用来冷却枪管和导气系统排气；SVT-38步枪的通条插在枪托右侧的凹槽中，而SVT-40步枪的通条插在了枪管下方。

实战历史

在第二次世界大战期间，SVT-38步枪被改进为SVT-40步枪，被用到战争中，但改进后的SVT-40步枪仍然被认为结构复杂、维护困难、故障率高。由于总体评价不高，再加上生产速度过慢，因而导致减产，所以SVT系列的步枪并没有像美国M1加兰德步枪那样成为战争中的主角。

你 知 道 吗

你知道SVT-40步枪是哪次战争中产生的吗？

俄罗斯莫辛－纳甘步枪

莫辛－纳甘步枪是由俄国陆军上校莫辛和比利时枪械设计师李昂·纳甘共同设计，以他们的姓名共同命名的一种手动步枪。该步枪的多种型号在俄国军队及苏联红军中作为制式武器服役，在日俄战争以及两次世界大战中都有使用，至今仍是民用步枪的常用型号。

研发历程

1890 年，沙皇俄国着手更换军队装备的大口径伯丹单发填装步枪，该枪早在俄土战争中就显得过于落后，因此推出一款新式步枪是很有必要的。俄国人在设计新式步枪时，在招标过程中采用了李昂·纳甘提交的枪型中的一些元素，随后俄国兵工厂将李昂·纳甘的供弹系统设计与俄国陆军上尉莫辛设计的步枪进行结合，

　　从而推出了新式步枪，后来研制出的这种步枪被命名为莫辛－纳甘步枪。

　　1891年，莫辛－纳甘步枪投入生产，分别交由图拉、伊热夫斯克、谢斯特罗列茨克3家兵工厂生产，1893年开始大规模生产。经历了日俄战争后，莫辛－纳甘步枪在第一次世界大战时成为俄军的主力武器。然而，对于规模庞大的俄军来说，莫辛－纳甘步枪的生产量远远不能满足军队的需求，因此俄国曾先后委托法国以及美国的兵工厂帮助生产。

　　十月革命以后，大量莫辛－纳甘步枪被苏俄军队缴获。在内战期间，莫辛－纳甘步枪带有的长刺刀给敌人留下了深刻印象。苏联时期，莫辛－纳甘步枪进行了重大改进，被命名为 M1891/30 型步枪。第二次世界大战爆发后，莫辛－纳甘步枪再次成为苏军的主力武器。第二次世界大战后期，莫辛－纳甘步枪显得落后了，虽然苏军对其进行了改进，但是在战后莫辛－纳甘步枪还是被新式步枪替代，大概于 1948 年全面停产。

步枪结构

莫辛－纳甘步枪所采用的是传统的旋转后拉式枪栓与弹仓式供弹的设计，枪机部分细小零件很少；整体弹

军事放大镜

莫辛－纳甘步枪的优点是操作简单、不需要过多维护、易进行大量生产，这正符合当时沙皇俄国军队士兵素质低下、工业基础差的实际状况。

仓位于枪托下扳机护圈前面，使用了能携带 5 发子弹的弹夹，通过机匣顶部的抛壳口单发或用弹夹填装，弹仓口有一个隔断器，用于在枪弹上膛时隔开第二发子弹；子弹是击针式击发；拉机柄力臂较短，枪机操作时不太顺畅，所需力量较大，且拉机柄为直式拉机柄，不方便携带；手动保险为枪机尾部凸出的圆帽，上边有花纹，以提高摩擦力防止打滑，将其向后拉并向左旋转会锁住击针使其无法向前运动，即形成保险。

桦木制枪托

扳机护圈前方的弹仓

步枪型号

莫辛－纳甘步枪有多种型号，如1891—1926年生产的M1891步兵步枪、1893—1932年生产的龙骑兵步枪、1894—1922年生产的哥萨克步枪、1910—1917年生产的M1907卡宾枪、1927—1932年生产的M1891/30步枪I型、1930年生产的M1891/30狙击步枪、1933—1944年生产的M1891/30步枪II型、1938—1944年生产的M1938卡宾枪、1943—1948年生产的M1944卡宾枪和1959年生产的M91/59卡宾枪。其中，M1891/30狙击步枪是一款基础型步枪，其拉机柄不仅加长了，还将原来的直线形状改为了向下弯曲的形状。此外，该步枪的左侧还安装了瞄具座。

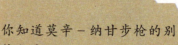

你 知 道 吗

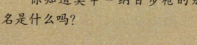

你知道莫辛－纳甘步枪的别名是什么吗？

俄罗斯 SKS 半自动步枪

SKS 步枪是苏联时期著名枪械设计师谢尔盖·加夫里罗维奇·西蒙诺夫在第二次世界大战期间设计的一种半自动步枪，这种步枪具有结构简单、刚度好等优点，是一种性能良好的武器。

步枪结构

SKS 半自动步枪采用了导气式武器结构，安装了无

军事放大镜

SKS 半自动步枪除了在苏联军队中广泛使用，在多个社会主义国家也曾广泛使用。在苏联军队撤装以后，部分东欧国家仍在使用。除此之外，也门、埃及、印度尼西亚、印度、朝鲜、巴基斯坦等国也引进了这种步枪。

气体调节器作为导气装置；采用了枪机偏转式闭锁结构，该结构非常简单，生产方便，而且具有较强的勤务性；

击发装置采用了击锤回转式结构，该结构由击锤、击锤簧、击针和击针销等部分组成；发射结构采用的是半自动发射结构，该结构由不到位保险、阻铁、扳机轴、阻铁簧、扳机簧、扳机连杆、单发杆、扳机等部分组成；枪托是木质的，且没有手枪样式的握把；枪管下配置了可折叠的刺刀。

步枪特点

SKS 半自动步枪可随意分解与重组；该步枪具有耐用性强、可靠性高、易于维护、制造成本低廉的特性，但该步枪在设计的过程中牺牲了一些精准度；SKS 步枪没有安装击针弹簧，所以在剧烈撞击及爆炸中有可能出现走火的问题。

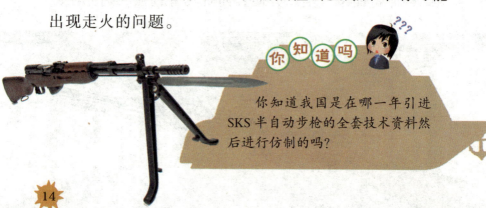

你知道吗

你知道我国是在哪一年引进 SKS 半自动步枪的全套技术资料然后进行仿制的吗？

美国 M1 "加兰德" 半自动步枪

　　M1 "加兰德" 步枪是约翰·坎特厄斯·加兰德在春田兵工厂设计的一种半自动步枪,该步枪是世界上第一种被大量采用的半自动步枪,同时也是美国历史上最成功的步枪之一。

研发历程

　　1920 年,开始设计;1929 年,参加美国军方新式步枪选型试验;

15

1932 年，加兰德设计的自动装填步枪被选中；1936 年，正式定型，并命名为 M1"加兰德"步枪；1937 年，投入生产；1939 年，开始装备部队；1945 年，被美国全力生产。

步枪结构

M1"加兰德"步枪采用的是导气式工作原理；该步枪的枪机很短，照门就在枪机的上方；步枪后膛的后边是闭锁式枪机的两片前向推杆，扭转后的推杆可与枪机凹槽相容；

军事放大镜

M1"加兰德"步枪的衍生型号有很多种，包括狙击步枪和没有服役的测试型号。其中，狙击步枪加装了瞄准镜，而没有服役的测试型号主要改装了枪托。

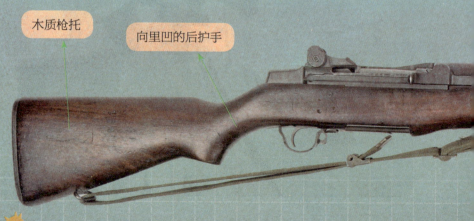

木质枪托

向里凹的后护手

木质枪托护木可延伸至枪管中心；枪机非常重。

实战历史

　　第二次世界大战期间，美军曾为其在欧洲、亚洲和南美洲的盟友军队援助了大量的M1"加兰德"步枪。

　　在朝鲜战争中，M1"加兰德"步枪以其优良的性能，受到了美国士兵的一致好评，几乎所有的士兵都希望装备M1"加兰德"步枪，并且从未提出过改进该步枪的要求。

　　海地发生武装冲突时，还曾出现M1"加兰德"步枪的身影，这些M1"加兰德"步枪是多年前卖给海地的。

你知道M1"加兰德"半自动步枪的中文绰号吗？

位于枪管下方的导气管

美国春田M1A半自动步枪

春田M1A步枪是美国春田兵工厂设计、生产、推出和改进的一种半自动步枪，该步枪是M14自动步枪的半自动民用型版本。

步枪结构

春田M1A步枪中的很多设计与M14自动步枪相同，标准型M1A步枪采用了与M14自动步枪相同的4条1:12右旋膛线以及USGI M14标准的瞄准具、扳机组等零部件，枪管表面镀铬。唯一不同的是，春田M1A步枪没有全自动射击的能力。春田M1A步枪的枪托有两种类型，分别是黑色玻璃纤维带橡胶托底板和美国胡桃木带原军用型的托底板。

衍生型号

装填型。这种型号的春田M1A步枪采用比赛型气导式枪管和比赛型1.57毫米军用级准星。GI比赛型无

冠顶式表尺照门能够进行一分钟的高度调节和风偏调节；采用了国家比赛级可调整的两道火式军用扳机，扳机扣力可在一定磅力之间调节；与比赛型步枪不同的是，装填型步枪没有在枪托上加玻璃状镀层和国家比赛级导气箍，所以并不是国家比赛型步枪。

比赛型。这种型号的步枪安装了光学瞄准镜、托腮垫、麦克米兰式玻璃钢枪托、道格拉斯式右旋1∶10不锈钢枪管。比赛型步枪共有两种，分别是国家比赛型M1A和超级比赛型M1A，国家比赛型M1A是最基本的一种型号，超级比赛型M1A是在某种型号步枪的基础上安装了一些比赛等级的附加功能，这样的设计比较偏重个体使用。

侦察班型。这是一种向执法机关用户销售的短枪管型M1A步枪，有两种类型的枪托，一种是胡桃木枪托，

　　一种是玻璃纤维枪托。枪膛没有镀铬，枪管上安装了韦弗式光学瞄准具基座和春田公司设计的专用枪口制退器，这样可大大减少步枪的后坐力。

　　SOCOM 型。这种型号的步枪有两种，分别是 SOCOM 16 型和 SOCOM II 型，SOCOM 16 型步枪安装了 EOTech 全息瞄准镜、托腮垫、两脚架，SOCOM II 型步枪的护木上安装了 MIL-STD-1913 集成型战术导轨座系统。

你知道吗

　　你知道春田 M1A 步枪的机匣是由什么材料制作的吗？

奥地利M1895斯太尔-曼利夏步枪

M1895斯太尔-曼利夏步枪是一种非自动单发装填步枪,同时也是奥地利轻武器史上一个重要的步枪系列。

研发历程

1880年,由于曼利夏研制的M1888步枪在使用过程中出现了退壳困难、枪机易自行活动的缺陷,所以在斯太尔公司研制步枪的基础上,采用

军事放大镜

19世纪末,M1895斯太尔-曼利夏步枪开始被广泛装备于奥地利(奥匈帝国)军队。除此之外,M1895斯太尔-曼利夏步枪还被意大利、瑞士、美国、加拿大等国家使用。在第一次世界大战中该步枪被大量使用,第二次世界大战中仅被少量使用。

曼利夏公司M1888步枪上的一些直动式枪机结构、供弹机构和发射结构等重新进行研制。1890年,M1895斯太尔-曼利夏卡宾枪研制成功。1895年,被军队使用。该型号的卡宾枪研制成功后,斯太尔公司与曼利夏公司开始研制步枪,不久以后,便研制出了斯太尔-曼利夏步枪,后来被奥地利军队采用,定型号为M1895步枪,

该步枪是斯太尔－曼利夏步枪系列中使用最广泛、最具代表性的一个型号。

步枪结构

M1895 斯太尔－曼利夏步枪由枪管、枪托、机匣、枪机、弹仓、弹夹、刺刀、发射机构和保险机构等组成；该步枪采用了直动式枪机，枪机与机头分离，机头为转动式，机头前部有两个对称的突榫；该步枪采用了弹夹插入式供弹系统，因此士兵在装弹时必须按下扳机护圈后面的按钮，才能将弹夹插入弹仓，卸弹夹时也必须按下这一按钮才能将空弹夹取出；枪弹装填结构非常简单。

你知道吗

你知道 M1895 斯太尔－曼利夏步枪的准星是什么形状吗？

步枪特点

M1895 斯太尔－曼利夏步枪的主要特点是总体结构简单，质量非常轻，可靠性强，使用方便，可以发射多种枪弹。

日本三八式步枪

三八式步枪是日本坂成章大佐设计的一种手动步枪，在第二次世界大战中，该步枪是日本法西斯陆军、海军最主要的一种武器，一直被使用到第二次世界大战结束。

步枪结构

三八式步枪的枪身比较长；机匣制作公差比较小，且其表面做了防腐处理，因此枪机可以在机匣中顺畅地运行，机匣上方的两个排气小孔，可以保证射击的安全性；枪机上方为防尘盖，防尘盖上方有开口可供直式拉机柄伸出；枪机尾部装有圆帽型的转动保险装置；弹仓镶嵌在枪身，该弹仓还具有空仓提示功能；枪托是由两块木料拼接而成的，可大大节省木材。

军事放大镜

日本在生产三八式步枪的同时，还生产了一种三八式卡宾枪，这种枪的枪管比三八式步枪的枪管要短，标尺射程也比三八式步枪要短，但其有效的射击距离与标准步枪相比，并没有多大的差异。

步枪特点

射程远。三八式步枪极远的射程是其他国家的步枪远远达不到的。

精度高。三八式步枪的子弹在 400 米射程内具有平直的弹道，它使用的特殊子弹可以在中等射程内保持稳定的飞行状态，进而精准击中目标。

训练新兵。由于三八式步枪的后坐力很小，所以很适合用来训练新兵。

善于近战。三八式步枪可装备三零式刺刀，在近战中具有很大的优势。

衍生型号

　　三八式卡宾枪。该枪是一种短枪管的三八式步枪，由于三八式步枪的质量比较大，再加上枪身太长，在复杂的地形中不方便携带，所以日本又生产了三八式卡宾枪。与三八式步枪相比，三八式卡宾枪的射程短，但射击精度并没有差异。

　　四四式卡宾枪。该枪是专门为骑兵设计的一种卡宾枪，该卡宾枪是在三八式卡宾枪的基础上研制而来的。四四式卡宾枪的刺刀折叠安装在了枪上，士兵用手一甩枪就能打开刺刀。

　　九七式狙击步枪。该枪是在三八式步枪的基础上研制而成的，其机柄为弯式，瞄准镜基座安装在了机匣的左侧，保留了枪身上的机械瞄准具。

　　九九式步枪。与三八式步枪相比，九九式步枪具有较强的威力，命中率与弹道精准度较高，增加了对空射击表尺等。

你 知 道 吗

　　你知道日本三八式步枪在我国的绰号是什么吗？

美国 M14 自动步枪

　　M14 自动步枪是由美国春田兵工厂研制的一种自动步枪。该步枪目前已被 M16 突击步枪所取代，但其改良型仍在服役。

研发历程

　　1945 年，枪械设计师约翰·加兰德开始在 MI "加兰德" 半自动步枪的基础上研制自动步枪；1954 年，设计出原型步枪；1957 年，命名为 M14 自动步枪；1959 年，在春田兵工厂投入生产；1963 年，停止采购。

枪管下方的导气管

可拆卸弹匣

M14步枪并不是一款成功的军用枪械，但由于M14步枪的配件在市场上具有较大的选择性，且价格便宜、精度良好，使得该步枪在民用市场具有很好的销售量。

步枪结构

M14步枪的部分零件来自MI"加兰德"半自动步枪，采用了气动式原理；枪机采用了回转闭锁方式；枪管下方是导气管，可选择半自动或全自动射击；瞄准装置采用的是机械瞄准具，包括固定式柱形准星和弧形表尺。

步枪性能

M14步枪的优点为精度高、射程远。该步枪在服役期间主要用于丛林作战，但是由于该步枪的枪身比较笨重，所以携带的弹药量有限，而且弹药威力过大，全自动射击时散布面太大，很难控制精准度。后来，在对阿富汗、伊拉克的战争中，美国军队为M14步枪配置了高精度的枪管、两脚架和瞄准镜，大大提高了远射程的精确支援火力。

衍生型号

你知道吗

你知道M14步枪撤装源于哪次战争吗？

M14 E1 步枪。该步枪采用了折叠枪托，是专门为高机动性的伞兵、重装兵设计的一种步枪，没有正式装备部队。

M15 步枪。该步枪采用了重枪管、支肩托板、两脚架，可选择射击模式。后来，该型号步枪的研制计划被取消。

M14 E2/M14 A1 步枪。该步枪继承了 M15 步枪的设计。1963 年，M14 E2 步枪设计完成并投入生产；1966 年，重新设计的 M14 A1 步枪投入生产。

M14 SMUD 步枪。该步枪主要用于引爆地雷或炸药。

MK14 EBR 步枪。该步枪采用了高效能枪口消焰器、伸缩枪托等。

M39 EMR 步枪。该步枪主要用于装备美国海军陆战队。

德国 HK417 自动步枪

HK417 自动步枪是由德国黑克勒 – 科赫公司研制的一种自动步枪，主要用于与狙击步枪做高低搭配，还可进行全自动射击，具有准确度高和可靠性高等优点。

军事放大镜

有多个国家都购买了 HK417 自动步枪，其中阿尔巴尼亚主要用来装备特种部队，法国主要用来装备陆军特种部队，丹麦主要用来装备陆军，荷兰主要用来装备荷兰陆军特种部队。

步枪结构

HK417 自动步枪采用了短冲程活塞传动式系统，大大提高了该步枪的性能；该步枪后期改造后的弹匣采用半透明聚合塑料，这种弹匣具有空枪挂机功能，还可直接并联相同的弹匣；

该步枪采用了伸缩枪托设计，枪托底部安装了缓冲塑料垫，这样的装置可降低射击时的后坐力；该步枪采用了自由浮动枪管设计，这样能够拆下整个前护木，可大大节省维护时间。

后续发展

2006 年，HK 公司展出了 HK417 自动步枪，但这款 HK417 自动步枪的外观与早期稍有不同；2008 年，HK 公司推出 HK417 量产型步枪，这种型号的 HK417 步枪的外形与 2006 年推出的那款有所不同，该步枪的弹匣由原来的金属材料改为了半透明塑料；2010 年，德军宣布 HK417 自动步枪的精度不过关，所以没能通过试验；2013 年，HK 公司将 G28 步枪与 HK417 步枪的特征综合到一起推出了 HK417A2 步枪。

你知道吗

你知道德国 HK417 自动步枪是在哪一年定型的吗？

比利时 FNFAL 自动步枪

FNFAL 自动步枪是比利时枪械设计师迪厄多内·塞弗设计、比利时国营赫斯塔尔公司（FN）研制、生产的一种自动步枪，是世界上最著名的步枪之一，曾是很多国家的制式装备，FAL 自动步枪的英文名字为 Light Automatic Rifle，简称 LAR，意为"轻型自动步枪"。

军事放大镜

20 世纪六七十年代，FNFAL 自动步枪是西方雇佣兵最喜欢用的武器之一，因此被美国的《雇佣兵》杂志称为"二十世纪最伟大的雇佣兵武器之一"。

 **步枪结构**

FNFAL 自动步枪采用了气动式工作原理；枪机采用了偏移式闭锁方式；枪管上方安装了导气装置；螺旋气体调节器位于导气箍前端；使用了带有空枪挂机的结构；机匣上方安装了可以折叠的提把；枪口处安装了消焰器；

发射机座安装了机匣卡榫、击发阻铁、扳机、击锤及不到位保险阻铁；一般情况下，瞄准具是带有护翼的准星及可调整的觇孔式照门，但是步枪的类型不同，射程标定也不同。

步枪性能

　　FNFAL 自动步枪具有较强的单发精度，且弹药威力强，可靠性好，易于分解。但是，FNFAL 自动步枪在射击时，会产生较大的后坐力，这样就很难控制连发射击。目前，FNFAL 自动步枪是装备国家最多的军用步枪之一。

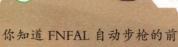

你知道吗

　　你知道 FNFAL 自动步枪的前型是哪一种吗？

火力猛烈——突击步枪

俄罗斯 AK-47 突击步枪

　　AK-47 突击步枪是苏联著名枪械设计师卡拉什尼科夫设计的一种突击步枪，自问世以来，该步枪以其强大的火力、可靠的性能、低廉的造价而风靡世界。

军事放大镜

　　20 世纪 60 年代，越南战争爆发，AK-47 突击步枪在战争中凭借其超高的可靠性和良好的密集火力，在战争中发挥了巨大的作用，并闻名世界。

AK-47 设计师

　　1947 年，由米哈伊尔·季莫费耶维奇·卡拉什尼科夫负责设计的 AK-47 突击步枪被苏联红军定为制式武器，并大规模装备军队，成为第二次世界大战后苏联的主要单兵制式装备。卡拉什尼科夫当时年仅 28 岁，

因为这一伟大的设计，他于 1958 年和 1976 年两次被授予社会主义劳动英雄称号，1949 年获得斯大林奖金，1964 年获得列宁奖金，1971 年被图拉设计院授予技术博士学位。苏联解体后，他仍然受到俄罗斯政府的重视，1994 年，俄罗斯总统叶利钦专程前往伊热夫斯克，同国防部长和其他领导人一起参加 11 月 10 日的"庆祝世界著名武器设计师卡拉什尼科夫 75 岁寿辰"活动。

研发历程

1944 年，卡拉什尼科夫开始构思新式步枪；1946 年，卡拉什尼科夫制作出可连发射击的样枪，并命名为 AK-46 步枪，该步枪成为 AK 系列枪械的原型；1947 年，在 AK-46 步枪基础上经过一系列改进后的步枪被命名为 AK-47 步枪；1947 年，最终定型并开始生产；1949 年，正式装备苏联军队。

步枪结构

AK-47 突击步枪采用的是导气式自动原理；弹匣呈弧形，

不可分离；机匣的右侧为保险／快慢机柄，可以选择半自动或全自动发射方式，拉机柄位于机匣右侧；导气管位于枪管上方，导气孔没有调节器，活塞和活塞杆连在一起，但与机枪框是分离的；采用了枪机回转式闭锁，这种闭锁方式是依据美国M1"加兰德"半自动步枪而装备的。

步枪性能

　　AK-47突击步枪具有动作可靠、勤务性好的优点，尤其在风沙泥水中使用，性能优良、坚实耐用、故障率低，所以深得士兵的喜爱。无论是在越南战场还是在海湾战场，士兵们将埋在泥水和沙堆中的AK-47突击步枪挖出后，

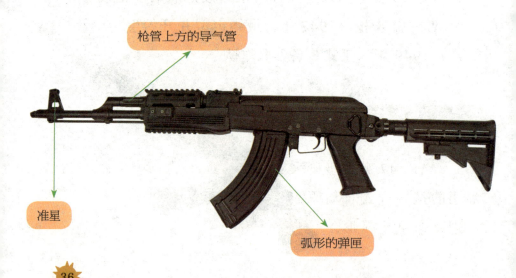

枪管上方的导气管

准星

弧形的弹匣

它依旧能正常发射。与第二次世界大战期间的步枪相比，AK-47 突击步枪的枪管比较短小，射程比较短，但其火力非常强大，比较适合较近距离的突击作战。

你知道俄罗斯 AK-47 突击步枪被称为什么吗？

俄罗斯 AK-74 突击步枪

AK-74 突击步枪是 1949 年装备的 AK-47 突击步枪和 1959 年装备的 AKM7.62 毫米突击步枪的改进型枪种，该突击步枪于 1974 年 11 月 7 日在莫斯科红场阅兵式上首次露面。

步枪结构

AK-74 突击步枪的枪口形状为圆柱形，内部为双室结构，前室的两侧各有一个大的方形开口，后室有 3 个直径为几毫米的泄气孔，分别位于枪口的上面和右侧面；

照门为缺口式；弹匣采用模压成型的玻璃纤维塑料；枪托有两种，一种是木制的固定枪托，另一种是骨架形折叠枪托；小握把是用模塑制成的，护木是用层压木板制成的。

步枪性能

AK-74 步枪结构简单，功能可靠，重量轻，便于携带，开火反应时间快，命中率高，使用方便，

军事放大镜

有一款 AK-74 步枪使用了玻璃纤维护木，这种步枪被戏称为"'李子'AK-74"，于 1985 年年底投入生产。

就算是没有经过系统训练的士兵，也可以进行全自动射击。目前该步枪已经成为俄军的制式突击步枪，俄军空降兵、侦察兵、摩托化步兵等都配发了 AK-74 突击步枪。

衍生型号

AKS-74 型突击步枪。该步枪是折叠枪托版本的步枪，主要用于装备空降部队。

AK-74M 型突击步枪。该步枪于 1987 年开始研制，1991年开始生产，采用可折叠的枪托，护木的制作材料为塑料，

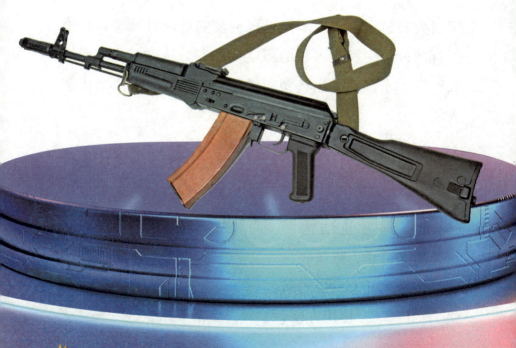

颜色为黑色，机匣盖没有加强筋，为了方便安装光学瞄具和镜桥，机匣盖的左侧装置了燕尾槽导轨。

AKS-74U 型突击步枪。该步枪主要用于装备苏联空降部队、特种部队及非前线部队。

RPK-74 型突击步枪。该步枪安装了又长又重的枪管及折叠式的两脚架。

你知道 AK-74 突击步枪的设计师是谁吗？

各国改进

AK-74 突击步枪于 20 世纪 70 年代初列装军队，后来逐步取代了 AKM7.62 毫米突击步枪。东欧一些国家大量装备 AK-74 突击步枪，并进行了某些改进。当时，华约组织的多个成员国装备了该枪，并生产过该型号的变型枪；当时的东德曾被特许生产此枪，采用了钢制枪托和一些塑料器件；保加利亚的仿制枪采用硬木枪托；罗马尼亚的改进型不仅装有前握把，还装有三发点射控制机关。

俄罗斯 AKM 突击步枪

AKM 突击步枪是枪械设计师卡拉什尼科夫在 AK-47 突击步枪的基础上改进而来的，该步枪改善了很多 AK 系列步枪中所具有的缺点，后来逐渐取代 AK-47 突击步枪，成为苏联军队的制式步枪。

步枪结构

军事放大镜

> AKM 突击步枪于 1959 年开始投入生产，直到今天俄罗斯军队和内务部仍有装备该步枪。除此之外，一些第三世界国家也装备了该步枪，一些国家还仿制了该步枪。

AKM 突击步枪前期弹匣的制作材料为轻合金，能够与原来的钢制弹匣通用，后期又研制了一种玻璃纤维塑料压模成型的弹匣，枪托、护木和握把的制作材料为树脂合成材料，大大减轻了全枪的重量。

步枪性能

与 AK-47 突击步枪相比，AKM 突击步枪更实用，

也更加符合现代突击步枪的要求，其使用的冲铆机匣大大降低了生产成本，也减轻了该步枪的整体重量。除此之外，AKM突击步枪扳机组上增加的"击锤延迟体"，从根本上消除了该步枪哑火的可能性，在试验记录上，AKM突击步枪从来没有出现过哑火的现象，说明其具有较高的可靠性。

衍生型号

AKM改进型第2型。该步枪减轻了步枪的重量，枪托、护木和握把采用的是树脂合成材料，护木上有手指槽；机匣的两侧各有一个弹匣定位槽，机匣盖上装置了加强筋；

击锤上安装了一个击锤延迟体；该步枪还增加了表尺射程，准星呈柱形，照门呈 U 形。

AKM 改进型第 3 型。该步枪设计了一个螺接在枪口上的防跳器，这样大大提高了该步枪连发射击的散布精度，刀柄和刀鞘的制作材料为塑料，折叠枪托有两种类型：一种是折叠于机匣下方，另一种是折叠于机匣右方。

AKMS 改进型。该步枪是专门为空降兵研制的，其取消了枪口防跳器，稍稍缩短了长度。

AKM1974 年改进型。该步枪是 AKM 突击步枪的最后一种改进型，由于 AK-74 突击步枪已定型，所以这种型号的步枪没有被采用。

你知道吗

你知道俄罗斯 AKM 突击步枪的弹匣容弹量是多少吗？

俄罗斯 AK-12 突击步枪

AK-12 突击步枪是由俄罗斯伊兹马什公司针对 AK 枪族的常见缺陷而改进的一种现代化突击步枪，AK-12 突击步枪作为 AK 枪族的最新成员，于 2012 年年初正式亮相。

研发历程

军事放大镜

AK-12 步枪是一种基础型突击步枪，在该步枪基础上还研制出了很多枪械，如 PPK-12 冲锋枪、SVK-12 狙击步枪、AK-12U 卡宾枪、RPK-12 轻机枪及其他出口型枪械。

2011 年 8 月，开始研制；2012 年 1 月，推出第一支样枪；2014 年，开始服役；2015 年 2 月，俄罗斯国防部选定 AK-12 式 5.45 毫米 × 39 毫米和 AK-103-4 式 7.62 毫米 × 39 毫米作为现代化单兵作战系统的制式武器，这两种步枪均由卡拉什尼科夫集团生产。

步枪结构

AK-12 突击步枪快慢机共有三种发射模式，

分别是半自动、全自动、三发点放；位于快慢机后面的小杠杆是锁紧机匣盖的装置；机匣盖的形状和固定方式都进行了改进；机匣盖的后方是照门，照门的顶部整合了 MIL-STD-1913 战术导轨；枪管膛线改进后，极大地提高了精准度，减小了后坐力和枪口上扬幅度；枪口上安装了新型枪口制退器；护木上下加装了 MIL-STD-1913 战术导轨；枪托既可以折叠，又可以调节长度。

你知道吗

你知道 AK-12 突击步枪是第几代 AK 系列步枪吗？

美国 AR-15 突击步枪

AR-15 突击步枪是由美国著名枪械设计师尤金·斯通纳研发、柯尔特公司生产的一种以弹匣供弹、具备半自动或全自动射击模式的一种突击步枪。

步枪结构

AR-15 突击步枪采用的是导气管式自动方式；机匣的制作材料为航空级铝材；采用了模块化的设计，

军事放大镜

现在，AR-15 型突击步枪改型的民用版本及其他型号已被多家公司制造，因其价格低廉、射击精准的优点，受到全世界射击运动爱好者和警察的喜爱。

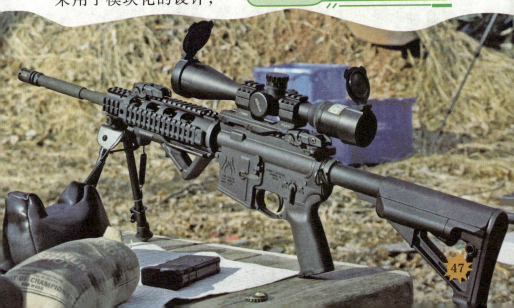

这样可以使 AR-15 突击步枪中的各种配件使用起来非常方便，还具有维护简单的优点；表尺能够调整风力修正量和射程；合成的枪托和握把不容易变形和破裂；准星可以调整仰角；小口径、精准、高弹速；装配的光学器件可以取代机械瞄具。

全自动与半自动的区别

全自动 AR-15 突击步枪与半自动 AR-15 突击步枪具有相同的外形，但全自动 AR-15 突击步枪装置了一个选择射击的旋转开关，具有三种选择模式：安全、半自动、依型号而定的全自动或三发连发；半自动 AR-15 突击步枪只有安全和半自动两种模式可供选择。

你知道吗

你知道阿玛莱特公司是在哪一年将 AR-15 突击步枪的生产权卖给柯尔特公司的吗？

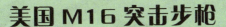
美国 M16 突击步枪

　　M16 突击步枪是由美国著名枪械设计师尤金·斯通纳研制、柯尔特公司生产的一种突击步枪，是同口径突击步枪中生产数量最多的一类枪械，也是世界上最优秀的步枪之一。

研发历程

　　1957 年，美国军队提出设计新枪。阿玛莱特公司在 AR-10 步枪的基础上进行改进，命名为 AR-15 步枪，并从竞标中胜出。阿玛莱特公司又对 AR-15 步枪进行一系列改进后，将其生产权卖给了柯尔特公司。1964 年，美国空军将改进后的 AR-15 步枪命名为 M16 突击步枪。随后，在 M16 突击步枪的基础上又诞生了多种改进后的步枪，其性能越来越成熟可靠，使用越来越广泛。

步枪结构

　　M16 突击步枪机匣的制作材料为铝合金，护木、握把和后托的制作材料为塑料，枪管、枪栓和机框是钢制的；

49

弹匣位于扳机护圈
的前方，卡榫位于
步枪的右侧；M16
突击步枪与平常的导
气式步枪不同，该枪采用的
是导气管式工作原理，而且它采用的导气
管并没有活塞组件和气体调节器；M16 突击步枪推动
机框的方式采用的是直接导推式原理，当枪管中的高
压气体从导气孔通过导气管以后会直接推动机框，而
不是进入独立活塞室驱动活塞，高压气体进入枪栓后
方机框里的气室后，就会受到枪机上密封圈的阻止，
这时膨胀的气体就会推动机框向后运动。

衍生型号

军事放大镜

1965 年 11 月，越南德浪
河谷战争爆发，M16 突击步枪
首次出现在战场上。

柯尔特 601 型和
602 型步枪。这两种型
号的步枪是 AR-15 的
复制品。601 型步枪是
美国空军使用的第一种步枪，但没过多久便被柯尔特
604 型步枪取代；602 型步枪是 601 型步枪的改良型，
将 1:14 英寸的膛线缠距改为了常见的 1:12 英寸的缠距。

这两种型号的步枪在服役期间，主要在东南亚的许多特别行动中被使用。

XM16E1 型步枪。该步枪在本质上与 M16 步枪是一样的，但该型号的步枪增加了复进助推器。

M16A1 型步枪。该步枪主要由上机匣组件、下机匣组件、枪机－机框组件等组成，是美国在第二次世界大战以后换装的第二代步枪，是为了解决 XM16E1 型步枪在测试过程中暴露出来的问题而研制、生产的一种步枪，也是世界上第一种列入正式装备的小口径军用步枪。

M16A2 型步枪。相对于前型，该步枪的改动非常多，主要是更换了新的膛线，枪管被加粗，提高了枪管的抗弯曲性能，解决了连续射击时发热的问题，提高了单发射击的精度，枪机由原来的全自动模式改为了三发点射模式。

M16A3 型步枪。该步枪是 M16A2 型步枪的全自动改型，主要装配美国海军的海豹特种部队。

M16A4 型步枪。该步枪可同时装备可拆卸的提把、瞄准具或目视装置，主要装配美国陆军和美国海军陆战队。

你知道吗

你知道 M16 突击步枪共分为几代吗？

德国 Stg44 突击步枪

Stg44 突击步枪是德国在第二次世界大战期间研制的一种突击步枪，是最先使用短药筒的中间型威力枪弹并且大规模装备的突击步枪，也是世界上第一种真正意义上的突击步枪。

研发历程

军事放大镜

Stg44 突击步枪参加过多次战争，主要包括第二次世界大战、法越战争、越战、伊拉克战争、叙利亚内战。

20 世纪初，对自动步枪来说，当时所生产的标准步枪弹药威力过大，于是在 20 世纪 30 年代后期，德国陆军开始研究一种威力比较小的短药筒弹药；1941 年，成功研制出规格为 7.92 毫米 ×33 毫米的短药筒弹药；1942 年 7 月，黑内尔公司研制出 MKb-42（H）样枪；

1943 年，黑内尔公司改进 MKb-42（H）步枪，后来命名为 MP43 式步枪；1944 年，MP43 式步枪又进一步完成改进，命名为 MP-44 式步枪，后又正式改称 Stg44 突击步枪，并开始大量生产。

步枪结构

Stg44 突击步枪采用了气导式自动原理，枪机采用的是偏转式闭锁方式，当枪弹击发以后，一小部分的气体顺着枪管上的小孔经过导气管导入机夹，然后推动枪机向后完成抛壳、重新上膛、再击发等任务；弹匣呈弧形；

　　枪管上方是导气管，一直延伸到枪口附近；机匣等零件采用的制造工艺是冲压工艺，这样大大降低了该步枪的生产成本。

步枪性能

　　Stg44突击步枪具有非常猛烈的火力，连发射击时产生的后坐力

你知道吗

你知道Stg44突击步枪采用的是哪种自动方式吗？

非常小，所以很容易掌握，在400米距离内具有较好的射击精度，重量较轻，方便携带，由于弹匣的重量适中，所以士兵可以大量携带，进而保证火力的持续性。

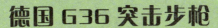

德国 G36 突击步枪

G36 突击步枪是由德国黑克勒－科赫公司在 1995 年推出的现代化第三代突击步枪。该步枪在 1997 年正式列装德国国防军。

步枪结构

G36 突击步枪采用了导气自动方式和回转式闭锁结构；该步枪中的大部分零部件，如机匣、护木、枪托、

背带环和小握把的制作材料是黑色工程塑料；机匣内部嵌有不锈钢导轨。

步枪性能

　　G36 突击步枪所采用的黑色工程塑料，使其具有较强的抗腐蚀能力，全枪质量也减轻了很多；该步枪结构简单、操作方便；因为该步枪的主要部件只用了 3 个销钉固定在机匣上，所以不用工具就可以拆开擦拭和维护；该步枪安装了精准的瞄准装置，大大提高了命中精度。

装备国家

G36 突击步枪在使用前期，其优良的性能受到士兵们的喜爱，但后期其暴露出了严重的质量问题，其中一个问题就是过度使用该步枪会导致步枪的塑料部件软化。

一些国家和地区的军队和警察，如英国各个应急部队、荷兰警察机构、波兰警察部队、美国国会警察局及洛杉矶警察局、菲律宾海军特种作战部队及轻装快速反应部队、葡萄牙共和国国民警卫队、立陶宛特种部队、印尼特种部队、泰国皇家海豹部队、联合国维和部队等均装备了 G36 突击步枪。

衍生型号

　　G36 标准步枪。该步枪采用了折叠式枪托，使用了 3 倍放大率的光学瞄准镜，光学瞄准镜前方的提把上安装了前置式 NVS80 夜瞄具，使瞄具中的棱镜能够将增强的图像折射到瞄准镜上。

　　G36K 短步枪。该步枪采用了折叠式枪托、休尔费尔战术灯和激光瞄准镜，所使用的枪弹是 SS109 北约制式枪弹。

　　G36 卡宾枪。该步枪采用了折叠式枪托。

G36E 步枪。该步枪是按照标准型设计的一种出口型步枪，使用了 1.5 倍的光学瞄准镜和 SS109 北约制式枪弹。

G36 运动步枪。该步枪采用了拇指孔枪托和可调节式贴腮板，单发射击，弹匣容弹量为 5 发。

G36 狙击步枪。该步枪与 G36 运动步枪一样，采用了拇指孔枪托和可调式贴腮板，枪管使用的是振动很小的厚壁枪管，击发方式为单发射击。

MG36 轻机枪。该机枪在 G36 标准型步枪的基础上安装了 C-MAG 弹鼓、加厚的重型枪管及折叠式两脚架。

G36C 短步枪。该步枪是专门为特种部队研制的一种枪械，该枪在 G36K 短步枪的基础上进行了缩短。

SL-8 运动步枪。该步枪的原型为 G36K 型短步枪。

SL-9SD 狙击步枪。该步枪是在 SL-8 运动步枪的基础上改进而来的，具有很好的射击效果。

G36KV3 步枪。该步枪安装了伸缩折叠式枪托，改进了弹匣卡榫、导气箍及空枪挂机释放钮，导轨的制作材料为铝合金。

你 知 道 吗

???

你知道德国 G36 突击步枪采用的是哪种射击方式吗？

德国 HK416 突击步枪

HK416 突击步枪是由赫克勒 – 科赫公司研制的一种突击步枪。该突击步枪结合了 G36 突击步枪和 M4 卡宾枪的优点。研制该步枪的目的是提供一款性能比长期服役的 M16 突击步枪更优越的枪械。

研发历程

2002 年，HK 公司开始评估改进 M16 系列卡宾枪，以提高 M16 系列武器的可靠性和使用寿命；经过几年的研究改进，

2004 年，HK 公司在枪展上展出新研制的 HKM4，随后将其改称为 HK416；2005 年，HK416 突击步枪正式推出市面。

步枪结构

HK416 突击步枪采用了短冲程活塞传动式系统；枪管的制作材料为冷锻碳钢，延长了枪管的使用寿命；机匣和护木共设有 5 条战术导轨，这些战术导轨主要用来安装附件；该步枪采用的自由浮动式前护木可自由拆卸，大大减轻了全枪的重量；枪托底部安装了缓冲塑料垫，这样可降低后坐力；机匣内部安装了泵动活塞缓冲装置，可大大减小后坐力和污垢对枪机

运动的影响，提高了枪械的可靠性。

装备国家

　　HK416突击步枪在被研制出来后，除在美国特种部队有少量装备外，在巴西、法国、挪威、英国、意大利、荷兰、澳大利亚、日本、印度尼西亚、马来西亚等多个国家和地区的特种部队中都有大量装备。

你知道吗

你知道德国HK416突击步枪设计的负责人是谁吗？

射击精准——狙击步枪

俄罗斯 SVD 狙击步枪

SVD 狙击步枪是苏联设计师德拉贡诺夫研制的一种半自动狙击步枪，其为现代第一种为支援班排级狙击与长距离火力支援而专门制造的步枪。

研发历程

1958 年，苏联提出设计半自动狙击步枪的构想，要求研制出的狙击步枪不仅要具有很高的射击精度，还

要保证该步枪能够在恶劣的环境下正常工作；1963年，苏联宣布采用叶夫根尼·费奥多罗维奇·德拉贡诺夫设计的半自动狙击步枪，并在此基础上进行改进；1967年，这种步枪开始装备部队。

步枪结构

SVD狙击步枪采用了短行程活塞的设计；枪管的前端安装了瓣形消焰器，末端为左旋滚转枪机；枪机上只用3个锁耳进行闭锁；护木直接固定在了机匣上；枪托的设计大部分是镂空的，这样既减了重量，

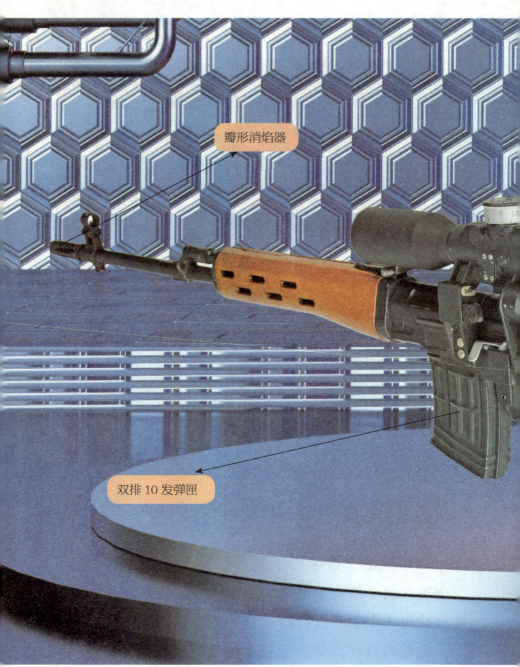

瓣形消焰器

双排 10 发弹匣

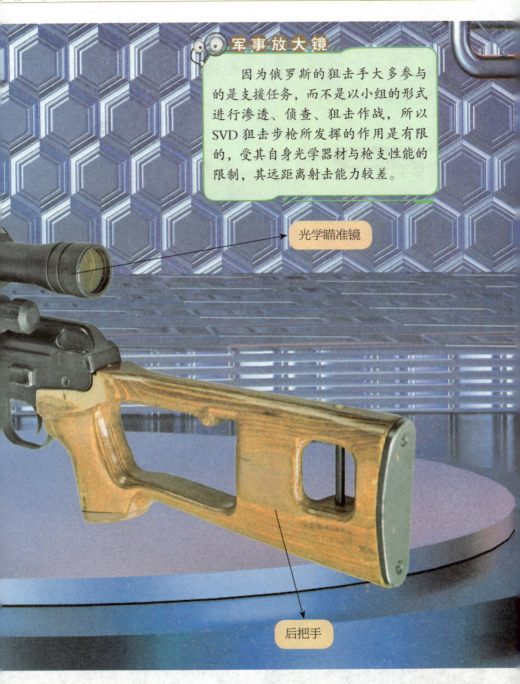

军事放大镜

因为俄罗斯的狙击手大多参与的是支援任务，而不是以小组的形式进行渗透、侦查、狙击作战，所以SVD狙击步枪所发挥的作用是有限的，受其自身光学器材与枪支性能的限制，其远距离射击能力较差。

光学瞄准镜

后把手

又能形成直形握把，枪托上还有一个能够拆卸的贴腮板，后来生产的SVD狙击步枪枪托的制作材料改为了玻璃纤维复合材料。

步枪性能

你知道吗

你知道俄罗斯SVD狙击步枪代替的是哪一种狙击步枪吗？

　　SVD狙击步枪具有可靠的使用性能，但从精度、人体工学上来看，该狙击步枪无法与高精度专业狙击步枪相比较，即便如此，SVD步枪也是公认的具有超高可靠性的狙击步枪，这一性能使得SVD狙击步枪被长期而广泛地使用，在很多冲突中都出现过它的身影。

俄罗斯 SV-98 狙击步枪

SV-98 狙击步枪是由俄罗斯枪械设计师弗拉基米尔·斯朗斯尔研制、伊兹马什公司生产的一种手动狙击步枪。1998 年，该步枪被设计制造，并于当年少量用于俄罗斯执法机构和特种部队，2005 年底正式被俄罗斯军队采用。

步枪结构

军事放大镜

> SV-98 狙击步枪有两种分解方式，即完全分解和不完全分解。但是不管采用哪种分解方式，其分解步骤都非常烦琐，在战争期间如果对其进行定期保养，往往会贻误战机。

SV-98 狙击步枪的发射方式为非自动发射，枪机为旋转后拉式；机匣和枪管都为冷锻生产，机匣顶部有一段皮卡汀尼导轨，可安装瞄准镜；枪膛内部没有镀铬，这样可有效避免因镀层不均匀而影响射击精度；枪口处装置了螺纹接口，能够衔接制退器或消声器；准星设有护圈；照门为缺口式；枪托的制造材料为胶合板，枪托前端安装了能够折叠的两脚架，尾部有可缩进枪托内的尾撑。

SV-98 狙击步枪具有非常明确、专一的战术定位，专供反恐部队、特种部队、执法机构在反恐行动、解救人质等行动中使用，还可以在非常隐蔽、高强度的射击火力下狙杀目标。

SV-98 狙击步枪具有非常高的射击精度，毫不逊色于奥地利 TPG-1 狙击步枪（以高精度闻名），但 SV-98 狙击步枪的使用寿命很短。

你 知 道 吗

你知道俄罗斯SV-98狙击步枪是在哪个系列的运动步枪的基础上发展而来的吗？

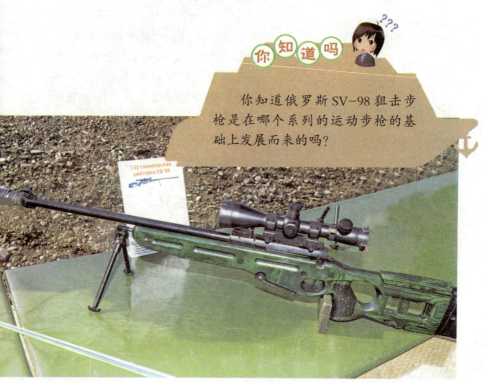

美国麦克米兰TAC-50 狙击步枪

TAC-50 狙击步枪是美国研制的一种军队及执法部门专用狙击武器，同时也是加拿大军队从2000年开始装备的制式"长射程狙击武器"。该狙击步枪曾用于2001年的阿富汗战争和2003年的伊拉克战争。

步枪结构

TAC-50 狙击步枪的枪机为旋转后拉式；弹匣容量为5发；枪托的制作材料为麦克米兰玻璃纤维；握把为手枪型；该步枪采用了雷明顿式扳机和比赛级的优质枪管，枪管表面上刻有线坑，可减轻全枪的重量；枪口处安装了高效能制退器，可缓冲强大的后坐力。

军事放大镜

2002年，加拿大狙击小组里的一名成员在阿富汗的一座山谷上使用TAC-50狙击步枪，在极远的距离外击中了一名塔利班武装分子，创造出了当时世界上狙击距离最远的纪录。

步枪性能

由于TAC-50狙击步枪使用的NATO口径子弹具有一定的高度，所以有很大的破坏力，这足可使狙击手用其来对付装甲车辆和直升机。除此之外，TAC-50狙击步枪的有效射程也比较远。

你知道美国麦克米兰TAC-50狙击步枪是在哪一年开始研制的吗？

美国雷明顿 M24 狙击步枪

M24 狙击步枪是由著名的雷明顿 700BDL 型步枪衍生而来的，主要使用对象为军队和警察，被称为"美国现役狙击之魂"。

步枪结构

M24 狙击步枪采用了加长版旋转后拉式枪机；机匣的制作材料为钢，外表为圆柱形，机匣和枪口处安装了基座；枪托由凯夫拉石墨合成材料制作，其上装置了小握把及瞄准镜的连接座，枪托内核使用的是发泡塑料；

枪管的制作材料为不锈钢；弹仓底板为铰折式；配置了由 Redfield-Palma 国际公司生产的可拆卸的备用机械瞄准具。

步枪特点

M24 狙击步枪最显著的特点就是它具有旋转后拉式枪机结构，向上推动拉机柄然后向后拉，就可以打开枪栓，而枪栓只要拉过弹夹出弹口就可以完成推弹上膛、射击等一系列动作，熟练的枪手可以用掌心推动拉机柄迅速完成上膛动作，射速明显高于弹簧动力的狙击步枪。

美国海军陆战队、陆军部队、第 101 空降突击师、第 82 空降师和空军特别勤务部队均装备了 M24 狙击步枪。

M24 狙击步枪对使用环境的要求很挑剔，过于潮湿或者干热的环境都会降低子弹射击的精度。

M24 狙击步枪枪托内核的制作材料比较特殊，具有吸湿性，所以一旦见水，枪托就会变得很重，进而破坏 M24 狙击步枪的平衡。

M24 狙击步枪使用的瞄准具虽然比较精确，但其视野非常狭窄。

后续发展

1988 年，美国军队将 M24 狙击步枪定为新的制式武器，由于该枪具有非常优异的性能，所以后来逐渐取代了其他狙击步枪，进而成为美国军队中主要的狙击武器。虽然美国陆军用 M110 狙击步枪逐步取代 M24 狙击步枪，但 2010 年以前 M24 狙击步枪仍然是制式狙击步枪之一。

改进型号

XM24A1 型步枪。该种型号的步枪使用的弹药比较特殊，美国陆军担心在战场上无法获得这种弹药，所以并没有予以采用。

M24A2 型步枪。该种型号的步枪是雷明顿公司在 M24 狙击步枪的基础上改进而来的。枪管经过改进后，能够安装 OPS 消音器；枪托可以调整长度，然后加装可调式腮垫。

M24A3 型步枪。该种型号的步枪可以安装一种特殊的可变倍率瞄准镜，还可配置 BUIS 可卸式备用机械瞄具，将其安装在皮卡丁尼导轨上。

你知道吗

你知道美国雷明顿 M24 狙击步枪的简称是什么吗？

美国奈特M110狙击步枪

M110狙击步枪是美国骑士装备公司研制的一种单兵半自动狙击步枪，该步枪被称为"2007年美国陆军十大发明"之一。

研发历程

2004年11月，美国陆军装备开发技术研究中心提出新型狙击步枪的研制要求，同年底，美国五家著名的枪械公司参加选型；2005年9月，美军宣布骑士装备公司SR-XM110狙击步枪的设计方案胜出；2006年5月，SR-XM110狙击步枪研制成功并进行测试，随后，

骑士装备公司获得生产合同，几个月后，新型 M110 狙击步枪开始服役。

步枪结构

　　M110 狙击步枪的弹匣释放钮、拉机柄两面都可以操作，该步枪使用了有气体偏流作用的拉机柄，这样拉机柄槽处溢出的气体就不会打到狙击手的脸上了；导轨系统使用的是 URX 模块导轨系统；枪托采用的是 A2 固定式和 A1 长度可调整式；枪管上装置了消焰器，

这样就可以安装改进的 OD 消声器。

衍生型号

M110K1 型步枪。该步枪是 M110 狙击步枪的紧凑型号，它采用了折叠枪托和可拆卸式消焰器，缩短了全枪的长度，能够满足步兵部队中狙击手的使用需求。

M110A2 型步枪。该步枪是 M110 狙击步枪的最新型号，专为精确射击距离 1000 米以上的目标而研制，其所使用的扳机为 2 级触发，可大大提高远程射击的精准性。除此之外，该步枪在操作上也有一定的优势，如双臂螺栓释放、选择器和弹匣的拆装，对左手使用者来说十分方便，其可交替使用的操作方式也大大提高了右手使用者的运用效率。

你知道吗

你知道美国骑士装备公司简称什么吗？

美国巴雷特 M82 狙击步枪

M82 狙击步枪是美国巴雷特公司研制的一种重型特殊用途狙击步枪。该狙击步枪因其优良的性能，成为英美特种部队首选的重型武器，自研制成功一直服役至今。

步枪结构

M82 狙击步枪采用的是枪管短后坐原理，采用半自动发射方式；机匣分为上部和下部两部分；枪管上有凹槽，这样可加快散热，减轻重量；该步枪还安装了高效的大型枪口制动器和双膛直角箭头形制动器，可大幅度减少后坐力。

步枪性能

M82 狙击步枪具有非常远的射程，而且命中率高，能够配置高能弹药，

可有效摧毁雷达站、卡车、战斗机等。由于它可迅速拦截车辆，能够打穿水泥和砖墙，所以可用来攻击躲藏在掩体后面的对手，非常适合城市作战。

军事放大镜

M82狙击步枪在阿富汗战争中发挥了重要作用，它弥补了M24狙击步枪在火力持续性和威力上的不足，曾有人亲眼看到一名阿富汗塔利班高官被M82狙击步枪击中。

三种型号

M82A1狙击步枪是在1986年改进出来的。1990年，美国军队宣布全面采用M82A1狙击步枪在"沙漠盾牌行动"和"沙漠风暴行动"中攻击伊拉克军队。

M82A2狙击步枪是巴雷特公司于1987年开始研制的第二代产品，是M82A1狙击步枪的无托结构型，可以扛在肩上射击，该型号步枪的护木前部有小握把，通常情况下会配置光点瞄准镜。

M82A3/M82A1M狙击步枪是M82狙击步枪家族中最新的产品，由于M82A2狙击步枪的好评不高，致使生产产量下降，因此美国陆军开始采购M82A1的衍生品，即M82A3/M82A1M狙击步枪。

你知道吗

你知道美国巴雷特M82狙击步枪的瞄准装置是哪种吗？

法国 FR-F2 狙击步枪

FR-F2 狙击步枪是盖特公司在 FR-F1 狙击步枪的基础上改进而成的。由于 FR-F2 狙击步枪具有很高的射击精度，因此自 1990 年开始，该步枪就成了法国反恐部队的主要装备之一，主要用来打击距离较远的目标，如恐怖分子中的主要人物、劫持人质的要犯等。

步枪结构

军事放大镜

一方面，FR-F2 狙击步枪上装备了防热设备，所以就算是长时间被太阳晒也能正常工作；另一方面，该步枪具有威力大、精度高、声音小等优点，所以其非常适合中远距离的隐蔽性攻击。

FR-F2 狙击步枪的前托表面覆盖了无光泽的黑色塑料；两脚架的架杆采用了三节伸缩式架杆，这一改进大大提高了狙击手在射击时的稳定性，可有效提高精准度；枪管外增加了一个塑料套管，可以减少使用时产生的热辐射，大大降低了武器的红外特征，方便狙击手隐蔽射击；配置了四倍白光瞄准镜和夜间使用的微光瞄准镜。

衍生型号

　　FR-F2 狙击步枪共有两种衍生型号，分别是 FR-G1 狙击步枪和 FR-G2 狙击步枪。这两种狙击步枪与 FR-F2 狙击步枪的主要区别为：将原来的塑料护木改成了木护木，卸掉了枪管上的塑料隔热套管。

　　FR-G1 狙击步枪与 FR-G2 狙击步枪的区别是：FR-G1 狙击步枪采用的是固定两脚架，FR-G2 狙击步枪采用的是伸缩式两脚架。

你知道吗

　　你知道法国 FR-F2 狙击步枪的自动方式是什么样的吗？

英国 AW 狙击步枪

AW 狙击步枪是英国精密国际公司北极作战系列狙击步枪的基本型,从 20 世纪 80 年代问世至今,在平民、警察和军队中都得到了广泛运用。

步枪结构

军事放大镜

AW 狙击步枪是一种常见的枪械,甚至在某些电子游戏中,该枪还被命名为"AWM",为狙击手的专用武器。在游戏中,这种狙击枪呈橄榄色,使用 5 发弹匣,未安装双脚架,枪身前端加装一小段战术导轨,用于加装外挂部件。

主机匣的制作材料为铝合金;枪托的制作材料为高强度塑料,分为两节,可以与机匣螺接在一起;枪管的制作材料为不锈钢,可以螺接在超长机匣的正面,也可以在枪托内自由浮动;枪机后部拉机柄周围有很多纵向槽,

纵向槽可保证 AW 狙击步枪就算是进水，其自动机也不会在寒冷环境下结冰，这样狙击手就可以完成正常的装填动作。

步枪性能

AW 狙击步枪操作非常快捷，狙击手在操作枪机时，头部能够一直靠在托腮处，因此狙击手可以一边瞄准，一边抛出弹壳和推弹进膛，大大提高了射击的效率。

步枪型号

AW 狙击步枪有多种型号，英军将 AW 型狙击步枪

命名为 L96A1。每个国家列装的 AW 狙击步枪都稍有不同，以瑞典的 PSG-90 狙击步枪为例，它使用钨合金脱壳穿甲弹，瞄准镜也和 L96A1 不同。德国联邦国防军则选用发射 7.62 毫米温彻斯特马格南子弹，具备折叠枪托的 AW 狙击步枪版本。该步枪使用德国蔡司生产的瞄准镜，军方代号为 G22。L96 狙击步枪装备部队后，精密国际公司应英军的要求继续对该枪型进行改进，最终在 1990 年停产，转而生产新的改进型——AW 狙击步枪。

英军随即采用了这种新型步枪，并将其重新命名，随后，精密国际公司以 AW 狙击步枪为基础，相继推出了一系列不同类型的狙击步枪，如警用型 AWP、消声型 AWS、马格南型 AWM 等。

你知道吗

你知道英国 AW 狙击步枪采用的是哪种闭锁方式吗？

答案

世界兵器大百科

冲锋陷阵——冲锋枪

王　旭◎编著

河北出版传媒集团
方圆电子音像出版社
·石家庄·

图书在版编目（CIP）数据

冲锋陷阵——冲锋枪 / 王旭编著. -- 石家庄：方
圆电子音像出版社，2022.8
　（世界兵器大百科）
　ISBN 978-7-83011-423-7

　Ⅰ．①冲… Ⅱ．①王… Ⅲ．①冲锋枪－世界－少年读
物 Ⅳ．①E922.13-49

中国版本图书馆CIP数据核字(2022)第140398号

CHONGFENGXIANZHEN——CHONGFENGQIANG

冲锋陷阵——冲锋枪

王　旭　编著

选题策划　张　磊
责任编辑　宋秀芳
美术编辑　陈　瑜

出　　版　河北出版传媒集团　方圆电子音像出版社
　　　　　（石家庄市天苑路 1 号　邮政编码：050061）
发　　行　新华书店
印　　刷　涿州市京南印刷厂
开　　本　880mm×1230mm　1/32
印　　张　3
字　　数　45 千字
版　　次　2022 年 8 月第 1 版
印　　次　2022 年 8 月第 1 次印刷
定　　价　128.00 元（全 8 册）

前　言

　　人类使用兵器的历史非常漫长，自从进入人类社会后，战争便接踵而来，如影随形，尤其是在近代，战争越来越频繁，规模也越来越大。

　　随着战场形势的不断变化，兵器的重要性也日益被人们所重视，从冷兵器到火器，从轻武器到大规模杀伤性武器，仅用几百年的时间，武器及武器技术就得到了迅猛的发展。传奇的枪械、威猛的坦克、乘风破浪的军舰、翱翔天空的战机、千里御敌的导弹……它们在兵器家族中有着很多鲜为人知的知识。

　　你知道意大利伯莱塔 M9 手枪弹匣可以装多少发子弹吗？英国斯特林冲锋枪的有效射程是多少？美国"幽灵"轰炸机具备隐身能力吗？英国"武士"步兵战车的载员舱可承载几名士兵？哪一个型号的坦克在第二次世界大战欧洲战场上被称为"王者兵器"？为了让孩子们对世界上的各种兵器有一个全面和深入的认识，我们精心编撰了《世界兵器大百科》。

本书为孩子们详细介绍了手枪、步枪、机枪、冲锋枪，坦克、装甲车，以及海洋武器航空母舰、驱逐舰、潜艇，空中武器轰炸机、歼击机、预警机，精准制导的地对地导弹、防空导弹等王牌兵器，几乎囊括了现代主要军事强国在两次世界大战中所使用的经典兵器和现役的主要兵器，带领孩子们走进一个琳琅满目的兵器大世界认识更多的兵器装备。

　　本书融知识性、趣味性、启发性于一体，内容丰富有趣，文字通俗易懂，知识点多样严谨，配图精美清晰，生动形象地向孩子们介绍了各种兵器的研发历史、结构特点和基本性能，让孩子们能够更直观地感受到兵器的发展和演变等，感受兵器的威力和神奇，充分了解世界兵器科技，领略各国的兵器风范，让喜欢兵器知识的孩子们汲取更多的知识，成为知识丰富的"兵器小专家"。

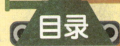

目录

德国冲锋枪

德国MP18冲锋枪

MP18冲锋枪也被称为伯格曼冲锋枪，生产于伯格曼兵工厂，由德国武器设计师雨果·施迈瑟设计。

研发历程

军事放大镜

中国过去不把MP18叫作冲锋枪而是叫作手提机枪，另外，由于它可以如机枪那般连发射击，并且套筒上有很多散热孔，也俗称为手提花机关枪，当时装备于较精锐的突击队。

第一次世界大战时期，由于机枪的重量大，不适合单兵携带，因此需要研制适合单兵使用的轻武器，既能提供近距离猛烈火力，又轻便可靠。1917年，德国研制出一款使用手枪子弹的自动武器，

以配合打破堑壕战僵局的
突击战术，这就是 MP18 冲锋
枪。MP18 冲锋枪的问世并没有对
战局产生决定性影响，却引起了协约
国方面的重视。第一次世界大战后，德国
作为战败国签订了《凡尔赛和约》，被禁止
继续研发与制造冲锋枪，MP18 冲锋枪的生产授权
转移到瑞士工业公司。

枪体结构

    MP18 冲锋枪采用自由式枪机，
全自动射击；采用开膛待击方式；
MP18 冲锋枪所具有的最显著特
征是枪管上有套筒，套筒上有
许多散热孔。该系列冲锋枪发
射的子弹是 9 毫米 ×19
毫米帕拉贝鲁姆手枪弹。

工作原理

    MP18 冲锋枪采用的开膛待击方式有助于散热。另外，

连续射击时，众多的散热孔也发挥了很大作用。保险方式是将机匣右侧的拉机柄拉至后方，卡于尾部的卡槽内。需要注意的是，这种保险方式的安全度较低，意外受到的某种振动会使拉机柄极易脱出，使枪机向前运动而击发枪弹，导致走火。

你知道吗

你知道 MP18 冲锋枪在第一次世界大战末期的哪一场大型攻势中被大量投入使用吗？

德国 MP40 冲锋枪

　　MP40 冲锋枪生产于德国伯格曼军工厂。该系列冲锋枪是第二次世界大战时期德国军队性能优良、使用率最大的冲锋枪。

研发历程

　　战争期间，武器的制作主要考虑两点，简化工艺和降低成本。在第一

军·事·放·大·镜

　　MP41 冲锋枪是德国在第二次世界大战期间亨耐尔兵工厂生产的，目的在于尝试制造一款冲锋枪与 MP40 展开竞争，两者基本结构相同，只是 MP41 冲锋枪枪托改为固定木托，加装了快慢机。德军对此并无兴趣，一直未被采用，生产数量很少。

次世界大战中，最著名的冲锋枪是德国的 MP18 冲锋枪，

其后经过陆续改进，研制了 MP36 冲锋枪、MP38 冲锋枪等。在第二次世界大战中，德国的作战方式主要是闪电战，其核心是装甲部队。装甲车的巨大杀伤力主要是针对远距离的目标，其不足之处除受自身的限制外还受制于复杂的地形，面对近距离的袭击无法做出快速反应，因此需要车载步兵保护。步兵使用的传统毛瑟步枪已经无法满足这个要求。20 世纪 30 年代初期，德国致力研制一种适合装甲步兵和伞兵装备的冲锋枪。1940 年，伯格曼军工厂在 MP38 冲锋枪的基础上再次加以改进，研制出了造价更低、工时更短、安全性更高的 MP40 冲锋枪。

枪体结构

MP40 冲锋枪采用开放式枪机原理，舍弃枪身上传统的木制组件，握把和护木改用塑料制成。该枪采用圆管状机匣和钢管制成的折叠式枪托，枪托可向前折叠到机匣下方。扳机发射模式为连发，

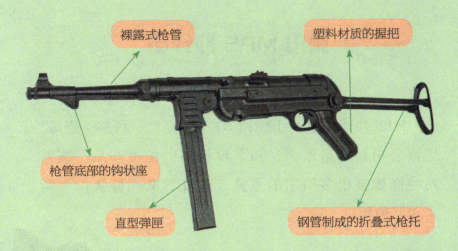

裸露式枪管

塑料材质的握把

枪管底部的钩状座

直型弹匣

钢管制成的折叠式枪托

发射的子弹为 9 毫米 ×19 毫米帕拉贝鲁姆手枪弹，配备直型弹匣。另外，枪管底部有钩状座，通过装甲车的射孔向外射击时，可将其固定在车体上。

性能特点

你知道吗

你知道 MP40 冲锋枪是在哪种型号冲锋枪出现前处于世界顶尖地位的吗？

MP40 冲锋枪可在近距离作战中提供密集的火力支援，因此在德军作战部队中非常受欢迎，是优先配发给一线作战部队的武器，主要装备于装甲部队和伞兵部队，逐渐装备于步兵单位。

MP40 冲锋枪的优点是制造简单、稳定性强、精准度高、便携，缺点是射速较低、装弹量较少。

德国 MP5 冲锋枪

MP5 冲锋枪生产于德国 HK（黑克勒－科赫）公司，是该公司制造量最多、知名度极高的枪械产品。该系列冲锋枪被很多国家的军队、保安部队、警队作为制式武器使用。

研发历程

1954 年，联邦德国开展制式冲锋枪试验，此时，正处于北约和华约的冷战对峙阶段。同年，HK 公司参加了这次试验，设计师开始了"64 号工程"的设计工作，这项设计的成品是比 G3 步枪形体更小的冲锋枪，被命名为 MP·HK54 冲锋枪。HK 公司因忙于 G3 步枪的生产，

军事放大镜

20 世纪 70 年代，HK 公司推出了两款改进型冲锋枪，即 MP5A2 冲锋枪和 MP5A3 冲锋枪。三款枪的外形一样，但新枪型改良了枪管的安装方法，使用浮置式枪管，即安装成浮置于机匣前段的状态，而非前后两点固定。另外，两种新型枪管之间的区别在于枪托不同。

一直到 1964 年还未将 MP·HK54 冲锋枪投入生产。
1965 年，HK 公司才公开 MP·HK54 冲锋枪，并向德
军提供试用样枪。1966 年，该系列更名为 MP5 冲锋枪。

枪体结构

　　MP5 冲锋枪采用 HK G3 系列步枪的半自由式枪机
和滚柱闭锁方式。该枪的扳机发射模式包括连发、单发
或三发点射，所使用的子弹为 9 毫米 × 19 毫米帕拉贝
鲁姆手枪弹，配 15 发或 30 发弹匣。该枪采用的枪托为
塑料固定式枪托或金属伸缩式枪托。

工作原理

MP5 冲锋枪待击时，机体还没有复进到位之前，闭锁楔铁的斜面向外推开，将两个滚柱卡入枪管节套上的闭锁槽内，以此闭锁弹膛。射击后，受火药气体的影响，机头在弹壳推动下后退。在滚柱全部脱离卡槽的瞬间，机枪的两部分就同时后坐，撞击抛壳挺，而右侧的抛壳窗将会抛出弹壳。

性能特点

MP5 冲锋枪的优点是高命中精度、可靠、后坐力低及威力适中，缺点是结构复杂而易出故障、单价高昂、重量较大。

塑料固定式枪托

30 发的弧形弹匣

控制扳机发射模式的快慢机

使用情况

1977 年，MP5 冲锋枪在一次反劫机行动中被使用，4 名恐怖分子全部被击中，3 人死亡、1 人重伤，人质获救。20 世纪 80 年代，MP5 冲锋枪被美国特种部队选定使用。21 世纪初，MP5 冲锋枪被使用于墨西哥毒品战争中。MP5 冲锋枪几乎成为反恐怖特种部队的标志。

你知道 MP5 冲锋枪在冲锋枪界的知名度如同步枪界的什么吗？

德国 MP5SD 微声冲锋枪

MP5SD 微声冲锋枪由德国 HK 公司生产。该冲锋枪是 MP5 冲锋枪的微声型枪，被德国及其他国家的军队和警队装备。

研发历程

20 世纪 60 年代末期，HK 公司开始研发 MP5SD 微声冲锋枪，为 MP5 冲锋枪配装消声器，其最初是为了研发特种部队使用的兵器。1975 年左右，MP5SD 微声冲锋枪研制成功。MP5SD 微声冲锋枪的消声器的消声效果不是很明显，只能在较远距离外让人听不到枪声。

军事放大镜

MP5SD 微声冲锋枪为一个系列，其中有 6 款枪型，包括 MP5SD1 式冲锋枪、MP5SD2 式冲锋枪、MP5SD3 式冲锋枪、MP5SD4 式冲锋枪、MP5SD5 式冲锋枪和 MP5SD6 式冲锋枪。不同型号的枪体长度和重量不完全一样。

枪体结构

　　MP5SD 微声冲锋枪的基本结构与 MP5A 系列冲锋枪大致相同，最大的不同是：前者的枪管稍短，其上有 30 个小孔，枪管外面套有消声器。该消声器有前、后两个气体膨胀室。该系列冲锋枪配有的瞄准具为机械瞄准具、光点投射器、望远瞄准镜和像增强夜视瞄准具。其中，机械瞄准具的组成部件为固定式准星和带觇孔照门的翻转式表尺。该系列冲锋枪发射的子弹为 9 毫米 × 19 毫米帕拉贝鲁姆手枪弹。

工作原理

　　MP5SD 微声冲锋枪的工作原理与 MP5A 系列冲锋枪基本相似。射击时，一部分火药气体经枪管的小孔先进入后膨胀室，再进入前膨胀室，最后从枪口排出，从而使弹头所受的气压减小，弹头初速比音速低，进而减小射击音量。

性能特点

你知道吗

你知道 MP5SD 微声冲锋枪的有效射程是多少吗？

　　MP5SD 微声冲锋枪结构紧密，射击精度较高，可装备各类瞄准具和消声器，用于微声杀伤近距离目标，是一种设计得比较好的冲锋枪。

带有前后两个气体膨胀室的消声器

准星

德国 UMP 冲锋枪

UMP 冲锋枪生产于德国 HK 公司，被多国特种部队及特警队、美国海关和边境保护局等机构采用。

研发历程

20 世纪 90 年代，美国的特种部队想要换装一种高制止力的枪械，于是在手枪方面，以 11.43 毫米口径手枪取代了制止力不足的 9 毫米口径手枪。而在冲锋枪方面，由于当时市面上并没有适合特种作战的 11.43 毫米口径冲锋枪，主要武器仍然是采用 9 毫米口径的 MP5 冲锋枪。

其存在两点不足：其一，在对付较为难缠的敌人时，常常无法进行有效压制；其二，由于与手枪使用的弹药型号不同，弹药后勤补给十分不便。于是 HK 公司开发了全新的 UMP 冲锋枪，意为"通用冲锋枪"。1998 年年底，该枪交付美军试验。1999 年，开始服役。

枪体结构

UMP 冲锋枪没有采用 MP5 冲锋枪的半自由式枪机，而是改用自由式枪机，安装了减速器，将射速控制在较低的范围内，不过如果发射高压弹，射速会提高。其机匣与 HK G36 步枪基本相同，并大量使用塑料。

军事放大镜

一般来说，UMP 冲锋枪有三种型号，分别为 UMP45 冲锋枪、UMP40 冲锋枪和 UMP9 冲锋枪。但也有人将 USC45 卡宾枪细分出来，在西方部分国家，它是 UMP45 冲锋枪的民用型，与 UMP45 冲锋枪没有太大差别，但根据法例规定，做了一些相应的修改。

该枪采用可折叠到机匣右侧的框架式枪托，前托下方有1条导轨，其上可安装前握把或其他战术配件，还有一条皮卡汀尼导轨位于机匣上方，其上可安装不同种类的光学瞄准镜或反射式瞄准镜。该枪枪口有螺纹，便于安装消声器。UMP冲锋枪发射的子弹为11.43毫米柯尔特自动手枪弹。

性能特点

UMP冲锋枪的材料大量采用塑料，重量上大大减轻，价格也更加便宜，而在性能与质量上也保持了HK公司所生产的冲锋枪一贯的优良性。该枪的闭锁式枪机能够确保射击精度，除此之外，它还有后坐力小、易于分解等优点。

你知道吗

你知道UMP40冲锋枪面世的同时，HK公司还宣布了哪两种枪型的停产吗？

德国 MP7 冲锋枪

MP7 冲锋枪由德国 HK 公司生产，研制于 2002 年，被德国特种突击队、美国的部队和执法机构装备。

枪体结构

MP7 冲锋枪采用旋转枪机及闭膛待击系统，与 G36 突击步枪类似。其控制机构包括与 M16 冲锋枪一样的拉机柄、空仓挂机、枪栓卡榫和弹匣扣等，导气系统十分独特，基本上不需要擦拭。其材料主要是碳素纤维增强聚合物，部分地方嵌入金属部件；采用折叠式垂直前握把。该冲锋枪还采用半自动发射，发射的子弹为各种 4.6 毫米枪弹。

军事放大镜

MP7 冲锋枪在如今的轻武器市场受到广泛认可，在两三年的时间里出口近 20 个国家，销售量不断攀升。据传，美军决定列装该冲锋枪的最新改进型 MP7A1 冲锋枪，将装备于指挥员和后勤人员。

操作方式

MP7 冲锋枪的操作方式为双手射击或左右单手射击，此外还可以通过坚实的可伸缩枪托进行抵肩射击。具体操作上可参考手枪的操作模式，而在威力方面，该枪基本能与步枪媲美。

性能特点

MP7 冲锋枪的穿透性和杀伤力接近突击步枪，并且和手枪一样具有携带方便、结构紧凑的特点，适合随身携带，

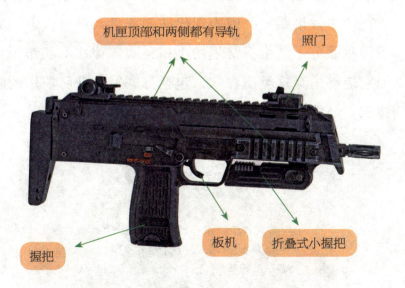

机匣顶部和两侧都有导轨

照门

握把

板机

折叠式小握把

可装配于安全警卫人员。MP7 冲锋枪在打击罪犯和反恐行动中效果明显，因为现代防弹衣已大量落入恐怖分子和犯罪分子之手，常规的小口径武器往往不起作用，而它能够击穿这类防弹衣，包括苏联特种部队使用的防弹衣，还能击穿现在的标准北约试验靶板。

你知道吗

你知道 MP7 冲锋枪是在什么场合频繁出现从而引起人们的广泛关注的吗？

美国冲锋枪

美国汤普森冲锋枪

　　汤普森冲锋枪也叫汤姆逊冲锋枪，为美国约翰·汤普森将军的设计小组设计，由美国自动军械公司生产，该系列冲锋枪是美国在第二次世界大战时期生产的最著名的冲锋枪。

研发历程

　　1916年，汤普森将军和汤姆斯·莱恩合伙创办了美国自动军械公司。为取代当时流行的拉栓式步枪，汤普森将军的设计小组研制了一种自动武器，并命名为汤普森冲锋枪。汤普森冲锋枪是该公司研发的最著名的武器之一，不过面世时性能并不完善，

军事放大镜

　　汤普森冲锋枪开枪时会发出"嗒嗒嗒"的声音，好似用打字机打字时发出的声音，因此也被称为芝加哥打字机；因为它拆卸后可以被藏在小提琴盒里，所以又被称为芝加哥小提琴；因为它的重量大，引进中国后又有了"压死驴冲锋枪"这一称呼。

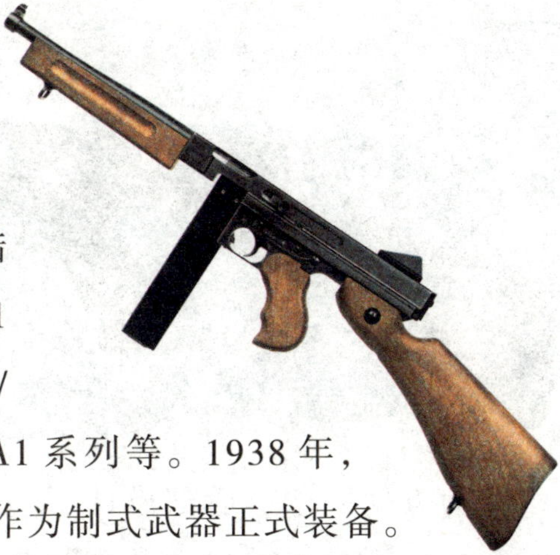

随后汤普森将军的设计小组对其进行了一系列改良，并于 1918 年推出最终版。之后，汤普森冲锋枪又陆续推出 M1919 式、M1921 式、M1923 式、M1928/M1928A1 式、M1 式及 M1A1 系列等。1938 年，美军将 M1928A1 式冲锋枪作为制式武器正式装备。

枪体结构

汤普森冲锋枪的制作材料是整块钢材，结实耐用，但比较沉重。其设计将快慢机和保险扳手分开，发射方式为单发、连发，发射的子弹为 11.43 毫米柯尔特自动手枪弹；供弹具为弹匣、弹鼓，其中弹匣采用了可靠性较高的双排双进直弹匣，匣体为钢板冲压焊接而成，

为方便固定，后部设计了一个 T 形凸起，配合冲锋枪下机匣上的 T 形槽。此外其外露式弹匣的闭锁突笋设计在左侧，想要解脱弹匣则需要将其逆时针旋转，旋转面的操作部位为平面。

工作原理

汤普森冲锋枪为开放式枪机。准备开火时，枪机和相关工作部件处在卡于后方的状态；开火时，枪机被放开前进，子弹从弹匣中被推上膛并且发射出去，此后枪机后推，并且弹出空弹壳，以上操作循环，通过此过程射击下一颗子弹。

性能特点

汤普森冲锋枪在开膛待击状态时，枪击组件处于后方，膛内无子弹，这有利于枪管冷却，避免枪弹自燃，而在连续射击时也易于散热。汤普森冲锋枪在开始的版本中已经达到很高的射速，由于弹药消耗极快以及扳机相当沉重，在自动射击模式时枪管极易上扬。鼓式弹夹虽然可以更好地保证持续射击，但体形笨重，携带不便。

使用情况

第一次世界大战末期，汤普森冲锋枪还没有在欧洲战场大范围装备，战争已经结束。虽然该枪在民间也有一定销量，但高昂的价格使得购买者较少。该枪主要装备于保安部门和警局等。1944 年，诺曼底登陆将汤普森冲锋枪带入欧洲大陆，自此，美国汤普森冲锋枪和苏联 PPSh-41 冲锋枪在欧洲战场上并肩作战。第二次世界大战时期，汤普森冲锋枪被各国大量订购，战后逐渐成为收藏家寻找的珍品。

你知道吗

你知道第二次世界大战中不列颠之战爆发时，汤普森冲锋枪的订购量有多少吗？

美国 M3 冲锋枪

M3 冲锋枪由美国通用汽车公司生产，研制的目的是取代造价高昂的汤普森冲锋枪，该枪曾参与第二次世界大战和朝鲜战争。

研发历程

1941 年，美军兵器委员会注意到西欧战场上的冲锋枪效能突出；1942 年 10 月，美国陆军技术部正式推出新型冲锋枪的开发计划，要求全金属枪身，稍微调整后可使用 11.43 毫米自动手枪弹或是 9 毫米鲁格弹，使用方便，价位低，易于大批量生产；同年 11 月，通用汽车公司开发小组在英国司登冲锋枪的基础上，经过多次测试与改善，研发出样枪；同年 12 月，又在样枪的基础上做了一些改善；1943 年，该枪定型，并投入生产。

军事放大镜

M3 冲锋枪有改进型号，如 M3A1 式冲锋枪。新型号冲锋枪最大的改动是不再采用曲柄，而是采用直拉枪机后挂。此外，此新式枪型中还有配备消声器的型号。

枪体结构

M3 冲锋枪是全自动、气冷、开放式、自由式枪机的冲锋枪，由反冲作用操作。该枪的制造工艺为焊接、钢板冲压，枪管枪机与发射组件较为精密，圆筒状机匣由两片冲压后的半圆筒状金属片焊接而成。采用的枪管为有凸边的盖环固定枪管，有四条右旋的膛线，量产后设计了可加在枪管上的防火帽。采用的枪托为可伸缩的金属杆，附于枪身的后方，枪托金属杆的两头可作为通条用于通洗枪管，也可用作分解工具。M3 冲锋枪发射的子弹为 9×19 毫米帕拉贝鲁姆手枪弹或 11.43 毫米柯尔特自动手枪弹。

性能特点

你知道吗

你知道 M3 冲锋枪的研发为什么要参考司登冲锋枪吗？

M3 冲锋枪不需要复杂的闭锁机制或是延迟机制，广泛采用冲压件，生产性能超过了以往任何型号冲锋枪，价格低廉、结构简单、套件更换方便、射击易于控制，不足之处是射速慢、重量偏大、弹夹容易脱落。

美国M10冲锋枪

M10冲锋枪也称为英格拉姆M10式冲锋枪，常用名称为MAC-10冲锋枪，但这并非官方命名。该枪由美国军事装备公司生产，属于现代名枪，目前装备于美国、英国、以色列、哥伦比亚、葡萄牙等国家的警察部门或特种部队。

军事放大镜

M10冲锋枪的战斗射速在单发时为每分钟40发，在连发时为每分钟90余发。在其开始生产的十多年后，中国台湾仿制了该枪的9毫米型，将其称为T77型冲锋枪。

研发历程

M10冲锋枪的设计师是戈登·B.英格拉姆，

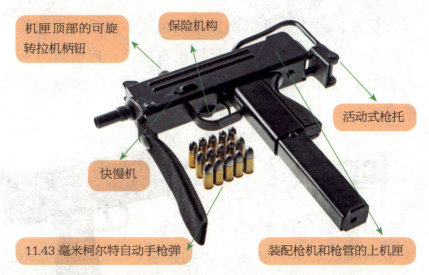

机匣顶部的可旋转拉机柄钮

保险机构

活动式枪托

快慢机

11.43 毫米柯尔特自动手枪弹

装配枪机和枪管的上机匣

他曾在美国陆军服役，经历了第二次世界大战后，他想设计一种具有更好射击效果和更高可靠性的新式冲锋枪，但其后设计出的一系列冲锋枪都没能达到要求。1964 年，他在参观埃尔基亚加兵器公司后，仿制了该公司枪械的基础型，开始设计 M10 冲锋枪。1969 年，M10 冲锋枪开始投入生产。

枪体结构

M10 冲锋枪采用自由枪机式，开膛待击方式和包络式枪机；机匣分为两部分，上机匣装配枪机和枪管，下机匣装配发射机、快慢机和保险机构。拉机柄装配在机匣顶部，上部有凹槽，通过旋转拉机柄钮可以将处于前方位置的枪机锁住；快慢机装配在机匣左侧、扳机前方，向前推可切换为单发模式，向后拉可切换为连发模式；保险机构位于扳机右前方，向前扳可切换为射击模式，向后扳可切换为保险模式。该枪发射的子弹为 11.43 毫米柯尔特自动手枪弹。

性能特点

　　M10 冲锋枪设计简单、成本低，这是一种基本不用转换零件的冲锋枪，便于制造和维修。M10 冲锋枪分为标准型和民用型。标准型专供警用及军用，其结构紧凑、可靠性高、故障率较低；采用大量的高强度钢板冲压件，结实耐用；火力猛、射速高，近距离的杀伤力大。另外，装配消声器后可作为微声武器使用。民用型略有调整，其性能与标准型基本相似。

你 知 道 吗

　　你知道 M10 冲锋枪的理论射速是多少吗？

美国柯尔特冲锋枪

柯尔特冲锋枪是由美国柯尔特公司以著名的 **M16** 步枪为基础进行设计的，具有分别向军方和执法部门销售的不同型号。

枪体结构

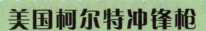

军事放大镜

柯尔特冲锋枪的理论射速为每分钟 800~1000 发，其弹容量有 20 发和 32 发两种。该枪的有效射程为 150 米，初速约为每秒 400 米。

柯尔特冲锋枪的外观与各种 **M16** 短型步枪基本一致，区别在于其使用的弹匣为狭长形。该枪发射的子弹为 9 毫米 ×19 毫米帕拉贝鲁姆手枪弹；枪托采用伸缩结构；发射模式有连发或三发点射，通过快慢机标志进行选择。此外，还有一种型号不能连发或三发点射，只能单发射击。

产品型号

柯尔特冲锋枪以字母 **M** 作为军用产品编号，以字母 **RO** 作为向执法部门销售的型号。柯尔特 9 毫米口径冲锋枪目前有四种型号：**RO633** 冲锋枪、**RO634** 冲锋枪、

RO635 冲锋枪、RO639 冲锋枪。RO633 冲锋枪的开火模式有安全、半自动、全自动，配有特殊尺寸的枪管；RO634 冲锋枪的开火模式有安全、半自动；RO635 冲锋枪的开火模式有安全、半自动、全自动；RO639 冲锋枪的开火模式有安全、半自动、三点发，改用 M16A2 式照门。

性能特点

柯尔特冲锋枪以 M16 步枪为基础，因此熟悉此款步枪的士兵可以大大缩短训练使用时间，易于上手。该枪结构紧凑，操作起来十分轻便，其直线式结构将后坐力置于使用者肩部，减少枪口跳动，使该枪具有较高的射击精准度。

你知道吗

你知道柯尔特冲锋枪是在哪一年生产的吗？

使用情况

柯尔特冲锋枪配备于美国的海军陆战队和缉毒局等。此外，柯尔特冲锋枪在多个国家都有使用，如约旦皇家陆军、马来西亚空军特种部队等。

俄罗斯冲锋枪

俄罗斯 PPSh-41 冲锋枪

　　PPSh-41 冲锋枪也被称为波波沙冲锋枪，由苏联著名轻武器设计师格奥尔基·谢苗诺维奇·什帕金设计，是第二次世界大战期间苏联生产数量最多的武器，是苏军步兵标志性的装备之一。

研发历程

　　1939 年，苏联与芬兰发生了冬季战争。苏联虽获得了胜利，

军事放大镜

　　1897 年，PPSh-41 冲锋枪的设计师格奥尔基·谢苗诺维奇·什帕金出生于一个农民家庭，该枪的制作经历与他所喜爱的一句话切合，大意是：将事情变得很复杂非常简单，而将它变简单则非常复杂。

但芬兰军队所使用的芬兰索米冲锋枪使苏军遭受了重创。当时苏军使用的 PPD-40 冲锋枪，由于其结构复杂、制造繁杂、生产成本高等，无法在战争状态下进行大批量生产和大规模列装。1939 年 12 月，苏联领导人要求格奥尔基·谢苗诺维奇·什帕金研制新式冲锋枪。1940 年，什帕金改良并简化 PPD-40 冲锋枪的结构，设计出一种新型冲锋枪，并于 11 月通过试验。当时，铸造、精密加工、冷淬和热处理等制造工艺已产生快速进步，旧式生产方法被废弃，该枪的制造工时缩短为原来的一半，完全可以实现大批量生产和装备。同年 12 月，这种新型冲锋枪被正式采用，并被命名为 PPSh-41。1941 年开始服役，1942 年进行大批量生产。

枪体结构

PPSh-41 冲锋枪采用自由式枪机，开膛待击方式；其装配的快慢机有连发和单发模式，采用的供弹具为弹匣和弹鼓，发射的子弹为 7.62 毫米 × 25 毫米托卡列夫手枪弹，这是苏联装备于冲锋枪和手枪的标准弹药；采用铰链式机匣，有助于不完全分解及清洁武器；枪管和膛室内侧采用镀铬防锈处理，这是独有的设计，使其具有极高的耐用性、可靠性；自动机行程短、精度高，三发短点射几乎能做到命中同一点。

性能特点

PPSh-41 冲锋枪采用的木制枪托、枪身和沉重的散热筒使其重心后移，这有助于保证枪身的平衡性。其枪身与步枪一样可以用于格斗，在高寒环境下其材质也适合握持。散热筒微微前倾并比枪管长，

可在一定程度上充当枪口制退器，全自动射击时枪口上扬的程度得以减轻。其设计可以有效防止枪口被触碰时尘土进入枪管，下方不设开口，低位置开火时不易吹起尘土，不会遮蔽视线或是暴露位置。其缺点是弹药重填不便，坠地时容易走火，枪身沉重，枪口焰更加明显，噪声也更大。

你知道吗

你知道 PPSh-41 冲锋枪的有效射程范围大致是多少吗？

俄罗斯 PPS-43 冲锋枪

PPS-43 冲锋枪由苏联设计师苏达列夫工程师设计，总产量达上百万支，曾被匈牙利、保加利亚、捷克斯洛伐克等国家装备，还曾被多个国家仿制。

研发历程

1942 年，苏联列宁格勒被纳粹德军包围，苏军急需一种可立即投入使用的冲锋枪，列宁格勒兵工厂的工程师苏达列夫便临时设计出 PPS 冲锋枪，其最初型号

为 PPS-42。在当时的情况下，尽可能采用工厂可以找到的材料和设备进行生产，一经生产就立刻投入使用，与德军进行火力交锋。后来，又在 PPS-42 冲锋枪的基础上进行改良，研制出 PPS-43 冲锋枪。1943 年，PPS-43 冲锋枪作为制式冲锋枪正式列装苏联军队。第二次世界大战结束后停产。

枪体结构

军事放大镜

第二次世界大战时期，苏联生产的 3 种冲锋枪中，PPS-43 冲锋枪可以说是最出色的一款。枪身和握把片上都有俄文"C"的铭文，这是苏联兵工厂的代号。该枪很受欢迎，中国也曾生产过这个型号，名为 54 式冲锋枪。

PPS-43 冲锋枪采用自由式枪机，开膛待击方式，其射击模式只有连发一种。可以通过机匣下方、扳机护圈右侧的保险手柄，将枪机锁定在前方或后方。该枪采用长度很短的金属制折叠式枪托，采用硬橡胶制品的握把护片，此外还装配小握把。枪管节套的支撑板上部开有方槽，便于节套卡入，用于定位来防止转动。该枪的供弹具为弧形弹匣，发射的子弹为 7.63 毫米毛瑟手枪弹或 7.62 毫米托卡列夫手枪弹。该枪的瞄准具采用机械瞄准具，包括方形缺口式照门、L 形翻转式表尺。该枪采用钢板冲压、焊接、铆接的方式制成大部分部件。

性能特点

作为当时战争期间的急需品，PPS-43 冲锋枪的最大优点是使用当时的现有机器和材料就能进行生产，且加工方便，利于大批量生产。该枪结构简单，不易产生故障，操作方便，易于上手。

你 知 道 吗

你知道 PPS-43 冲锋枪的有效射程是多少吗？

俄罗斯 KEDR/KLIN 冲锋枪

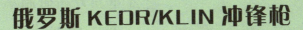

KEDR 冲锋枪由设计师叶夫根尼·德拉贡诺夫设计，适于近距离战斗。KLIN 冲锋枪是使用新型弹药的强化款，因此两者常被视为同系列。它们被配备于俄罗斯特种部队及其他军种。

研发历程

军事放大镜

KLIN 冲锋枪与 KEDR 冲锋枪的装配情况相近。KLIN 冲锋枪的射速约为每分钟 1100 发，比 KEDR 冲锋枪每分钟多 300 发左右。

20 世纪 70 年代初期，根据苏联军队的要求，叶夫根尼·德拉贡诺夫设计出 KEDR 冲锋枪的原型 PP-71 冲锋枪，但后来研制计划中断。20 世纪 90 年代初期，由于俄罗斯警方在近距离战斗方面火力不足，

才重新开始研制小型冲锋枪。伊热夫斯克兵工厂的设计师改进了PP-71冲锋枪，生产出KEDR小型冲锋枪，装备于俄罗斯执法机构的行动部队。不久，又研制出威力更大的新型9毫米×18毫米PMM手枪弹（马卡洛夫手枪弹）。1994年，伊热夫斯克兵工厂又在KEDR冲锋枪的基础上进行改良，研制出KLIN冲锋枪，以发射冲量大的新型弹药。

枪体结构

KEDR冲锋枪和KLIN冲锋枪均采用自由式枪机，回转式击锤，开锁待击。KEDR冲锋枪结构紧凑，重量较轻，两者外形基本一样，只是KLIN冲锋枪为适应高压的PMM手枪弹，进行了内部改进。这两种冲锋枪的枪管长度相同，但后者枪体略长，因为PMM手枪弹是削去顶端的圆锥体，为了上膛的流畅性，KLIN 冲锋枪的枪管前移了几毫米，以延长上膛坡道。在安装消声器时，它们都需要更换上一种外表有螺纹的短枪管，这也会增加全枪长度。KEDR 冲锋枪发射的子弹为 9 毫米 × 18 毫米 PM 手枪弹，KLIN 冲锋枪发射的子弹为 9 毫米 × 18 毫米 PMM 手枪弹。

性能特点

KEDR 冲锋枪具有易控性，在持续射击的模式下更为突出，

因而其适用情况为逐屋清除有生目标的室内近距离战斗或人质拯救行动。而 PMM 手枪弹的高冲量使 KLIN 冲锋枪具有极高的射速，威力大但难于控制，因而其适用情况为破坏性较大的行动，以避免误伤。

你知道吗

你知道 KEDR/KLIN 冲锋枪的有效射程大致是多少吗?

俄罗斯野牛冲锋枪

野牛冲锋枪，编号为 PP-19，生产于伊兹玛什公司，由 AK 设计者卡拉什尼科夫的儿子维克多·卡拉什尼科夫和 SVD 设计者德拉贡诺夫的儿子阿列克赛·德拉贡诺夫联合研制。

研发历程

军事放大镜

> 野牛冲锋枪的弹匣产生之前，类似原理的螺旋式弹筒曾生产于美国卡利科公司，但是其效果并不理想。与卡利科冲锋枪相比，野牛冲锋枪的弹匣位置为机匣前下方，重心位置适当，既可作为护木使用，又有隔热作用。

冷战结束后的很长一段时间，虽然没有再次发生大型战争，但小规模冲突不断，恐怖袭击常常发生，急需结构紧凑、杀伤力较大、火力密集的武器，而步枪的穿透性太强，容易误伤，不适合城市作战，因此俄罗斯军方认为冲锋枪仍然具备独特价值。1993 年，伊兹玛什公司的两位工程师维克多·卡拉什尼科夫和阿列克赛·德拉贡诺夫共同设计出一款新颖的冲锋枪，即野牛冲锋枪。野牛冲锋枪在极大程度上参考了 AK-74 步枪，同时也有其独特设计。

枪体结构

　　野牛冲锋枪采用自由式枪机，发射机构基本与AK-74M自动步枪一样，60%的部件可与AK-100系列突击步枪互换。该冲锋枪保留了机匣和折叠式金属枪托设计，但用高容量复合材料制作的筒形弹匣取代了双排弹匣，弹匣位于机匣前下方。新改进的弹匣右侧增加了四个开口，分别标有数字来显示剩余弹量，而下端面增加了防滑纹设计。射击模式为两种，一种只能自动装弹射击，一种可选择射击方式。目前，该枪有三种不同口径的型号，分别装填不同型号的子弹。

折叠式金属枪托

性能特点

野牛冲锋枪与步枪的快慢机控制方式一致，向上为保险模式，中间为连发模式，向下为自动装弹模式。瞄准具可被装备于枪身左侧。后来的型号改进了枪托，可折叠到机匣上方。该系列冲锋枪可以根据需求更换不同的瞄准具和枪托，细分为野牛-2和野牛-3两种型号。前者的瞄准具简单实用，后者的瞄准具可调整高低和风偏，两者均有护耳，提高了舒适性。枪口装置可更换，可装配消焰器、消声器、枪口补偿器等。该系列冲锋枪有很高的精准度，威力与速度结合，可使用标准型及加强型的马卡洛夫手枪弹，弹匣具备较高的可靠性，弹匣容量大，可保证火力持久，该枪适合各种不同的战术任务。野牛冲锋枪装备于俄罗斯的一些特种部队。

你知道吗

你知道野牛冲锋枪的前瞄准具有几种吗？

俄罗斯 SR-2 冲锋枪

SR-2 冲锋枪也叫维列斯克冲锋枪，生产于俄罗斯中央研究精密机械制造局，是一种个人防卫武器，也叫单兵自卫武器，一般用于攻击穿防弹衣的目标。

研发历程

20 世纪 90 年代中期，俄罗斯联邦安全局提出研发新型冲锋枪的计划，要求使用特种穿甲弹，配备专用的 KP SR-2 红点镜。1999 年，该枪由俄罗斯中央研究精密机械制造局研制成功，命名为 SR-2 冲锋枪，代号为维列斯克，并投入生产。

军事放大镜

SR-2 冲锋枪的改进型 SR-2M 冲锋枪的结构与 SR-2 冲锋枪大致相同，但加装了折叠式前握把，位于前护木下，以便双手握持武器。

机枪结构

SR-2 冲锋枪采用气吹式导气自动原理，采用枪管上下摆动的闭锁方式，机匣采用冲压钢板，护木为塑料材质。快慢机柄位于枪身左侧，呈三角旗状，有两个挡位的回转式表尺，以便于不同距离的瞄准射击，准星可调节高低和风偏。瞄准镜的接口位于机匣上方，既可配备新一代红点瞄准镜或夜视瞄准镜，也可采用简单的机械瞄准具。膛口防跳器的设计是在枪管膛口部上方开有倾斜切口。枪托为可折叠到机匣上方的双支柱金属枪托。该枪发射的子弹为9毫米×21毫米"钝头蝮蛇"手枪弹。

性能特点

SR-2冲锋枪结构紧凑，有四种弹药可以装备，可以在一定距离内击穿防弹衣和头盔，近距离内还可以击穿表面装甲较为薄弱的车辆，更近的距离内可以击穿几毫米厚的钢板。SR-2M冲锋枪的前握把前部设计了一个小型的下凸块，在环境黑暗或其他特殊情况下，可以减少使用时手指伸到枪管前方而受伤的可能性。

你知道吗

你知道在2004年，SR-2冲锋枪曾被俄罗斯军方用于什么事件吗？

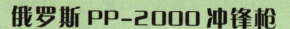

俄罗斯 PP-2000 冲锋枪

PP-2000 冲锋枪由俄罗斯图拉 KBP 仪器制造设计厂研制，兼具冲锋手枪和个人防卫武器的特点，适合作为室内近战武器。

研发历程

俄罗斯的陆军和特种部队与车臣恐怖分子作战多年，他们认为，在城区、山地或丛林地带的作战小分队，由于地形复杂，无法得到重武器火力支援，应对此种状况，可行性高的方法是自身配有易携带的强火力轻武器。

因此，为了提高反恐斗争实效，提升武器装备，图拉仪器制造设计局很快推出了这款PP-2000冲锋枪。2001年，该枪申请设计专利。2003年，专利被批准。2004年，该枪出现在欧洲防务展上，首次对外公开。其外形奇特有趣，受到了参观者和国际轻武器界的关注。PP-2000冲锋枪为军民通用设计，可作为个人防卫武器配备于非军事人员，也可配备于特种部队、特警队，用于室内近战。虽然目前还没有部队正式采用该枪，但一些军事部门和执法机构都对其有一定关注。

枪体结构

PP-2000冲锋枪采用传统的后坐力操作，近距离射击时精准度高。枪身的材质为耐用的单块式聚合物，枪口可装配消声器；

军事放大镜

PP-2000冲锋枪的特点类似于HK MP7冲锋枪，其外形类似于中国的QBZ95突击步枪。该枪有两种不同容量的弹匣，分别为20发和40发。其装填方式类似于PP-90M1冲锋枪，但更便于操作。

战术导轨位于机匣顶部，其上可装配全息瞄准镜或红点镜；快慢机柄位于握把上方、机匣左侧；拉机柄可以左右转动，由大拇指直接操作。该枪可以发射 9 毫米 ×19 毫米帕拉贝鲁姆手枪弹，主要发射的子弹为俄罗斯生产的 7N21 和 7N31 穿甲弹。

性能特点

PP-2000 冲锋枪的结构十分紧凑，重量轻，人机工效较高。该枪弹匣容量大，采用独创的减速机构，理论射速适中，适合连发射击，可以保证射击的密集度和有效性。它的最大优势是体形小、杀伤力大。它发射的穿山弹可以在不到百米的近距离内击穿有高硬度装甲防护的防弹背心，也可有效打击车内目标，百米内的不同射距可击穿不同厚度的钢板。

你知道吗

你知道 PP-2000 冲锋枪的有效射程范围是多少吗？

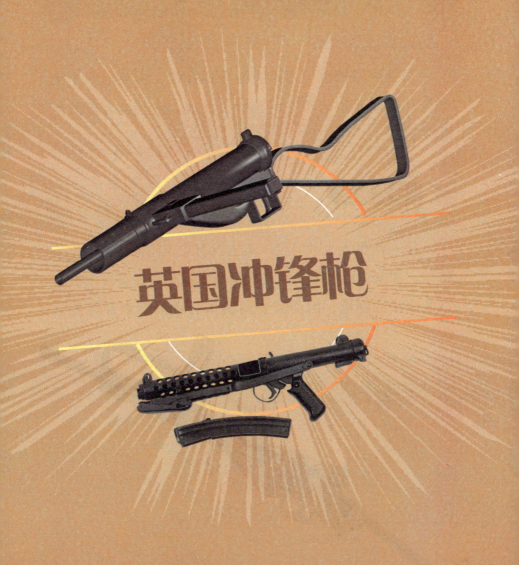

英国冲锋枪

英国司登冲锋枪

司登冲锋枪也可音译为斯登冲锋枪，由英国两个枪械设计师谢菲尔德和特尔宾研制而成，由英国著名的恩菲尔德兵工厂生产。

研发历程

第一次世界大战时期，英国没有意识到冲锋枪的重要作用，并未进行装配。第二次世界大战初期，英军没有自己的制式冲锋枪，因而需要向美国订购汤普森冲锋枪。

一方面，进口的枪价格昂贵；另一方面，英军有大量从德军处缴获的9毫米枪弹。鉴于以上情况，英军打算研制出一款自己的冲锋枪，既能做到轻巧便宜，还能利用缴获来的枪弹。1941年，司登冲锋枪研制成功，并于同年定型并服役。该枪以德国MP40冲锋枪为基础，采用国际通用的9毫米×19毫米帕拉贝鲁姆手枪弹，并且弹匣可以与德国MP40冲锋枪通用。但其弊端也不少，因此后续又进行了一系列改良。

枪体结构

军事放大镜

20世纪40年代第二次世界大战期间，不少盟军士兵并非死于敌方之手，而是被己方的司登冲锋枪误伤。短时间内，司登冲锋枪就成了盟军士兵深恶痛绝的武器。

司登冲锋枪采用的内部设计比较简单，采用开放式枪机、后坐作用原理。该枪主要采用了冲压而成的组件，其枪身是一根钢管，结构简单，甚至可以透过枪栓槽看见内部的弹簧。

其枪托是焊接而成的，使用了一根钢条和一块钢板。该枪发射的子弹为9毫米×19毫米帕拉贝鲁姆手枪弹，横置式弹匣也可充当前握把。另外，该系列中的消声型冲锋枪采用木制主握把和木制固定枪托。

操作方式

开启保险时，将拉机柄后拉并向下旋转到枪机框的凹槽里。有两种射击方式：单发射击时，将扳机从左向右按动；连发射击时，将扳机从右向左按动。退弹时，将扣于弹匣槽的弹匣按动并卸下，拉机柄后拉以退出膛中的子弹，通过抛壳口检查枪膛情况，松开拉机柄后扣动扳机。

司登冲锋枪的优点在于结构简单、成本低廉、可大批量生产、威力较好，另外较轻的重量和紧凑的结构让它的灵活性非常强。同时，该枪的弊端也不少，如外观粗糙、射击精准度不佳、经常走火、供弹可靠性差、极易卡弹，其中走火和卡弹是它最令人诟病的地方。

使用情况

1941—1945 年，英国、澳大利亚、加拿大一共生产了数百万支司登冲锋枪，被英军及其他盟军广泛应用于第二次世界大战中后期。司登冲锋枪的第一次应用是在迪耶普奇袭战。而至诺曼底登陆时，该枪已经作为标准制式冲锋枪被英军使用。虽然该枪的射程和精准度都不如传统步枪，但它具有超高射击速度的优点，这使其成为短兵相接时的利器。总的来说，由于时间紧迫、仓促出产，司登冲锋枪具有很多缺陷，但鉴于当时的情况，英军不得不大量采用该系列冲锋枪。

你知道吗

司登冲锋枪有一种型号是第二次世界大战中唯一能安装消声器的，你知道是哪一种型号吗？

英国斯特林冲锋枪

斯特林冲锋枪由英国人 G.W. 派屈特设计，英国斯特林军备公司生产。该枪作为制式武器装备于英国军方，受到士兵，尤其是空军的好评和喜爱。

研发历程

军事放大镜

斯特林冲锋枪自诞生以来发展迅速，武器不断改良，产品形成系列。该枪除内销外，出口量也很大。此外它还有一些拓展的型号，大部分是提供给执法机构以及民间射击爱好者使用的。

第二次世界大战期间，设计师 G.W. 派屈特与斯特林军备公司的研究小组合作，从1942年开始展开斯特林冲锋枪的研发工作。当时，人们认为司登冲锋枪不符合英国军队的悠久历史和良好传统，有损以往的威严形象，因此急需研制出外形更优良的冲锋枪。第二次世界大战后，正处于军用冲锋枪发展的黄金时期，斯特林军备公司不断对该枪进行改良，1945—1952年，该枪的新型产品在英国军用新型冲锋枪测试中被推出。1955年，斯特林L2A2冲锋枪诞生，其商业名为 MK3 冲锋枪。1956 年，斯特林 L2A3 冲锋枪诞生，其商业名为 MK4 冲锋枪。同年，斯特林 L2A3 冲锋枪取代司登冲锋枪，被英军批量装备。

枪体结构

斯特林冲锋枪采用反冲式设计，结构十分简单。握把、弹匣与枪托的设计是该枪的突出特征，垂直型握把位于圆管形枪机容纳部的下方，上面有一个选择钮，可以切换射击模式，包括全自动射击和半自动射击。该枪发射的子弹为 9 毫米 ×19 毫米帕拉贝鲁姆手枪弹。香蕉形弹匣位于枪机容纳部的左侧，枪托为金属冲压而制的下折式枪托。该枪的枪机容纳部为圆管形，

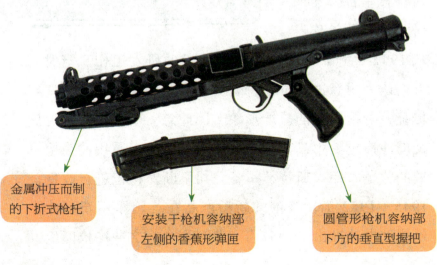

金属冲压而制的下折式枪托

安装于枪机容纳部左侧的香蕉形弹匣

圆管形枪机容纳部下方的垂直型握把

前半部设计了很多用于散热的小孔。弹膛部位较粗，弹膛和枪口外缘直径与机匣内径相同。枪管口部左右都有1个螺纹孔。枪管尾部靠弹膛外缘定位，将其插入枪管固定座，通过2个内六角螺钉固定。另外，该枪护木前端的下方可以装配刺刀。L2A3冲锋枪多使用冲压件，大部分采用铆接、焊接进行制造，只有较少的零件需进行机械加工。

操作方式

斯特林冲锋枪的枪管有独特的固定方式，所需零件虽多，但对加工精度要求不高，也不像一般冲锋枪一样需要较精细地进行节套加工和装配，该枪更便于装配和更换枪管。更换枪管时，要先拆解冲锋枪，将枪机、复进机以及抛壳挺取出，再松开口部的2个螺钉，就可以将枪管从机匣尾部取出。

装上刺刀的护木前端

性能特点

与司登冲锋枪相比，斯特林冲锋枪的进步很大，它结构简单、加工容易、体积更小、重量更轻、弹容量大、火力持续性好。它的瞄准基线更长且射速更低，可以有效提高射击精度。弹匣为侧向安装，这可以降低卧姿射击高度，从而减小射手的暴露面积。

使用情况

斯特林 L2A3 冲锋枪是英国军用的标准制式冲锋枪，其性能十分优异，不仅用于内销，还用于出口。很多国家的军队、警队、保安部队采用其作为制式枪械。目前，该枪逐渐被新一代的冲锋枪替代，只有一些有特殊任务的部队还在继续使用。

你知道吗

你知道斯特林冲锋枪的有效射程大致是多少吗？

其他冲锋枪

芬兰索米 M1931 冲锋枪

索米 M1931 冲锋枪是由枪械设计师埃莫·拉赫蒂设计的。该枪通常被认为是第二次世界大战期间最成功的冲锋枪之一，后来的冲锋枪常常效仿其设计。

研发历程

20 世纪 20 年代末期，芬兰枪械设计师埃莫·拉赫蒂创办了蒂卡科斯基兵工厂。1929—1930 年，

埃莫·拉赫蒂以M26冲锋枪为基础研制出索米M1931冲锋枪，他的朋友克斯金设计了供弹具。1930年，分别向美国和芬兰提出专利申请。1931年，该枪投入批量生产。1932年，专利申请获得批准。1939年，苏芬战争爆发，该枪大量装备于芬兰军队，后来一直服役到1945年。其间有过一些改进，比如加入枪口制退器。埃莫·拉赫蒂认为这种改动会降低该枪的可靠性，但当时芬兰军队仍然大量装备了改进型号。索米M1931冲锋枪最初被用来替代轻机枪，可惜效果并不理想。

军事放大镜

索米M1931冲锋枪在100多天的苏芬战争中发挥了重要作用，虽然装备率不高，但配合灵活机动的山地游击战，使苏军死伤惨重，芬兰得以保存。该枪在后来苏联出版的书籍中也被加以描写。苏芬战争后，该枪的订单量开始急剧增长。

枪体结构

索米 M1931 冲锋枪采用自由式枪机、开膛待击方式，该枪的可卸枪管和拉机柄借鉴了 M26 冲锋枪，其枪栓比较特殊。全枪质量较大，枪管较长；其材料采用了瑞典的优质铬镍钢；供弹具为大容弹量弹匣或弹鼓，该枪发射的子弹为 9 毫米 ×19 毫米帕拉贝鲁姆手枪弹。枪机前部有固定击针，枪机后部有复进簧孔。扳机护圈的前方有快慢机，连发模式时，需扳到最前方位置；单发模式时，需扳到中间位置；保险模式时，可将枪机锁定于前方或后方位置。套筒前方有一个向下的斜面。枪托为木质，有的还配有两脚架。该枪采用的瞄准具为机械瞄准具。

工作原理

索米 M1931 冲锋枪的枪栓拉上以后就会保持固定不变，这一点与传统冲锋枪的枪栓会跟随枪机来回运动的状况不同。枪栓固定不动可以保证枪膛的封闭，以避免杂物进入枪膛而造成故障。

性能特点

　　因为使用时期特殊，人们常常将索米M1931 冲锋枪与大批量生产的苏联 PPSh-41 冲锋枪做比较。索米 M1931 冲锋枪的枪管较长，做工精良，所以其射程和射击精准度明显更高，尤其是连发射击时非常稳定，而射速和装弹量则与 PPSh-41 冲锋枪相同。它最大的弊端在于过高的生产成本：使用优质材料，并以狙击步枪的标准生产，费工费时。

　　你知道索米 M1931 冲锋枪的最大射程是多少吗？

以色列乌兹冲锋枪

乌兹冲锋枪别名 UZI 冲锋枪，由以色列国防军军官乌兹·盖尔研制，是一款轻型冲锋枪，面世后风靡一时，装备于众多国家的军队、警队及执法机构。

军事放大镜

乌兹冲锋枪一经问世，就受到极大认可，对当时的冲锋枪市场造成了很大冲击。里根遇刺时美国特勤局特工曾使用乌兹冲锋枪，也增强了其影响力。目前，乌兹冲锋枪仍在全世界范围内被广泛使用。

研发历程

1948 年，以色列军队正式组建，对士兵而言，初次使用新式武器十分困难；对政府而言，武器的保养维修、零件储备等方面的问题繁多。在这种情形下，以色列急需制造一种可靠、轻巧、制造简单的冲锋枪。

1948 年，以色列国防军上尉乌兹·盖尔开始设计新型冲锋枪，在研究和比对了各类冲锋枪的优缺点后，他研制出了乌兹冲锋枪。1951 年，该枪开始生产。1956 年，该枪在第二次中东战争中开始服役并取得了期望中的效果。其后开始量产，各国的订单连续不断。

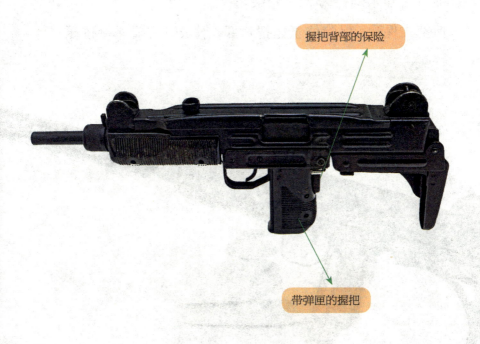

握把背部的保险

带弹匣的握把

枪体结构

乌兹冲锋枪采用自由式枪机、惯性闭锁，还采用包络式的枪机结构和前冲击发。该枪的供弹具为弹匣。该枪的快慢机有三档，分别是全自动射击、半自动射击和手动保险。该枪采用握把式保险，保险位于握把背部，射击时需要保持按压。

该枪发射的子弹为9毫米×19毫米帕拉贝鲁姆手枪弹，弹匣在握把内。该枪机匣生产制造的方式为金属冲压，部分枪管会被其覆盖，因而全枪长度比较小。

性能特点

乌兹冲锋枪采用包络式的枪机结构，在枪机闭锁击发的瞬间，其前部的很长一段都套在枪管尾部，这一方面可以缩短全枪长度；另一方面，一旦发生早发火或迟发火等故障，有助于避免损坏枪体或伤害射手。该枪采用前冲击发，火药气体的压力冲量会被抵消一部分，因此与闭膛待击的自由式枪机相比，其重量大大减小，但是达到的效果却一样。

乌兹冲锋枪握把内藏弹匣的设计是其最突出的特点，这与手枪相似，与敌人近战交火时，射手即使在黑暗环境中也能迅速更换弹匣，可以持续输出火力。不过，这个设计也使枪的高度增加，不利于卧姿射击。此外，该枪对沙漠地区或风沙较大的地区适应性低，需要经常被拆解清理，否则射击时很容易出现卡弹等情况。与同时代的冲锋枪相比，乌兹冲锋枪枪身更短、性能更可靠、平衡性更强。在后续改进中，其枪体更小，但射速大增，极难控制。乌兹冲锋枪作为近战武器，具有三大优点：轻便、操作简单和成本低。使用功能上，尤其适用于清除室内、碉堡及战壕里的有生目标，常被作为机械化部队的自卫武器。

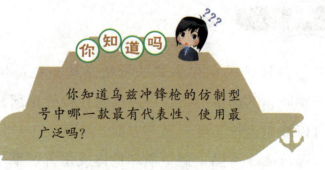

你知道吗

你知道乌兹冲锋枪的仿制型号中哪一款最有代表性、使用最广泛吗？

意大利伯莱塔 M12 冲锋枪

伯莱塔 M12 冲锋枪是意大利伯莱塔公司研制的一款新型手枪口径的冲锋枪。该枪不仅曾是意大利军队的制式装备,也曾出口到非洲和南美洲的部分国家用作制式装备。

研发历程

1958 年,伯莱塔 M12 冲锋枪研制成功;1959 年,开始服役;1961 年,作为制式武器开始列装意大利军队。1978 年,伯莱塔公司以 M12 冲锋枪为基础,研制出伯莱塔 12S 冲锋枪,也被称为 M12S 或 PM12S 冲锋枪。

军事放大镜

伯莱塔 M12S 冲锋枪作为 M12 冲锋枪的改良型,主要区别在保险机构上。老版的保险开关和快慢机为独立设置,各有一个按钮式开关;而伯莱塔 M12S 冲锋枪只有一个旋转式的保险/快慢机柄,两个按钮的功能合并了。

枪体结构

伯莱塔 M12 冲锋枪采用"埋入式"或"嵌入式"包络枪机,主要使用冲压件制造。该枪枪管内外经镀铬处理,大部分由枪机包覆,因而缩短了整体长度,横向尺寸小。该枪的射击方式为全自动和单发射击，发射9毫米子弹，后照门可设定不同的瞄准距离。此外，该枪配备手动扳机阻止装置、按钮式枪机释放装置，能自动令枪机停止在闭锁安全位置。该枪有三种不同容量的弹匣；有一个前握把；枪托有两种，一种是由金属管制成，可以折叠到右侧，也可改装为另一种可拆卸的木制固定枪托。

操作方式

在使用伯莱塔 M12 冲锋枪的保险装置时，必须按下握把后方的握把保险才可打开枪机，进行待击或击发。按下握把上方、枪身左侧的按压式保险，可锁住握把保险，使其处于保险位置。退弹时，按下扣位于弹匣槽后方的弹匣，使之退出。

性能特点

你知道伯莱塔 M12 冲锋枪的有效射程大约是多少吗？

伯莱塔 M12 冲锋枪的结构紧凑，便于隐藏和携带；操作简单，便于使用；性能非常可靠。其后改进的 M12S 冲锋枪，弹道更为稳定，子弹密集性高，非常适合突袭。该枪装备于多个国家，可作为战场上的利器。

捷克斯洛伐克 Vz.61 冲锋枪

Vz.61 冲锋枪是捷克斯洛伐克研制的一种既具有冲锋枪的近距离火力，又能像手枪一样单手使用的新型个人自卫武器。

军事放大镜

Vz.61 冲锋枪还被称为蝎式冲锋枪，由于其折叠到枪上方的枪托酷似蝎子向前伸的尾巴而得名。

研发历程

20 世纪 50 年代后期，为了给非一线战斗的步兵单位提供一种重量轻，但比手枪更有效的个人防卫武器，捷克斯洛伐克开始研制 Vz.61 冲锋枪。1959 年，制造出第一个原型。1961 年，该枪定型并被正式采用，开始列装捷克斯洛伐克军队，被命名为 Vz.61 冲锋枪，简称 SA Vz.61。该枪很快就取代了捷克斯洛伐克军队的原装备手枪，被配发到捷克斯洛伐克军队中的不同单位，并且广泛出口。

枪体结构

　　Vz.61 冲锋枪采用自由式枪机、闭锁式枪机。发射模式为半自动、三连发和全自动三种。枪身上方装备可折叠式金属条枪托，枪托的形状参考了蝎子的尾巴，便于使用者抵肩射击；手枪式握把内设有降速机构；半透明的小容量弹匣装在机匣底部；机匣顶部设有战术导轨，可以加装各种瞄准具。该枪尺寸极小，其部件大量采用聚合物制造，如机匣、护木、握把、弹匣等。该枪发射的子弹为 7.65 毫米 ×17 毫米勃朗宁手枪弹。

性能特点

　　Vz.61 冲锋枪的体积与半自动手枪相近，因此有时会被当作冲锋手枪。它最初被设计为一种双用途武器，

连发射击时可以双手抵肩操作，单发射击时可以单手不抵肩操作。近距离作战时，它可以作为突击武器，还可以作为单兵防卫武器。该枪体积小，很适合被车辆或飞机的驾驶员携带使用，其发射的 7.65 毫米 × 17 毫米勃朗宁手枪弹配合了该枪体积小、重量小的设计概念。在全自动射击时，它的精准度和可控性都很高。

使用情况

1962—1979 年，共生产了 20 余万支 Vz.61 冲锋枪，大量装备于捷克斯洛伐克的警察部门、安全部队和反恐部队。

你知道吗

你知道 Vz.61 冲锋枪翻译成中文叫什么吗？

据说该枪还装备于一些民航客机上的保安人员，这些保安人员的工作是反劫机。一旦发生交火，由于该枪使用的子弹无法穿透机舱蒙皮，会更为安全。

波兰 PM-63 冲锋枪

PM-63 冲锋枪由波兰枪械总设计师皮奥特威利耶维茨设计,是一款小型冲锋枪。该枪作为单兵自卫武器,主要用于个人防卫及近身战斗,适用于特种部队、特种反恐部队、重型装备士兵及警队等。

研发历程

军事放大镜

PM-63 冲锋枪的独特设计及外观吸引了很多人的眼球。1979 年,中国在对越自卫反击战中缴获过 PM-63 冲锋枪,并以此为原型制作出 82 式冲锋枪。

波兰陆军初期使用的是苏联 PPS 冲锋枪,1953 年,波兰开始自行研制冲锋枪。PM-63 冲锋枪最初的设计方向是用于个人自卫,而不是军用。1957 年,皮奥特威利耶维茨研制出冲锋枪的试制型,称为"Rak"。1960 年,该设计师去世后由他人继续研制。1961 年,工作初见成效,采用了一些独特的非传统设计思想。1962 年,设计方案在拉多姆工厂进一步改进。1963—1964 年,原型样枪被生产出来,在通过部队的鉴定试验后,该枪被正式命名为 PM-63 冲锋枪。1967 年,该枪进行批量生产,随后正式列装波兰军队。经使用后发现，该枪存在一些缺陷，后续又进行了一系列改造。

枪体结构

PM-63 冲锋枪基本上由三大部分组成，分别是机匣、套筒和弹匣。该枪采用与手枪套筒类似的设计，这是其一大亮点。该枪采用反冲式操作，滑套后端配备了一个速率降低装置，而枪支前端突出的滑套部分可兼作枪口抑制器。该枪的扳机带有非常轻便的伸缩式枪托，扳机作为射击模式切换器，有两种模式，一种为半自动射击，需要将扳机扣下一半；另一种为全自动连续射击，需要将扳机全部扣下。该枪配备两个握把，前握把在枪口下方，为折叠式握把；后握把可兼作弹匣插座。弹匣分为大容量弹匣和小容量弹匣。该枪发射的子弹为 9 毫米 ×18 毫米马卡洛夫子弹。

性能特点

PM-63 冲锋枪在设计上有不少亮点，外形尺寸短小、全枪质量优良，结构紧凑、射击稳定。但其结构复杂，

加工困难，生产成本较高。前握把、枪托、托底板、套筒的设计不适用于抵肩瞄准射击，不利于持枪，使用时不舒适，甚至会对射手造成伤害，因此许多射手不选择抵肩射击。最早为其设计的弹匣过长，只能单独携带，不利于快速进入战斗状态，这个缺陷可以说是致命的。PM-63冲锋枪不具备精准射击单个目标的能力，它只能作为战士手中的一个工具，而不能作为战争武器。

你知道吗

你知道 PM-63 冲锋枪的有效射程大约是多少吗？

奥地利斯泰尔 TMP 冲锋枪

斯泰尔 TMP 冲锋枪是一支可单手发射、兼具冲锋枪和手枪两种功能的武器，由奥地利斯泰尔·曼利夏公司研发，其中 TMP 意为"战术冲锋手枪"。

研发历程

1989 年，斯泰尔 TMP 冲锋枪研制成功；1992 年开始批量生产。在最初的几年里，该枪的销量不大，于是斯泰尔公司转变策略，将其作为普通的冲锋枪进行销售，但销量依然不理想。最终，斯泰尔公司不得不将 TMP 冲锋枪的相关权利转卖给瑞士鲁加·托梅公司，该公司将其稍加改良后，重新命名为 MP9 冲锋枪进行销售。

军事放大镜

斯泰尔 TMP 冲锋枪最早的设计并没有枪托，当时认为枪托会降低士兵的反应速度。作为非一线战斗人员的单兵自卫武器，考虑到使用者多为没受过严格训练的人，该枪需要让他们在交战的压力下迅速进入射击状态。

加装的瞄准具

加装的消声器

军用型前握把

射控扳机

枪体结构

　　斯泰尔 TMP 冲锋枪采用了斯泰尔 AUG 突击步枪配备的射控扳机，使用单发模式时需要轻按扳机，使用全自动模式时需要完全按下扳机。这是一种枪机回转式闭锁方式，只带有 1 个闭锁凸笋，其设定位置有三个，分别为保险、单发和连发。保险卡笋在中间位置时，会限制扳机的运动，此时只能单发射击。该枪的供弹具为半透明弹匣。该枪的前握把前倾，前握把处可以安装战术配件，枪口处可加装消声器。瞄准装置为机械瞄准具。该枪还有半自动民用型，被命名为斯泰尔 SPP 冲锋枪，两者的口径相同，但民用型枪管较轻，并且移除了前握把。

性能特点

　　斯泰尔 TMP 冲锋枪的全枪零件较少，材质多为塑料，易于生产；结构简单，不易出故障；人机工效好，操作方便，易于上手。该枪在连发时的稳定性很高，在冲锋枪中，其精准度十分优越。

你知道吗

　　你知道斯泰尔 TMP 冲锋枪的有效射程范围是多少吗？

比利时 P90 冲锋枪

P90 冲锋枪由比利时 FN 公司研制，是世界上第一款使用了全新弹药的个人防卫武器，装备于许多国家的特种部队。

研发历程

军事放大镜

> P90 冲锋枪具有独特的外形，参考了人体工程学。该枪握把参考竞赛用枪，保证了扣把时手与头部靠近的舒适度，圆滑的外观也减少了被外物牵绊的可能。握把最前方有一个垂直向下的凸起物，避免射击时手部滑动。

第二次世界大战结束后，突击步枪的兴起很大程度上取代了冲锋枪的地位，后者不再装备于一线战场，而是装备于二线后勤部队。当时军队一般采用口径为 7.62 毫米的冲锋枪，虽然威力大，但十分沉重，不适合二线人员携带使用。在此情况下，比利时 FN 公司开发出了一种新型枪弹。

1986 年，为满足北约 AC225 计划和美国小火器主导计划的要求，比利时 FN 公司开始研制相关单兵自卫武器。

在经历调查市场、
论证方案和试验性能等步
骤后，1990 年，P90 冲锋枪
设计定型。1991 年，正式投入量产。

枪体结构

　　P90 冲锋枪为自由式枪机，闭膛待击，发射的子弹
是 5.7 毫米 × 28 毫米小口径高速弹。大容量弹匣的材
质为半透明塑料，平行于枪管上方，弹匣的设计比较特
别，在制作时混入了着色材料，让匣体呈浅褐色，这有
助于防止夜间反光。弹匣口部呈圆柱形，弹匣内枪弹与
枪管轴线垂直。弹匣内部设有螺旋槽，以引导枪弹转向。

　　P90 冲锋枪可左右手通用，枪两侧分别设有机械瞄
准具和拉机柄。瞄准具主要采用光学瞄准镜，具有极
佳的昼夜显示功能，可以快速捕捉到目标。抛壳窗的
位置在机匣下方，可避免射击时误伤射手。快慢机设
有保险、单发、连发三种模式，保险机构有偶发保险、
手动保险和不到位保险三种类型。

性能特点

P90 冲锋枪可以在一定程度上取代冲锋枪、手枪及短管突击步枪等枪械，它配备的子弹在发射时的后坐力甚至低于手枪，但穿透力却远比手枪强，能有效击穿个人防护装备，如防护能力为四、五级的防弹背心。P90 冲锋枪的枪身重心离握把很近，在单手操作时可以灵活地改变指向。该枪采用水平弹匣，枪体高度大大降低，卧姿射击时可以尽量伏低。该武器的动能一般，但多发命中率非常高，弹匣容量大，射速高，适用于各种险情，并尽可能减少弹匣更换次数。该枪的枪机藏于后枪托内。

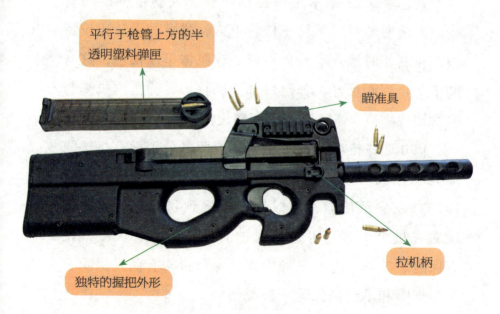

平行于枪管上方的半透明塑料弹匣

瞄准具

独特的握把外形

拉机柄

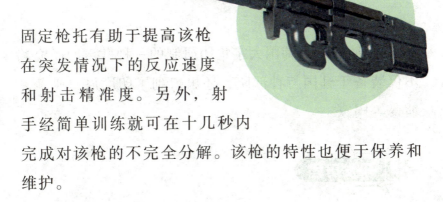

固定枪托有助于提高该枪
在突发情况下的反应速度
和射击精准度。另外，射
手经简单训练就可在十几秒内
完成对该枪的不完全分解。该枪的特性也便于保养和
维护。

使用情况

目前，P90 冲锋枪装备于科威特、沙特阿拉伯、阿
曼等国家。美国特种部队关注了该枪，未来可能将 P90
冲锋枪作为替换枪械使用。但比利时 FN 公司预期中的
最大客户是北约各国的预备役战斗部队，他们目前还
未显露列装该枪的意愿。

你知道吗

你知道 P90 冲锋枪的有效射
程大约是多少吗？

韩国 K7 冲锋枪

　　K7 冲锋枪是韩国大宇集团研制的一种微声冲锋枪，不仅装备于韩国特种部队，还出口到了印度尼西亚、柬埔寨等国家。

研发历程

　　1988 年，韩国引进"反恐特种部队"的概念，并开始采用德国的 HK MP5 冲锋

军事放大镜

　　与德国 HK MP5SD 系列冲锋枪相比，K7 冲锋枪不仅拥有与其一样的操作性强、可靠性高等优势，而且其价格相对便宜很多。

枪系列。20 世纪 90 年代后期，韩国特种部队、海豹部队以及水中爆破队等需要大量的微声冲锋枪。当时 HK MP5SD 系列冲锋枪非常符合要求，但大量进口需要支付很多外汇，而受亚洲金融危机的影响，韩国外汇紧缺。在这种情况下，韩国大宇集团宣布要开发出性能与 HK MP5SD 冲锋枪一样的 9 毫米口径冲锋枪。2001 年，K7 冲锋枪正式定型。2003 年，该枪在阿拉伯联合酋长国的"国际防务展览及会议"上首次展出。

枪体结构

K7 冲锋枪以 K1 卡宾枪为基础，采用一种新型的护木，参考了气动式自动原理步枪，但没有采用气动式结构。该枪采用的是滚轮延迟反冲式系统，还装有整体微声器。该枪具有三种发射模式，即半自动模式、三点发模式和全自动模式。发射的子弹为 9 毫米 ×19 毫米帕拉贝鲁姆手枪弹；其弹匣可采用针对该枪设计的可拆卸式直弹匣，或乌兹冲锋枪的几种可拆卸式弹匣。

性能特点

滚轮延迟反冲式系统可以大幅提高射击精准度。整体微声器可以大幅减少射击时的噪声。微声器将枪声变得扭曲，敌方难以判别 K7 冲锋枪的发射声音；它还能消除枪口焰，使得该枪在夜间使用也难以被发现，但是不适用于多次全自动射击。K7 冲锋枪重量较轻，射速较快，其价格比 HK MP5SD 系列冲锋枪便宜，在操作性和可靠性上与其相似。

你知道吗

你知道 K7 冲锋枪的射速大约为多少吗？

P4　德国 MP18 冲锋枪：春季攻势战役

P7　德国 MP40 冲锋枪：俄罗斯 PPSh-41 冲锋枪

P11　德国 MP5 冲锋枪：AK-47 自动步枪

P14　德国 MP5SD 微声冲锋枪：135 米

P17　德国 UMP 冲锋枪：MP5/10 和 MP5/40 冲锋枪

P20　德国 MP7 冲锋枪：各种武器交易展览会

P25　美国汤普森冲锋枪：近 32 万支

P27　美国 M3 冲锋枪：因为在对比试验中司登冲锋枪获得了最高评价

P30　美国 M10 冲锋枪：每分钟 1100 余发

P32　美国柯尔特冲锋枪：1990 年

P37　俄罗斯 PPSh-41 冲锋枪：100~200 米

P40　俄罗斯 PPS-43 冲锋枪：200 米

P44　俄罗斯 KEDR/KLIN 冲锋枪：100~150 米

P47　俄罗斯野牛冲锋枪：2 种

P49　俄罗斯 SR-2 冲锋枪：别斯兰人质事件

P52　俄罗斯 PP-2000 冲锋枪：50~100 米

P58　英国司登冲锋枪：司登 Mk.Ⅱ (S)

P62　英国斯特林冲锋枪：100 米

P67　芬兰索米 M1931 冲锋枪：500 米

P72　以色列乌兹冲锋枪：英格拉姆 MAC-10 冲锋枪

P74　意大利伯莱塔 M12 冲锋枪：200 米

P77　捷克斯洛伐克 Vz. 61 冲锋枪：1961 型冲锋枪

P80　波兰 PM-63 冲锋枪：50 米

P83　奥地利斯泰尔 TMP 冲锋枪：50~100 米

P87　比利时 P90 冲锋枪：150 米

P89　韩国 K7 冲锋枪：每分钟 1100 发

世界兵器大百科

陆战之王——坦克与装甲车

王　旭◎编著

河北出版传媒集团
方圆电子音像出版社
·石家庄·

图书在版编目（CIP）数据

陆战之王——坦克与装甲车 / 王旭编著. -- 石家庄：
方圆电子音像出版社，2022.8
（世界兵器大百科）
ISBN 978-7-83011-423-7

Ⅰ. ①陆… Ⅱ. ①王… Ⅲ. ①坦克－少年读物②装甲
车－少年读物 Ⅳ. ①E923.1-49

中国版本图书馆CIP数据核字(2022)第140400号

LUZHAN ZHI WANG —— TANKE YU ZHUANGJIACHE

陆战之王——坦克与装甲车

王 旭 编著

选题策划　张　磊
责任编辑　宋秀芳
美术编辑　陈　瑜

出　　版　河北出版传媒集团　方圆电子音像出版社
　　　　　（石家庄市天苑路 1 号　邮政编码：050061）
发　　行　新华书店
印　　刷　涿州市京南印刷厂
开　　本　880mm×1230mm　　1/32
印　　张　3
字　　数　45 千字
版　　次　2022 年 8 月第 1 版
印　　次　2022 年 8 月第 1 次印刷
定　　价　128.00 元（全 8 册）

前言

人类使用兵器的历史非常漫长，自从进入人类社会后，战争便接踵而来，如影随形，尤其是在近代，战争越来越频繁，规模也越来越大。

随着战场形势的不断变化，兵器的重要性也日益被人们所重视，从冷兵器到火器，从轻武器到大规模杀伤性武器，仅用几百年的时间，武器及武器技术就得到了迅猛的发展。传奇的枪械、威猛的坦克、乘风破浪的军舰、翱翔天空的战机、千里御敌的导弹……它们在兵器家族中有着很多鲜为人知的知识。

你知道意大利伯莱塔 M9 手枪弹匣可以装多少发子弹吗？英国斯特林冲锋枪的有效射程是多少？美国"幽灵"轰炸机具备隐身能力吗？英国"武士"步兵战车的载员舱可承载几名士兵？哪一个型号的坦克在第二次世界大战欧洲战场上被称为"王者兵器"？为了让孩子们对世界上的各种兵器有一个全面和深入的认识，我们精心编撰了《世界兵器大百科》。

本书为孩子们详细介绍了手枪、步枪、机枪、冲锋枪，坦克、装甲车，以及海洋武器航空母舰、驱逐舰、潜艇，空中武器轰炸机、歼击机、预警机，精准制导的地对地导弹、防空导弹等王牌兵器，几乎囊括了现代主要军事强国在两次世界大战中所使用的经典兵器和现役的主要兵器，带领孩子们走进一个琳琅满目的兵器大世界认识更多的兵器装备。

　　本书融知识性、趣味性、启发性于一体，内容丰富有趣，文字通俗易懂，知识点多样严谨，配图精美清晰，生动形象地向孩子们介绍了各种兵器的研发历史、结构特点和基本性能，让孩子们能够更直观地感受到兵器的发展和演变等，感受兵器的威力和神奇，充分了解世界兵器科技，领略各国的兵器风范，让喜欢兵器知识的孩子们汲取更多的知识，成为知识丰富的"兵器小专家"。

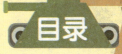

目录

陆战主力——主战坦克

美国 M60 "巴顿" 主战坦克

M60 "巴顿" 主战坦克是美国陆军第四代 "巴顿" 系列主战坦克，在美国一直服役到 20 世纪 90 年代初。目前，仍有大量 M60 主战坦克服役于其他国家。

 研发历程

1956 年，美国为了对抗苏联 T-54 中型坦克，在 M48A2 坦克的基础上研制出了新一代坦克，代号为 XM60。1957 年，美国在 3 辆 XM60 原型车上安装了柴油发动机，并对其进行了测试。随后，美军对坦克武器系统进行选型试验，

最终选定由英国L7A1式线膛炮和美国T254EI炮尾组合而成的M68式线膛炮作为主要武器。1959年3月，XM60原型车经过全面测试后，

正式命名为M60"巴顿"主战坦克。1959年6月，美国签订了首批生产合同，由克莱斯勒公司负责生产。1960年，美国M60"巴顿"主战坦克开始服役。

战车结构

M60"巴顿"主战坦克属于传统炮塔型主战坦克，由车体和炮塔两部分组成。

军事放大镜

M60"巴顿"主战坦克使用AVDS-1790柴油发动机，是美国首款专为坦克研制的军用柴油发动机，由美国著名的风冷坦克发动机制造商泰莱达因·大陆汽车公司研制生产。

车体由铸造部件和锻造车底板焊接而成，设有驾驶室、战斗室和动力舱3个部位，其中战斗室和动力舱中间用防火板隔开，驾驶室是单扇窗盖，在其底板上开有安全

炮塔

105 毫米线膛炮

门。驾驶员位于车前中央，在其前面有 3 具前视潜望镜，在窗盖中央支架位置可装备 1 具主动红外潜望镜，用于夜间驾驶观察。炮塔位于车体中央，为整体式铸造结构。装填手位于炮塔内左侧，车长和枪炮手位于炮塔内右侧。

战车性能

　　M60 "巴顿" 主战坦克配有 4 名乘员，分别为车长、枪炮手、驾驶员和装填手。采用 1 门液压操纵的 105 毫米线膛炮，并配有炮管抽气装置，具有射速快、射程远的特点；火炮可使用多种弹药，包括脱壳穿甲弹、榴弹、破甲弹、碎甲弹和烟幕弹等；柴油发动机可使用多种燃料，并配有十字驱动传动装置，动力强劲；坦克正面有装甲防护，配有三防系统，动力舱内还安装有二氧化碳灭火系统，使该坦克具有良好的防护性能。

衍生型号

你知道吗

你知道"巴顿"系列主战坦克第一代是什么坦克吗？

M60A1：其最大的进步体现在增加了炮塔装甲厚度，提升了火控系统性能，采用新式机电模拟式弹道计算机代替原先的机械式计算机，从而提升了火炮的射击精度。此外，还增加了火炮电液双向稳定系统和乘员被动式夜视装置，从而具有夜间作战能力。

M60A2：换装了新的炮塔和新型大口径两用炮（可以发射火炮和导弹），进一步加强了主战坦克的远程火力。

M60A3：为M60A1的改进型，换装了大功率的发动机和被动观瞄仪，1978年又安装了新的测距仪、弹道计算机、高射机枪和烟幕弹发射器。

美国 M1 "艾布拉姆斯" 主战坦克

M1 "艾布拉姆斯" 主战坦克由美国克莱斯勒汽车公司研制。目前，M1 系列的主战坦克依然是美国陆军和海军陆战队主要的作战坦克。

战车结构

M1 "艾布拉姆斯" 主战坦克是典型的炮塔型坦克，车体前、中、后 3 部分分别是驾驶室、战斗室和动力舱。驾驶员位于车体前部，配备 3 具整体式潜望镜。旋转炮塔位于车体中央，炮塔内有 3 名乘员，装填手位于火炮左侧，

车长位于火炮右侧，枪炮手位于车长前下方。装填手窗门上安装了 1 具可旋转的潜望镜，炮塔左壁安装了电台系统，尾舱可储放弹药。

战车性能

M1"艾布拉姆斯"主战坦克的车体和炮塔使用了性能卓越的复合式装甲，能有效对抗反坦克武器；安装的集体三防

> **军事放大镜**
>
> M1"艾布拉姆斯"主战坦克所采用的集体式三防系统，是指在一个密闭的系统中，为车内乘员提供集体式的三防保护。所谓"三防"，指防核、防生物和防化学武器，集体式三防系统是三防的形式之一。

装置使该坦克具有在核生化环境下作战的能力；该坦克的发动机为 AGT-1500 燃气轮机，具有噪声低、运行稳定的特点，相较于其他普通发动机具有更好的隐蔽性能。此外，可在车体前部安装推土铲，完成推土、清障等任务。

衍生型号

M1A1 主战坦克：该坦克是 M1 主战坦克第一种大规模的改良型主战坦克，主要的改进是换装了滑膛炮，

该炮可发射穿甲弹、破甲弹等多种弹药。此外，还改良了一些细节部位，并整合了 M1 装甲改良型的 M1IP 主战坦克的所有改良项目。

M1A2 主战坦克：该坦克在 M1 主战坦克的基础上进行了多项改进，使其具备超群的生存能力与攻击能力。车体和炮塔正面及炮塔周围采用由铝增强塑料、网状贫铀合金构成的高强度复合装甲，防御能力得到了提升。该型号主战坦克增加了属于高科技产品的车长独立热像观察仪，使车长能独立捕捉、跟踪目标进行射击，极大地提高了低能见度（黑夜和烟幕等）情况下与敌交战的能力。

该型号主战坦克还具有信息感知、交换和处理能力，是一款拥有多种先进技术的数字化坦克。

海军陆战队型 M1A1 坦克：该坦克加装了炮口罩、塔式发动机进气管和排气管等涉水用的套件，提高了涉水能力，以适应陆战队的两栖作战任务需要。

实战历史

在 1991 年的海湾战争中，改良型 M1A1 主战坦克近距离与伊拉克坦克交火。事实证明，该型号主战坦克即使被伊拉克坦克击中，也不易被摧毁，甚至没有一辆美军坦克被伊拉克坦克的正面火力击穿，表现出优良的防护性能。

你知道吗

你知道 M1 "艾布拉姆斯" 主战坦克是在哪一年开始服役的吗？

德国 "豹" 2 主战坦克

　　"豹" 2 主战坦克是 20 世纪 70 年代联邦德国研制的一款主战坦克，在当时拥有极为突出的外销业绩。即使是现在，"豹" 2 主战坦克也被公认为是性能最优秀的主战坦克之一。

研发历程

　　1970 年，联邦德国在 MBT-70 主战坦克计划失败后，接着做出了研制 "豹" 2 主战坦克的决定；1972—1974 年，克劳斯·玛菲公司制造出数个坦克车体和炮塔，并陆续对样车进行了部件系统技术实验和部队实验；1975 年，该坦克样车在加拿大进行冬季试车，同年又在美国尤马实验场进行热带沙漠实验；

1977 年，联邦德国与克劳斯·玛菲公司签订了大量生产"豹"2 主战坦克的合同。

1978 年年底，第一辆预生产型"豹"2 主战坦克由克劳斯·玛菲公司交付联邦德国国防军，并用于部队训练。1979 年 10 月，"豹"2 主战坦克正式装备联邦德国国防军。

军事放大镜

20 世纪 70 年代末，联邦德国"豹"2 主战坦克属于首款装备大口径滑膛炮的主战坦克。滑膛炮的炮管内没有膛线，因此可以承受更高的膛压，可利用高膛压发射炮射式导弹，且造价低，堪称世界级经典炮型，是现代大部分主战坦克的主炮装备。

战车结构

"豹"2 主战坦克采用的是传统车体和炮塔结构。车体可分成驾驶室、战斗室和动力舱。炮塔配有 1 门 120 毫米口径的滑膛炮，可配备穿甲弹和破甲弹。

其火控系统设有热成像夜瞄装置、激光测距装置、火炮双向稳定装置，还有数字式计算机装置等。车体和炮塔属间隙式复合装甲，配备有集体式三防系统和自动灭火装置。

战车性能

"豹"2主战坦克的机动能力令人惊叹，同时具有极好的越野性能。它不用做大量准备，便能快速涉渡浅水，在没有支援的情况下也能闯过深水障碍。该型号主战坦克还拥有模块式防护装甲和炮塔，具有均衡的防护性能，不仅可以抵御穿甲弹的直接攻击，还能对付集束炸弹的顶部威胁。总之，"豹"2主战坦克体现了绝佳的机动性、防护性、完善性和系统性，在所有的国际性坦克对比试验中，都能优胜对手。

衍生型号

荷兰"豹"2：该型号主战坦克装有比利时机枪、烟幕弹发射装置、驾驶员微光夜视镜、通信设备。

瑞士"豹"2：该型号主战坦克装有瑞士通信设备、并列机枪和高射机枪等。

"豹"2A5：该型号主战坦克的炮塔装有增强型装甲组件，该车型采用全电控制系统，改进了火炮反后坐装置、热成像通道、复合导航系统、激光测距机数据处理器等装置。

"豹"2E：该型号主战坦克是西班牙陆军根据军事需要，采用现代化军事装备在"豹"2主战坦克的基础上设计而成，主要加强了装甲防护，更新了通信系统。

你知道吗 ???

你知道联邦德国在1977年订购了多少辆"豹"2主战坦克吗？

13

英国"挑战者"2主战坦克

"挑战者"2主战坦克由英国阿尔维斯·威克斯公司生产,也是英国陆军第二次世界大战之后研制的综合性能最强大的主战坦克。

研发历程

"挑战者"2主战坦克是以"挑战者"1主战坦克为基础设计研发的。1993年,开始生产;1994年3月首车完工,

1998 年进入英国军队服役。

战车结构

　　"挑战者" 2 主战坦克的主炮采用的是口径 120 毫米线膛炮，该炮采用电炉渣精钢制作而成，可发射穿甲弹、破甲弹等多种弹药；辅助武器为 1 挺并列机枪和 1 挺高射机枪，口径均为 7.62 毫米。

军事放大镜

　　英国以 "挑战者" 命名的坦克主要有第二次世界大战时期的 "挑战者" 巡航坦克和 "挑战者" 1 主战坦克，而 "挑战者" 2 主战坦克是英国第三种以 "挑战者" 命名的坦克。

　　"挑战者"2主战坦克的炮塔装有第二代"乔巴姆"复合装甲，并装有三防系统。在炮塔两侧各装有一组五联装L8烟幕弹发射器。

战车性能

　　"挑战者"2主战坦克主炮具有良好的平滑度与硬度，耐磨性强，使用寿命也被延长，可发射初速更高的弹药。该型号主战坦克采用帕金斯CV-12柴油发动机，不仅有良好的机动性能，还有制造烟雾的功能。虽然其在同类主战坦克中行驶速度较慢，但该坦克极适合防御作战，其防护能力在当代主战坦克中极为突出。

实战历史

　　"挑战者"2主战坦克曾大量应用于伊拉克战争，特别是在巴士拉战役中，"挑战者"2主战坦克击毁数十辆伊拉克军坦克，而英方几乎没有伤亡。在这次战役中，"挑战者"2主战坦克大放异彩，留下了赫赫威名。

你知道吗

　　你知道"挑战者"2主战坦克采用的线膛炮是由哪家公司制造的吗？

法国 AMX-56 "勒克莱尔" 主战坦克

AMX-56 "勒克莱尔" 主战坦克是由法国地面武器工业集团在 AMX-30 主战坦克的基础上研制而成的。目前该主战坦克主要服役于法国和阿拉伯联合酋长国的军队。

研发历程

20 世纪 70 年代末期，法国装备的 AMX-30 轻型坦克已经无法满足战斗形式的需要。为此，法国陆军开始以该型号坦克为基础执行新一代坦克研发计划，并交由法国著名军火制造商 GIAT 集团进行研发。1985 年，新型坦克基本设计完成。1986 年 1 月，新型坦克被正式命名为 "勒克莱尔" 主战坦克，产品编号为 AMX-56。1989 年年底，AMX-56 "勒克莱尔" 主战坦克的第一辆原型车正式推出。

军事放大镜

AMX-56 "勒克莱尔" 主战坦克体积的缩小，可减小被弹面积、提升机动性、降低战略运输与桥梁承载的负荷，而且该坦克几乎能拖动各类装甲救援车，降低了换装的成本。

1990 年，法国对 AMX-56"勒克莱尔"主战坦克的各项性能进行测试之后正式服役。

战车结构

AMX-56"勒克莱尔"主战坦克采用 ESM500 型液力机械传动装置，由微处理器来控制发动机和传动装置，两者构成一个整体，更换动力传动装置仅需半个小时。在 AMX-56"勒克莱尔"主战坦克的侧面有 6 个负重轮，主动轮后置，诱导轮前置，此外还装有拖带轮。

战车性能

AMX-56"勒克莱尔"主战坦克最先进的部分是它的数字化电子系统。此系统不但可以告知坦克乘员本车现在的位置，还能够侦察敌军的方位，而且该车先进的车载电脑可以计算出坦克的最佳突击路线与撤退路线，大大提高了坦克的战场生存概率。

AMX-56"勒克莱尔"主战坦克拥有火炮自动装填系统，这一设计减少了车组乘员，改善了坦克内部空间狭小的状况，简化了作战操作程序，从而提高了战斗力。

衍生型号

　　为了向法国军队提供AMX-56"勒克莱尔"主战坦克，GIAT集团首先推出了AMX-56"勒克莱尔"主战坦克的ARV装甲回收型坦克，继而研发了简称E系列的"勒克莱尔"工兵车系，包括EPG装甲工兵车、PTG装甲架桥车。其中，ARV装甲回收型坦克车和EPG装甲工兵车还配备了KD-2模块化排雷套件等。

你知道AMX-56"勒克莱尔"主战坦克的名字是为纪念哪位将军吗？

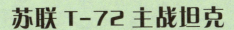

苏联 T-72 主战坦克

　　T-72 主战坦克是苏联设计生产的一款主战坦克，该坦克在设计上体现了苏联一贯的作战思路，易于生产，简单耐用。

研发历程

　　T-72 主战坦克是在 T-64 主战坦克的基础上研制而成的。由于 T-64 主战坦克采用了大量的先进技术，制造成本极高，苏联无法大量装备使用。1967 年，苏联便开始研制一款性能与 T-64 主战坦克相近，但造价相对低廉的坦克，以便在军队中大量使用和外销华约国家。1971—1973 年，新型主战坦克在多地进行野外测试。1973 年，该新型主战坦克开始在苏联陆军服役，并被命名为 T-72 主战坦克。

战车结构

  T-72主战坦克外形紧凑低矮，炮塔采用铸造结构，呈半球形。车体用钢板精焊而成，驾驶室位于车体前部中央位置，车体前装甲板上有V形防浪板。战斗室中配有转盘式自动装弹机，战斗室的布置围绕自动装弹机安排。

  T-72主战坦克车体除在非重点部位采用均质钢装甲外，在车体前上部分采用了复合装甲，复合装甲为三层。炮塔为铸钢件，各部位厚度不等，炮塔正面部分最厚。

战车性能

T-72 主战坦克自研发后产量不断增加，不但大量服役于苏联军队，还外销和授权给叙利亚、埃及、伊拉克等众多国家使用、生产。

　　T-72 主战坦克的设计为大倾角构形，对破甲弹具有相当高的防护水平。主炮为 125 毫米口径滑膛炮，可发射多种弹药，包括尾翼稳定脱壳穿甲弹、多用途破甲弹等，从 T-72B 主战坦克开始，还具备了发射反坦克导弹的能力。不过，T-72 主战坦克的火控和射控系统性能较差，对于远距离的目标命中率不高，在发射反坦克导弹时，需要在停车状态下才能进行导引。

T-72 主战坦克驾驶室和战斗室的四壁装有用含铅材料制成的衬层，具有防辐射和防中子流的性能，同时还可减小由内层装甲碎片飞溅造成的二次伤害。除此之外，该坦克还具备一定的涉水能力。

实战历史

T-72 主战坦克的产量很高，自服役以来参与过多次武装冲突或战争。2003 年伊拉克战争爆发时，伊拉克军队就拥有大量苏联 T-72 主战坦克，但这些坦克在战争中的使用效果不佳，并没有给美军的 M1A2 主战坦克和英军的"挑战者"2 主战坦克带来多大威胁。

你知道吗

你知道 T-72 主战坦克的辅助武器是什么吗？

苏联 T-34 中型坦克

在世界坦克发展史上，苏联 T-34 中型坦克占有举足轻重的地位。作为现代坦克的先驱，它装备数量之多、装备国家之广、服役时间之长，在世界各型号坦克中名列前茅。

战车结构

军事放大镜

> T-34 中型坦克的前主炮为 1 门 76.2 毫米加农炮，因此也称 T-34/76 中型坦克。T-34 中型坦克最突出的特点是结构简单，便于大量制造。

T-34 中型坦克车体是焊接而成的，分为车体前部、车体中部和车体后部三部分。车体前部为驾驶员和机电员所在的位置，车体中部为战斗室，发动机和传动装置设置在车体后部。炮塔采用铸造结构，

位于车体中部上方，其空间比较狭小，只能容纳两人。通常枪炮手兼任车长，有时装填手或者驾驶员兼任车长。由于受到空间的限制，该坦克战斗效率较低，直到无线通信设备的完善，这个弱点才逐步被消除。

战车性能

T-34 中型坦克的底盘采用新式悬挂系统，使坦克在行进过程中，每个车轮都能够独立地随地形起伏，保持了极佳的越野性能和行驶速度。宽履带的设计可以将坦克接地压力减至最小，即使在第二次世界大战期间冰天雪地的德军东线战场，T-34 中型坦克仍能在冰原上自由驰骋，因此被德军称为"雪地之王"。T-34 中型坦克作战性能方面与同类坦克相比处于领先地位，连德军的将领也不得不承认，"俄国人拥有的 T-34 中型坦克远远优于德军任何一种中型战斗坦克"。

实战历史

　　T-34 中型坦克是坦克发展史上具有里程碑意义的代表作，在第二次世界大战中，苏联共生产 4 万多辆，在苏联卫国战争中挽救了苏联红军，甚至可以说挽救了第二次世界大战的欧洲战场。虽然纳粹德国在第二次世界大战中拥有"虎"式重型坦克与"虎王"重型坦克，但面对数量惊人、火力强大、机动超强的 T-34 中型坦克，

德军装甲部队只能用"望洋兴叹"来形容当时的心情与局势。因此可以说，T-34 中型坦克才是第二次世界大战欧洲战场上的"王者兵器"。

你知道第一批 T-34 中型坦克是由谁设计的吗？

特战雄风——特种坦克

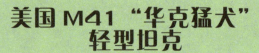

美国 M41 "华克猛犬" 轻型坦克

M41 "华克猛犬" 轻型坦克是美国在第二次世界大战后不久研制而成的。该坦克多在装甲师侦察营或者空降部队中使用，可执行侦察、巡逻、空降以及作战等多种任务。

研发历程

第二次世界大战后，美国和苏联陷入冷战状态。为了牵制苏联绝对强大的装甲力量，1949 年，美国决定研制 T41 轻型、T42 中型和 T43 重型 3 种新型坦克，其中 T41 轻型坦克的研制是为了取代美国老式 M24 "霞飞" 轻型坦克。1951 年，T41 轻型坦克投入生产，并以美国名将沃尔顿·华克的名字命名为 M41 "华克猛犬" 轻型坦克。

该坦克后来虽被M551"谢里登"轻型坦克取代，但仍装备于世界许多国家和地区。

军事放大镜

M41"华克猛犬"轻型坦克不仅重量轻，外形小巧，而且速度快、机动灵活，常用来支援主战坦克作战。据统计，从20世纪50年代末起，有超过24个国家通过直接或间接的军事援助计划获得了M41坦克。

战车结构

M41轻型坦克的车体用钢板焊接而成，炮塔是铸造而成的。车体可分为驾驶室、战斗室和动力舱3部分，分别位于车体前部、中部和尾部。驾驶室配有4具潜望镜，供驾驶员观察外部环境，在驾驶员座位的底部还设有一个逃生窗门，可在紧急情况下逃生使用，车长、枪炮手和装填手位于炮塔内。车长在指挥塔内可用5具观察镜和潜望镜进行观察；枪炮手位置也设有相应的潜望镜和瞄准镜以便进行观察和瞄准射击；装填手位于炮塔内左侧。

另外，M41"华克猛犬"轻型坦克是美国首款采用主动轮后置的轻型坦克。

战车性能

M41"华克猛犬"轻型坦克装有 M32 火炮，该炮可装填多种弹药，包括发烟弹、榴弹、榴霰弹、穿甲弹、破甲弹等。M41"华克猛犬"轻型坦克在 M24 坦克的基础上重新设计了炮塔、防盾、弹药储存、双向稳定器及火控系统，使其拥有良好的火力性能和机动性能，但防护性能比较弱。

你知道吗

你知道 M41"华克猛犬"轻型坦克是在哪一年被列入美军装备的吗？

法国雷诺FT-17轻型坦克

雷诺 FT-17 轻型坦克是第一次世界大战时期法国生产的一种轻型坦克。它是世界上第一款采用 360° 旋转炮塔式的轻型坦克，被誉为"世界第一部现代坦克"。

研发历程

自英国研制出世界上第一辆坦克后，法国紧随其后成为第二个坦克制造国家。由于当时法国施耐德公司实施的 CA1 坦克项目效果不佳，法国政府转而与雷诺汽车公司签订了坦克研发合同。1916年 2 月，新坦克的模型制作完成。1917 年初，第一辆坦克样车制造完成。1917 年 4 月，样车开始进行官方试验，并最终得到了法国军方的认可。1917 年 9 月，

第一批生产型坦克出厂，被正式命名为雷诺FT-17轻型坦克。1918年3月，法国雷诺FT-17轻型坦克开始服役。

战车性能

雷诺FT-17轻型坦克的车体装甲采用了直角设计，其中动力舱、战斗室、驾驶室采用了独立安装设计，可有效隔离发动机的废气和噪音，很好地改善了乘员的作战环境。

雷诺FT-17轻型坦克的炮塔起初采用的是铸造式圆锥形，后来为了方便批量生产，改成了铆钉接合的八角形炮塔，后又改为铸造炮塔。炮塔位于车体中前部，处于全车的制高点，而且可以360°转动，炮塔内乘员的观察视野

军事放大镜

雷诺FT-17轻型坦克的发动机、变速箱、主动轮等动力装置位于车体后部，驾驶等操纵装置位于车体前部，且只需1名驾驶员即可完成操作，这也是雷诺FT-17轻型坦克比较超前的设计之一。

被大大拓宽，火力死角被缩小，提高了坦克的火力反应能力和速度。这些创新而又实用的设计后来成为各国坦克设计的核心理念。

实战历史

雷诺 FT-17 轻型坦克首战是在第一次世界大战雷斯森林防御战中，第一次世界大战以后，该型号坦克还参加了西班牙内战。1940 年德军入侵法国时，法军也备有大量雷诺 FT-17 轻型坦克，不过，这些坦克大部分被德军缴获，用作固定火力点或警卫勤务，1944 年德军被逐出法国全境才将其归还。雷诺 FT-17 轻型坦克参加了两次世界大战，在坦克发展史上占有重要地位。

你知道吗

你知道雷诺 FT-17 轻型坦克在法国服役了多长时间吗？

苏联 T-26 轻型坦克

T-26 轻型坦克是苏联在第二次世界大战时期红军坦克部队的主力装备。该型号坦克被认为是 20 世纪 30 年代最成功的坦克设计之一，拥有极高的产量和众多的衍生车型。

军事放大镜

抗日战争开始后，中国曾引进 88 辆 T-26 轻型坦克，组成一个装甲师，在昆仑关战役中重创日军。

研发历程

1930 年，苏联工程师在英国"维克斯"坦克的基础上，制造出一种新型坦克。1931 年 2 月 13 日，苏联革命军事委员会将该新型坦克与其他坦克设计进行对比试验，并最终决

定将此款新一代轻型坦克正式命名为 T-26 轻型坦克。1932 年起，T-26 轻型坦克开始大量生产。

战车性能

　　T-26 轻型坦克和德国一号坦克都是以英国"维克斯"坦克为原型设计生产的轻型坦克，两种坦克的底盘外形相似，但 T-26 轻型坦克的火力性能远高于德国一号、二号坦克，甚至超过了早期德国三号坦克的水平。尽管如此，其火控能力还是比较弱，射击精确度不高。因为该坦克取消了指挥塔，车长的观察能力受到限制，车长在观察的同时还兼任枪炮手，导致作战时很难兼顾四周，因此坦克的侧后方很容易受到火力袭击。

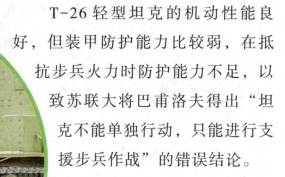

T-26 轻型坦克的机动性能良好，但装甲防护能力比较弱，在抵抗步兵火力时防护能力不足，以致苏联大将巴甫洛夫得出"坦克不能单独行动，只能进行支援步兵作战"的错误结论。

实战历史

T-26 轻型坦克主要用来支援步兵，曾参加 1936 年的西班牙内战、1939 年的苏日哈拉哈河战役和冬季战争。T-26 轻型坦克一直服役到第二次世界大战初期，在苏联坦克发展史上占有重要的地位。不过，由于该型号坦克防护能力差，在苏日哈拉哈河战役和冬季战争中损失较大，但为苏联以后研制 BT-7 和 T-34 坦克提供了参考。

你知道吗

你知道 T-26 轻型坦克是在哪一年开始服役的吗？

苏联 T-60 轻型坦克

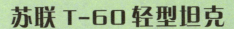

T-60 轻型坦克是苏联在第二次世界大战期间研制的新型坦克。该轻型坦克取代了老旧的 T-38 两栖侦察坦克，总产量很高。

研发历程

1941 年 6 月，苏联为了应对残酷的战争形势，决定设计一种新型轻型坦克，以支援步兵作战。

军事放大镜

苏联 T-60 轻型坦克设计项目完成后，斯大林曾指派马雷舍夫前去考察，经观察讨论，该型号坦克原设计的重机枪被换成了威力更大、被广泛用于空军的机关炮。

莫斯科第 37 号工厂的工程师们在 T-40 轻型坦克的基础上，研制出了一种新型坦克。该坦克保留了 T-40 轻型坦克原有的传动系统、发动机和底盘部件，但缩小了车身尺寸，增加了装甲防护。新型坦克经过严格审查最终被接受，并正式命名为 T-60 轻型坦克。

战车结构

T-60 轻型坦克采用新的焊接车体，外形低矮，并增加了装甲厚度。此外，设计人员还专门设计了特殊的可移动加宽履带，并可与标准履带通用。

战车性能

T-60 轻型坦克主要武器为 1 门 20 毫米的 TNSh-20 型主炮，可使用破片燃烧弹、钨芯穿甲弹等多种弹药。T-60 轻型坦克后期使用的穿甲燃烧弹可成功对抗德国早期坦克和各种装甲车辆。此外，T-60 轻型坦克还装备了 1 挺 DT 机枪，这种机枪和 TNSh-20 主炮一样，可单独拆卸。相较于苏联其他型号坦克，T-60 轻型坦克设计使用的特殊可移动加宽履带，在雪地、沼泽地、泥泞和水草地等特殊地区，具有更加出色的机动性能。

你知道吗

你知道完成 T-60 轻型坦克整个设计项目一共用了多长时间吗？

苏联 TOS-1 喷火坦克

TOS-1 喷火坦克（又称 TOS-1 自行火箭炮）是基于苏联 T-72 主战坦克开发研制而成的一种重型远程多管火箭炮。

军事放大镜

TOS-1 喷火坦克能有效支援步兵作战，协助坦克进攻及防御作战，灵活机动地转移火力，主要对有生力量及各类车辆、建筑物等具有强大的杀伤力和破坏力。

首次公开

1998 年，TOS-1 喷火坦克开始装备俄罗斯联邦军队。由于该型号坦克威力巨大、技术先进，一直以来，俄罗斯联邦未向世界公开其性能状态，但外界始终对其保有浓厚兴趣。直到2005年阿布扎比国际防务展览会的召开，俄罗斯国防出口公司为了开拓海外市场，才在展会上披露了 TOS-1 喷火坦克的部分性能。

战车结构

　　TOS-1喷火坦克装有一个带装甲防护和先进火控系统的双人武器站，可通过电动方式实现任意旋转升降。其武器系统为火箭发射器，可装纵火弹头和空气燃烧弹头。为了提高射击精度，TOS-1喷火坦克安装了由瞄准具、测距仪、弹道计算机和稳定器组成的精密火控系统，就连火焰燃烧式火箭弹本身也安装了无线电引信。

战车性能

　　TOS-1喷火坦克可适应各种崎岖复杂的地形，具有良好的越野性能，同时其防护性能也十分优良。TOS-1喷火坦克更为特殊的性能体现在其所发射的火箭弹上。设计师们结合火箭与喷火武器的功能，开发出了一种新式火焰燃烧式火箭弹。该火箭弹内装有一种新型燃料，

这种燃料遇空气可自燃，遇水则爆炸，就算用土掩埋后其外露部分仍能继续燃烧。

TOS-1 喷火坦克除了可以使用火箭燃烧弹，还可使用温压弹。温压弹的弹药中能充填一种特殊的制剂——云爆剂。该制剂在爆炸的瞬间，能够产生大量高温高压的气体，使大范围内的人员因缺氧窒息而失去战斗能力，真正做到了"杀人不见血"。据相关资料披露，如果一辆TOS-1 喷火坦克全部的火箭弹齐发，在数秒内便可摧毁一个小型村落和较大范围的集群目标。

实战历史

20 世纪 80 年代，苏军曾将 TOS-1 喷火坦克用于阿富汗战场。1999 年，在第二次车臣战争中，TOS-1 喷火坦克使用远程火箭系统进行了目标精准的攻击。

你 知 道 吗 ???

你知道 TOS-1 喷火坦克火箭弹内装置的新型燃料叫什么名字吗？

全能选手——步兵战车

美国 M2 "布雷德利" 步兵战车

M2 "布雷德利" 步兵战车是美国研制的一种履带式、中型战斗装甲车辆, 可伴随步兵机动作战, 也可以独立作战或协同坦克作战。

战车结构

M2 "布雷德利" 步兵战车的车体采用爆炸反应装甲焊接结构, 其中, 车首前上方装甲、顶部装甲和侧部倾斜装甲采用铝合金, 车首前下方装甲、炮塔前上部和顶部为钢装甲, 车体后部和两侧垂直装甲为间隙装甲,

车前方装有下放式附加装甲。驾驶员位于车体前部左侧，配有 4 具潜望镜。炮塔位于车辆中央偏右，能自由旋转 360°。炮塔上装有 1 门机关炮和 1 挺并列机枪。炮塔内枪炮手居左，车长居右，其前方均有 1 个前开的单扇窗盖。动力舱位于驾驶员右侧，舱内备有 3 个固定式的哈隆灭火器。枪炮手配备了昼夜合一瞄准镜及夜视用红外热成像装置。炮塔的转动、火炮和导弹发射架的俯仰采用电动式，发动机为水冷涡轮增压柴油机。车内装有气体过滤装置、自动灭火装置。火炮两侧各装有一组 4 具烟幕弹发射器。

战车性能

军事放大镜

M2"布雷德利"步兵战车是以美国五星上将布雷德利的名字命名的，其改进型号很多，主要有 M2A1、M2A2、M2A3 等。

M2"布雷德利"步兵战车装甲防护能力较弱，缺乏与主战坦克交战的能力，无激光测距仪和定位导航系统，在沙漠中容易迷失方向。不过，M2"布雷德利"步兵战车配备了各式先进武器，足以使该型步兵战车应对各种紧急情况。M2"布雷德利"步兵战车的机关炮虽只有 25 毫米口径，却能发射具有贫铀弹芯的 25 毫米穿甲弹，这种穿甲弹在集中使用时，能够击穿苏联 T-55 主战坦克的侧装甲。

实战历史

M2"布雷德利"步兵战车曾两次参与伊拉克战争。1991 年，美军在海湾战争中，使用 M2"布雷德利"步兵战车随同 M1A2 主战坦克作战，对伊拉克军队造成重创；2003 年，"布雷德利"系列步兵战车再次伴随美军主战坦克参加伊拉克战争，并侵入伊拉克阵地，立下战功。

你知道吗

你知道 M2"布雷德利"步兵战车是在哪一年开始服役于美国陆军的吗？

英国"武士"步兵战车

"武士"步兵战车是 20 世纪 80 年代英国设计制造的履带式步兵战车，又称为 MCV-80 机械化战车。1987 年装备英国陆军。

战车结构

"武士"步兵战车采用传统战车布局形式，驾驶员位于车前左侧，发动机舱位于车前右侧，驾驶员前面设有 3 具潜望镜，处于中间的一具可加装红外夜视仪，后改为热像仪。

车长与枪炮手位于炮塔内部。载员室位于车尾,室顶设有两扇分别向左右两边开启的窗门。车体中央设有 1 座双人炮塔,装

军事放大镜

"武士"步兵战车装备的陶式反坦克导弹是美国研制的第二代重型反坦克导弹武器系统,具有管式发射、光学瞄准、红外自动跟踪以及有线制导等多种功能,在现代装备上被广泛使用。

有 1 门 30 毫米机关炮和 1 挺 7.62 毫米机枪,炮塔两侧分别装有 1 具陶式反坦克导弹发射器。

战车性能

"武士"步兵战车的装甲多由铝合金焊接而成,可有效抵挡穿甲弹、炮弹破片的攻击,具有良好的防护性能。

同时，该战车还拥有对核武器、化学武器和生物武器三重防护能力。

"武士"步兵战车采用"秃鹰"柴油发动机，为英国"挑战者"主战坦克同系列发动机，并匹配了艾里逊X300—4B四速自动变速箱和液压无级转向系统，因此该车的机动性能极佳。

你知道吗

你知道"武士"步兵战车的载员室可承载几名乘员吗？

德国 "黄鼠狼" 步兵战车

"黄鼠狼"步兵战车研制于第二次世界大战后期，是一种履带式步兵战车。

研发历程

"黄鼠狼"步兵战车于 1960 年开始设计制造，其间因优先发展反坦克炮和多管火箭炮导致研制工作停滞；1964 年研制工作恢复；1967 年样车研制完成；1969 年 4 月开始批量生产；1971 年 5 月 7 日，首批量产型"黄鼠狼"步兵战车交付部队并装备德国陆军。

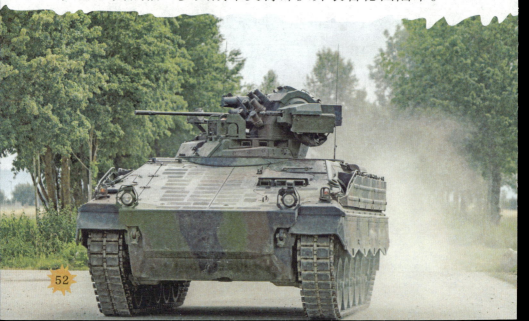

战车结构

　　"黄鼠狼"步兵战车的车体高大，采用钢装甲全焊接结构，车体前上方装有厚甲板，车内用隔板分开，车体两侧有侧裙板。车顶前部设有双人炮塔，炮塔内右侧为车长、左侧为枪炮手，其主要武器为1门20毫米口径的机关炮，辅助武器为1挺并列机枪和1挺尾部遥控机枪，

军事放大镜

　　"黄鼠狼"步兵战车采用了远程遥控射击装置，枪炮手和车长可以不在车内而远距离操控战车作战，这样可以减小炮塔的设计空间，也降低了战车中弹概率，这也是"黄鼠狼"步兵战车的主要优点之一。

必要时可加装反坦克导弹发射器和反坦克导弹。炮塔顶部还装有烟幕弹发射器。车体后部为载员室，其两侧各装有 2 个球形射孔，顶部两侧各装有 1 扇顶窗和 3 具潜望镜，在尾部还设有尺寸较大的车门。

　　"黄鼠狼"步兵战车火控装置设有火炮瞄准、武器遥控和观瞄装置等；动力装置设有 1 台 6 缸四冲程水冷涡轮增压柴油机；车内还装有集体式三防系统和自动灭火装置。

你知道吗

你知道"黄鼠狼"步兵战车服役了多少年吗？

德国"美洲狮"步兵战车

"美洲狮"步兵战车是德国陆军研制的一种新型步兵战车。该型号战车是在德国"黄鼠狼"步兵战车的基础上设计研发的，可协同德国"豹"2主战坦克进行战斗。

研发历程

1983 年，"美洲狮"步兵战车启动研制计划，起初计划按轻型履带装甲车族设计，后几经推迟和计划改变；2002 年，德国重新启动可空运的步兵战车研制计划；2005 年，"美洲狮"步兵战车首台样车下线；2012—2013年，量产型"美洲狮"步兵战车进行测试；2015 年，"美洲狮"步兵战车正式装备德国陆军。

战车结构

"美洲狮"步兵战车采用传统布局，驾驶室位于车体左前方，动力舱位于车体右前方，载员室位于车体尾部。该战车炮塔为遥控无人炮塔，结构小而轻，炮塔内无乘员，车长和枪炮手均位于车体中部的载员室内。炮塔顶部中央位置装有可旋转360°的光学装置，供乘员使用。炮塔右侧装有主要武器和辅助武器。车辆还配备了三防系统，以及空调、火灾探测、灭火抑爆系统等。

战车性能

军事放大镜

"美洲狮"步兵战车的设计具有延长装备寿命的潜力，可至少服役30年。目前，德国已经开始研发该型号战车的改进系统，包括战场内敌我识别系统、指挥控制系统、通信和情报系统以及德国未来士兵系统等。

"美洲狮"步兵战车的主要武器是1门机关炮，安全性能和命中概率极高。该炮可发射尾翼稳定曳光脱壳穿甲弹和空爆弹等弹药。"美洲狮"步兵战车采用的是世界上结构紧凑、重量轻的 MT-902V-10 型柴油发动机，机动性能优越。

　　"美洲狮"步兵战车发射的空爆弹打击范围广泛，可打击到包括步兵战车及其伴随步兵、反坦克导弹隐蔽发射点、直升机和主战坦克上的光学系统等。

　　"美洲狮"步兵战车每侧设有 5 个钢质负重轮，安装在独立悬挂装置上。该设计不仅考虑了战车的高度机动性，还兼顾了减噪和减震问题。

你知道吗

　　你知道"美洲狮"步兵战车是由哪个公司研制的新型战车吗？

苏联 BMP-2 步兵战车

BMP-2 步兵战车是苏联在 BMP-1 步兵战车的基础上设计研发的改良型步兵战车，是 BMP 系列步兵战车的第二款，目前服役于数十个国家。

研发历程

由于 BMP-1 步兵战车在实战中的表现不尽如人意，苏联开始研制第二代 BMP-2 步兵战车。1976—1977 年，BMP-2 步兵战车开始批量生产，并装备苏联部队。1982 年，该战车在莫斯科红场阅兵仪式上首次出现。1985 年，该战车再次出现在红场阅兵仪式上，此次其炮塔两侧加装了附加装甲。

战车结构

BMP-2步兵战车分为驾驶室、动力舱和载员室，其中驾驶室和动力舱被防护板隔开。驾驶员位于车体左前方，配有3具潜望镜和1个夜间驾驶仪。驾驶室内设有发动装置、陀螺半罗盘装置、信号控制系统、气动系统以及车内通话装置等。载员室位于车体后部。车体后部竖直，设有向后开启的车门。

车体中部为1个较大的、可360°自由旋转的双人炮塔，主要武器为30毫米2A42机关炮和AT-5反坦克火箭筒，辅助武器为1挺并列机枪和1具导弹发射架。

军事放大镜

BMP-2步兵战车与BMP-1步兵战车和BMP-3步兵战车并称"苏联步兵战车三兄弟"，这一系列的步兵战车是世界上装备数量和装备国家最多的步兵战车。

实战历史

BMP-2步兵战车第一次参与实战是在阿富汗战场。
20世纪90年代初期，伊拉克入侵科威特时，也使用过
该型号战车。后来，伊拉克军队撤退，这些战车被丢
弃在科威特。

你知道吗

你知道BMP-2步兵战车是怎
样在水上行驶的吗?

敌情先锋——装甲侦察车

美国 M3 装甲侦察车

M3 装甲侦察车是第二次世界大战时期由美国怀特汽车公司设计的一种装甲车，具有指挥、巡逻、侦察、救护和火炮牵引等多种作战用途。

军事放大镜

与 M2 步兵战车相比，M3 装甲侦察车主要在乘员、战斗全重、备用炮弹方面做了调整，乘员均穿戴"三防"服装。不过，该车型没有配装激光测距仪和定位导航系统，在沙漠中容易迷失方向。

研发历程

1938 年，怀特汽车公司设计出了 M3 装甲侦察车，因美国陆军提出改进要求，后决定采用经过改进的车体和车头，并命名为 M3A1；1941 年，M3A1 投入生产；1944 年，该车停产。

服役状况

M3 装甲侦察车第一次参战是在菲律宾战场（1941—1942 年）上，并装备了北非战场及西西里岛的美国陆军骑兵部队。1943 年中期，M3 装甲侦察车经再次改装后仍对山地的适应能力不足，后被 M8 装甲车和 M20 通用装甲车取代，只有少量的 M3 装甲侦察车服役于美国海军陆战队二线部队，也有部分服役于苏联红军、英国和法国部队。

你知道吗

你知道 M3 侦察车采用的是什么发动机吗？

德国"山猫"水陆两用轮式装甲侦察车

"山猫"水陆两用轮式装甲侦察车是联邦德国戴姆勒 – 奔驰公司研制、蒂森 – 亨舍尔公司生产的一种具备两栖能力的装甲侦察车。

研发历程

1969 年，联邦德国联合开发局和奔驰公司各研制了 9 辆水陆两用轮式装甲侦察车，并开始进行长达两年的试验。1971 年，奔驰公司研制的装甲侦察车最终被联邦德国国防部采用。1975 年 5 月，第一批装甲侦察车生产完成。1975 年 9 月，该批装甲侦察车交付联邦德国陆军，被称为"山猫"水陆两用轮式装甲侦察车。

战车结构

"山猫"水陆
两用轮式装甲侦察
车的车体为全焊接
钢结构。驾驶室位
于车体前部，炮塔

位于车体中部，动力舱位于车体后部。驾驶员位于车内左前方，其窗盖前面设有 3 具潜望镜，中间 1 具可置换为夜视潜望镜。

"山猫"水陆两用轮式装甲侦察车的炮塔为莱茵金属公司的 TS-7 型，采用间隙式装甲。车长位于炮塔内的左侧，枪炮手位于右侧，各自设有相应的瞄准镜和观察镜。与主炮随动的探照灯可以以红外方式使用。火控系统有 1 个方位指示器。无线电操作员兼后驾驶员面向后，坐在炮塔后部，其单扇窗盖上有 3 具潜望镜，中间 1 具可置换为被动式夜视潜望镜。

动力舱内装有自动灭火器，主要设置了发动机、传动装置、机油冷却器、空气滤清器和停车制动器的动力装置，可整体装拆。动力舱、冷却系统和排气系统由气密的焊接板与战斗舱隔开。

工作原理

"山猫"水陆两用轮式装甲侦察车采用 4 根带差速闭锁的戴姆勒－奔驰刚性轴，由纵向杆支撑，各轮都带有垂直的螺旋弹簧和液压减振器。分动器带差速闭锁装置。该车为 8 轮转向，

但在公路上行驶时仅用前 4 轮转向。该车的制式设备包括用于加热冷却液、发动机和传动装置润滑油及蓄电池的预热器。当车上的所有窗盖都关闭后，三防系统可用来通风。

"山猫"水陆两用轮式装甲侦察车具备完全水陆两栖能力，由安装在车尾的 2 具推进器推动，在水上靠车后部两侧的可调螺旋桨推进，该螺旋桨由分动箱的功率分出装置所传递的动力驱动。入水前，由液压操纵的车前防浪板竖起，战斗室的 2 台排水泵和动力舱的 1 台排水泵同时打开。

衍生型号

你知道吗

你知道山猫水陆两用轮式装甲侦察车可乘坐几人吗?

"山猫"罗兰德 2 型地空导弹发射车：该车型重新设计了"山猫"水陆两用轮式装甲侦察车的车架，车架上装有 2 枚待发射导弹，其余导弹可载于车体其他部位。该型号发射车炮塔前后装备了 2 部折叠放置的雷达扫描器，可降低车的高度。与"黄鼠狼"罗兰德 2 型导弹发射车相比较，"山猫"罗兰德 2 型地空导弹发射车具有更高的机动性能。

苏联 BRDM-2 装甲侦察车

　　BRDM-2 装甲侦察车研制于 20 世纪 60 年代，该车型在 BRDM-1 装甲侦察车的基础上做了大量改进，现仍服役于俄罗斯联邦军队。

战车结构

　　BRDM-2 装甲侦察车采用全焊接钢车体。车体的前面是防弹玻璃窗，带防护装甲板。车体的中部装有单人炮塔，两侧设有射孔和观察窗。炮塔可手动回转，

机枪手的座位高度也可自由调节。在主机枪的左侧还设有望远瞄准镜以便于观察。驾驶员位于车内前部左侧，车长位于车内前部右侧，当玻璃窗被掩护后，驾驶员和车长可在前面和两侧用潜望镜进行观察。车体上方前部有2个圆形窗盖，可开至垂直位置，也是唯一的进出口。

BRDM-2装甲侦察车为水陆两用侦察车，水上行驶主要靠尾部的喷水推进器推进，车前安装有防浪板。车上配有三防系统，制式设备有红外驾驶灯、可车内操纵的红外探照灯、前置绞盘，无线电设备有地面导航系统。

军事放大镜

BRDM-2装甲侦察车动力十足，维修率低，因此畅销阿尔及利亚、刚果、安哥拉、古巴、埃及、印度、以色列、伊拉克等国，在非洲国家尤其受欢迎。

衍生型号

BRDM-2-PX 化学辐射装甲侦察车：该型号装甲侦察车装有带道路标杆的 2 个矩形框架，有些车辆还装备了特殊型号的机枪。

BRDM-2y 装甲指挥车：该型号装甲指挥车装有 1 台发电机、无线电通信设备和 1 个向前开的窗盖。

BRDM-2 赛格反坦克导弹发射车：该型号发射车装有反坦克导弹的支臂、备用导弹（可在车内或车外发射）、半自动红外制导系统等。

BRDM-2 斯瓦特反坦克导弹发射车：该型号发射车装备了反坦克导弹发射器、备用导弹和半自动红外制导系统等。

你知道 BRDM-2 装甲侦察车是由谁设计的吗？

陆战巴士——装甲运输车

德国 TPz-1 "狐狸"
装甲人员运输车

　　TPz-1 "狐狸" 装甲人员运输车是水陆两栖运输车，该型号运输车多采用民用部件，研制成本相对较低。

研发历程

　　1964 年，联邦德国陆军提出发展第二代中吨位轮式车辆的要求，并成立总设计局联合研制样车。1968 年，第一批样车开始进行对比试验。1970 年 10 月，

联邦德国对样车在军事和技术等方面进行评价，且最终确定发展编号为TPz-1的样车，并开始量产装备部队，该车型也被称为"狐狸"装甲人员运输车。

战车结构

TPz-1"狐狸"装甲人员运输车的车体为长方形，车体前端呈楔形，装有折叠防浪板，顶部设有大车窗。车体前部靠左位置为驾驶室，车体后部为动力舱，再后部为载员室。车体两侧靠前的位置各设有1个车门，车尾设有2个后车门，载员室顶部设有3个顶窗盖。车上有6个烟幕弹发射器，车体左侧装有排气管。

衍生型号

军事放大镜

RASIT 雷达车：该车型装有战场雷达装置、目标跟踪与定位装置以及无线电台装置等。

TPz-1 "狐狸" 装甲人员运输车后来被美国陆军改装成 M93 三防侦察车，并大量生产。1991 年中东战争期间，德国向以色列、英国和美国提供了这些装甲车。

三防探测车：该车型装有放射性物质和化学物质探测设备等。

战斗工程车：该车型装有地雷、拆除设备及其他专用设备。

　　电子战车：该车型安装了干扰设备、发电机设备等，但没有水上行驶能力。

　　另外，德国TPz-1"狐狸"装甲人员运输车可改装成反坦克制导武器装甲车、迫击炮车、运输车、救护车、维修车及各种步兵战车等。

　　你知道在中东战争期间，都有哪些国家装备了TPz-1"狐狸"装甲人员运输车吗？

苏联 BTR-60 轮式装甲运输车

BTR-60 轮式装甲运输车是苏联在第二次世界大战后研制的一款新型水陆两栖装甲运输车，其后做出了一系列改造升级，使其性能更加完善。

研发历程

20 世纪 60 年代，苏联在 BTR-40 和 BTR-152 两种装甲车的基础上安装了顶甲板，部分 BTR-152 装甲车采用了中央轮胎压力控制系统。20 世纪 50 年代末，BTR-40 装甲车被 BRDM 装甲车取代。20 世纪 60 年代中期，

BTR-152装甲车被BTR-60轮式装甲运输车取代。

战车结构

BTR-60轮式装甲运输车车体由装甲板焊接而成，呈船形结构。车体为传统布局结构，驾驶室位于车体前部，载员室位于车体中部，动力舱位于车体后部。驾驶员在车内前部左侧，车长在车内前部右侧，前部装有挡风玻璃。驾驶员左侧和车长右侧各设1具观察镜，车长前上方还装有1个红外探照灯。步兵位于载员室内，内设长椅。车体每侧各有3个射孔和1道门。BTR-60轮式装甲运输车动力装置采用2台GAZ-49B型6缸汽油发动机，同时该车车体后部设有喷水推进器，可保证其在水上行驶。

改进车型

BTR-60PBM装甲车：该型号装甲车为BTR-60轮式装甲运输车的改进车型，

军事放大镜

BTR-60轮式装甲运输车的产量非常高，不仅装备了苏军，还被大量出口给其他国家。而且，这一系列的装甲车参与过很多实战。

改进后的动力传动装置以及相应的变速箱和传动轴与新型 BTR-80 系列装甲运输车一致。其动力传动装置为 1 台 KamAZ-7403 V-8 涡轮增压柴油发动机，该发动机很大程度上提升和增加了该车的行驶速度和行驶里程，也极大地改善了车辆燃油的通用性。改进后的 BPU-1 炮塔，仰角幅度增大，使车载武器不仅能够打击低速飞行的空中目标，也可打击城市高层建筑物上的目标。改进后的车辆装甲防护水平也有所提升，并增加了火焰探测、灭火抑爆设备、三防系统和生命支持系统等。该车还可通过安装附加被动式装甲防护来提高战场生存能力。其他的改进还包括新型车长观察设备、新型防弹轮胎、新型喷水推进器等，就连座椅布局也做了改良。

你知道吗

你知道 BTR-60 轮式装甲运输车的新车型 BTR-80 是在哪一年装备使用的吗？

各尽其用——其他特殊装甲车

德国"水牛"装甲抢救车

德国"水牛"装甲抢救车是后勤保障车辆中第一种装有综合测试系统的装甲抢救车，其用途非常广泛，被誉为装甲车中的"白衣天使"。

军事放大镜

德国"水牛"装甲抢救车可用于抢救途中淤陷、中弹毁伤的坦克以及其他支援作战的装甲车辆，可以称其为现代装甲抢救车中的佼佼者。

研发历程

1977 年，德国开始对能抢救重型军用车辆的新型装甲抢救车一系列部件的研究工作。1982 年，

开始研制这种新型装甲抢救车。1986年，生产出一辆试验型样车。1987年，增产两辆样车，并加以改进。1988年，对三辆样车进行技术、战术和后勤性能的测试。1990年，进行批量生产，并将其命名为"水牛"装甲抢救车。

战车结构

德国"水牛"装甲抢救车采用了全焊接装甲结构，乘员和绞盘均在装甲保护之下。车体前部设有液压驻锄，可在绞盘或起重机工作时稳定车身，也可用于推土。起重机安装在车体右前方，可用于更换所救助车辆部件或吊起整辆车。

德国"水牛"装甲抢救车的标准配置包括电焊与切割装置、专业牵引杆、三防系统、侦察与压制系统及夜视装备。

你知道吗

你知道首批德国"水牛"装甲抢救车一共生产了多少辆吗？

南非RG-31"林羚"防地雷装甲车

RG-31"林羚"防地雷装甲车是南非研制的一种装甲人员运输车,能够针对弹片、轻武器火力和反坦克地雷,为操作人员提供高级别的保护。

战车性能

军事放大镜

RG-31"林羚"防地雷装甲车原被称为"军马",其设计之初是为了降低制造和维护成本,其卡车底盘采用了经过验证的梅赛德斯-奔驰UNIMOG配件,和"曼巴"装甲车类似,后者已停产。

RG-31"林羚"防地雷装甲车车体下部采用V形结构,可有效转移地雷向上的冲击伤害。车体周围设有大型防弹车窗,可为车内乘员提供良好的视野。

该车的弹道防护水平在不断提升，其衍生型号 Mk3 型防护水平已经达到国际一级标准，而 Mk5 型防护水平已经达到了国际二级标准。RG-31"林羚"防地雷装甲车的车门向后打开，射手可以在装甲防护之下进行有效射击。车体顶部还配有两个窗盖，可用于开窗作战和紧急情况下逃生。

新改进的 RG-31"林羚"防地雷装甲车采用的是康明斯柴油发动机，并配备了先进的传动装置，机动性能很强。车上增设了饮用水箱和大功率空调扇，提升了车辆和人员在热带沙漠作战的生存能力。

实战表现

2005 年末，RG-31"林羚"防地雷装甲车首次亮相于驻阿富汗的加拿大陆军部队。RG-31"林羚"防地雷装甲车在遭遇地雷袭击时安然无恙，这令加拿大陆军作战部队感到非常意外，于是增购了该种装甲车。后来，美国陆军也看上了 RG-31"林羚"防地雷装甲车的防护性能，定购了该车并列装驻伊拉克的美军部队。

你知道吗

你知道 RG-31"林羚"防地雷装甲车是由哪家公司生产的吗？

苏联 BMD-4 空降战车

BMD-4 空降战车是苏联研发的 BMD 系列空降战车的第四款。

研发历程

BMD 空降战车自 20 世纪 60 年代在苏联问世以来，先后发展了 BMD-1、BMD-2、BMD-3 等多种型号。随着这些在空降部队服役的战车日益老化，1969 年，

苏联对 BMD-1 型装甲车进行了一次大修。1990 年，针对服役中的少量 BMD-3 型装甲车进行了大修，随后对该型号装甲车又进行了多方面改进，起初称其为 BMD-3M，后更名为 BMD-4。

战车结构

　　BMD-4 空降战车前部为驾驶室，驾驶员位于车体中央，中部为战斗室，炮塔位于车体中部靠前位置，为单人炮塔。载员室位于车体后部，动力舱在车体最后部。该车没有开设后门，载员需要从载员室的上方进行出入活动。

战车性能

军事放大镜

　　苏联 BMD-4 空降战车最大的设计亮点是采用了新型通用战斗模块。该战斗模块是苏联以 BMP-3 步兵战车战斗部为基础研制的一种轻型装甲设备，大大增强了战斗威力。

　　BMD-4 空降战车的主要武器为 1 门 2A70 型 100 毫米口径的线膛炮和 1 门 2A72 型 30 毫米口径的机关炮，可发射曳光穿甲弹、爆破燃烧弹和曳光杀伤弹。

车上配备的新型自动装弹机，可在行进中进行射击，可发射杀伤爆破弹和炮射导弹。因 BMD-4 空降战车具备发射炮射导弹能力，所以不设外置反坦克导弹发射器。BMD-4 空降战车采用了 BMP-3 步兵战车的炮塔，其技术性能得到了较大提升。

　　BMD-4 空降战车整体性能优越，具有作战地域广、战斗能力强的特点。该型号战车既能在高海拔的山地作战，也能在 3 级海况的水面进行航渡，协同登陆舰发起进攻，抢占阵地，也可借助运输机伞降至敌人后方，瓦解敌方阵营。

你知道吗

你知道苏联 BMD-4 空降战车最新的衍生型号是什么吗？

苏联 IMR-2 战斗工程车

IMR-2 战斗工程车是苏联设计制造的一种重型履带式工程车，可完成清障、构筑行军道路、扫雷、挖掘掩体等工程作业。

战车结构

IMR-2 战斗工程车主要由履带式装甲底盘、通用推土铲、吊杆、车辙式扫雷犁构成。通用推土铲位于车体前部，铲刀可配置推土机、平路机和双犁壁等设备；吊杆装在操作塔上，包括伸缩式吊杆和抓斗设备；车辙式扫雷犁配置了左右犁刀和转换装置。

为了协调乘员之间的动作，IMR-2 战斗工程车还装有外部通信和车内通话设备以及供夜间工作用的夜视仪。

军事放大镜

战车性能

IMR-2 战斗工程车以其强大的清障能力、极好的越野和机动性能以及出色的防护措施，而在抢险救灾中被广泛使用。

IMR-2 战斗工程车的吊杆装置可用于清理各种堆积物，也可用于装载运输车的松散物料。车辙式扫雷犁装置可用于清扫各种反履带地雷和反装甲车底地雷等。

IMR-2 战斗工程车采用的 12 缸四冲程多燃料水冷式柴油机可用两种方式启动。一种是压缩空气系统启动方式，一种是电系统启动方式。这两种系统可联合启动，因此启动性能更佳。同时，IMR-2 战斗工程车装有启动预热器，可保证该车型在冬季正常启动。IMR-2 战斗工程车的传动装置为增速齿轮箱和 2 个变速箱，其中变速箱可利用摩擦离合器闭合和液压进行操纵，使该车具有良好的机动性能。

IMR-2 战斗工程车还设有装甲防护系统，可免遭大规模杀伤性武器的破坏。该车型设有烟幕施放系统和发动机 - 传动装置舱的自动灭火设备，可满足作战和防护需求。车上装备了 1 挺高平两用机枪，可用于自卫和攻击。

你知道吗

你知道 IMR-2 战斗工程车的履带式底盘是由哪种坦克构件组成的吗？

答案

P5 美国 M60 "巴顿" 主战坦克：美国 M46 "巴顿" 主战坦克

P9 美国 M1 "艾布拉姆斯" 主战坦克：1980 年

P13 德国 "豹" 2 主战坦克：1800 辆

P17 英国 "挑战者" 2 主战坦克：BAE 系统公司皇家军械分部

P20 法国 AMX-56 "勒克莱尔" 主战坦克：菲利普·勒克莱尔

P24 苏联 T-72 主战坦克：1 挺 7.62 毫米机枪和 1 挺 12.7 毫米机枪

P28 苏联 T-34 中型坦克：科什金

P32 美国 M41 "华克猛犬" 轻型坦克：1953 年

P35 法国雷诺 FT-17 轻型坦克：26 年

P38 苏联 T-26 轻型坦克：1932 年

P41 苏联 T-60 轻型坦克：15 天

P44 苏联 TOS-1 喷火坦克：三乙基铝

P48 美国 M2 "布雷德利" 步兵战车：1983 年

P51 英国 "武士" 步兵战车：7 名

P54 德国 "黄鼠狼" 步兵战车：45 年

P57 德国 "美洲狮" 步兵战车：德国 PSM 公司

P60 苏联 BMP-2 步兵战车：履带划水推动

P63 美国 M3 侦察车：点燃式发动机

P67 德国山猫水陆两用轮式侦察车：4 人

P70 苏联 BRDM-2 装甲侦察车：杰特科夫

P75 德国 TPz-1 "狐狸" 装甲人员运输车：以色列、英国、美国

P78 苏联 BTR-60 轮式装甲运输车：1984 年

P81 德国 "水牛" 装甲抢救车：100 辆

P83 南非 RG-31 "林羚" 防地雷装甲车：南非 OMC 公司

P86 苏联 BMD-4 空降战车：BMD-4M

P89 苏联 IMR-2 战斗工程车：苏联 T-72A 主战坦克

世界兵器大百科

海洋霸主——舰艇

王　旭◎编著

河北出版传媒集团
方圆电子音像出版社
·石家庄·

图书在版编目（CIP）数据

海洋霸主——舰艇 / 王旭编著. -- 石家庄 : 方圆
电子音像出版社，2022.8
　　（世界兵器大百科）
　　ISBN 978-7-83011-423-7

Ⅰ．①海… Ⅱ．①王… Ⅲ．①军用船－少年读物
Ⅳ．①E925.6-49

中国版本图书馆CIP数据核字(2022)第140408号

HAIYANG BAZHU——JIANTING

海洋霸主——舰艇

王　旭　编著

选题策划　张　磊
责任编辑　宋秀芳
美术编辑　陈　瑜

出　　版　河北出版传媒集团　方圆电子音像出版社
　　　　　　　（石家庄市天苑路 1 号　邮政编码：050061）
发　　行　新华书店
印　　刷　涿州市京南印刷厂
开　　本　880mm×1230mm　　1/32
印　　张　3
字　　数　45 千字
版　　次　2022 年 8 月第 1 版
印　　次　2022 年 8 月第 1 次印刷
定　　价　128.00 元（全 8 册）

前　言

人类使用兵器的历史非常漫长，自从进入人类社会后，战争便接踵而来，如影随形，尤其是在近代，战争越来越频繁，规模也越来越大。

随着战场形势的不断变化，兵器的重要性也日益被人们所重视，从冷兵器到火器，从轻武器到大规模杀伤性武器，仅用几百年的时间，武器及武器技术就得到了迅猛的发展。传奇的枪械、威猛的坦克、乘风破浪的军舰、翱翔天空的战机、千里御敌的导弹……它们在兵器家族中有着很多鲜为人知的知识。

你知道意大利伯莱塔 M9 手枪弹匣可以装多少发子弹吗？英国斯特林冲锋枪的有效射程是多少？美国"幽灵"轰炸机具备隐身能力吗？英国"武士"步兵战车的载员舱可承载几名士兵？哪一个型号的坦克在第二次世界大战欧洲战场上被称为"王者兵器"？为了让孩子们对世界上的各种兵器有一个全面和深入的认识，我们精心编撰了《世界兵器大百科》。

本书为孩子们详细介绍了手枪、步枪、机枪、冲锋枪，坦克、装甲车，以及海洋武器航空母舰、驱逐舰、潜艇，空中武器轰炸机、歼击机、预警机，精准制导的地对地导弹、防空导弹等王牌兵器，几乎囊括了现代主要军事强国在两次世界大战中所使用的经典兵器和现役的主要兵器，带领孩子们走进一个琳琅满目的兵器大世界认识更多的兵器装备。

　　本书融知识性、趣味性、启发性于一体，内容丰富有趣，文字通俗易懂，知识点多样严谨，配图精美清晰，生动形象地向孩子们介绍了各种兵器的研发历史、结构特点和基本性能，让孩子们能够更直观地感受到兵器的发展和演变等，感受兵器的威力和神奇，充分了解世界兵器科技，领略各国的兵器风范，让喜欢兵器知识的孩子们汲取更多的知识，成为知识丰富的"兵器小专家"。

目录

海上霸王——航空母舰

"林肯"号航空母舰

　　"亚伯拉罕·林肯"号航空母舰（舷号：CVN-72，简称"林肯"号航母）是美国海军"尼米兹"级航空母舰 5 号舰，以美国第 16 任总统林肯的名字命名。

研发历程

　　1982 年 12 月，美国军方与新港纽斯造船公司签订新航母建造合约；1984 年 11 月航母开工建造；1988 年 2 月航母下水；1989 年 11 月开始服役。

军事放大镜

　　"林肯"号航母位列美国现役十二艘大型航空母舰之中，经历过多次海上作战及军事演练，参加过 1991 年的海湾战争。它属于美国在役"尼米兹"级航母中实战经验最丰富的航母。

结构装置

　　"林肯"号航空母舰的舰面甲板宽大平整，整个飞行甲板由斜角甲板和直通甲板组成，共分为三个区：着舰区、起飞区和停机区。其中，斜角甲板作为着舰区，布置在左舷。机库甲板可存放一半以上的舰载机，上面的岛型建筑为9层。此外，"林肯"号飞行甲板上配备了性能强、能量大的C13-2型蒸汽弹射器。

甲板上的临时停机区

用于操控和指挥作战的舰桥

宽大的飞行甲板

舰载机

武器装备

　　"林肯"号航空母舰装备有"海麻雀"导弹和密集阵近防系统，装载近百架战斗机和支援机，其中大部分为F/A-18"大黄蜂"战斗攻击机和F-14"雄猫"战斗机，其余还包括EA-6B电子干扰机、S-3B反潜机、E-2预警机等。"林肯"号航母编队系统比较完善，各类舰种协同作战能力很强。

你知道吗

你知道"林肯"号航空母舰第17任舰长、美国首位女性航母指挥官是谁吗?

"杜鲁门"号航空母舰

"哈里·S·杜鲁门"号航空母舰（舷号：CVN-75，简称"杜鲁门"号航母）是美国"尼米兹"级核动力航空母舰的 8 号舰，以美国第 33 任总统杜鲁门的名字命名。

研发历程

1988 年 6 月"杜鲁门"号航空母舰的建造合同得到批准；1993 年开始铺设龙骨；1996 年 9 月为航母下水举行宗教仪式和洗礼，同月下水；1998 年 5 月进行巡航试验，同年 6 月，美国海军进行试航；1998 年 7 月正式服役于海军。

军事放大镜

"杜鲁门"号航空母舰分别于 2000 年和 2002 年两次参与针对伊拉克的"南方守望"行动，此外，还参与了伊拉克战争以及飓风"卡特里娜"登陆后的美国海军营救任务。

武器装备

"杜鲁门"号航空母舰装有八联装"海麻雀"舰空导弹发射装置、密集阵近战武器系统和SPS-49对空搜索雷达。舰载机主要包括F-14战斗机、F/A-18战斗攻击机、"海盗"反潜机、"鹰眼"预警机等。

技术改造

"杜鲁门"号广泛使用光纤电缆，提高了数据传输速率；布设IT-21非保密型局域网，将计算机、打印机、复印机、作战兵力战术训练系统、舰艇图片再处理装置等连为一体，实现了无纸化办公，提高了信息处理能力。

你知道吗

你知道"杜鲁门"号航空母舰因形体和载货量极大而有什么别称吗？

6

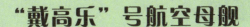

"戴高乐"号航空母舰

　　"戴高乐"号航空母舰（舷号：R91）是法国第一艘核动力航空母舰，也是法国海军目前唯一一艘在役航空母舰。在国际上，它是唯一一艘非美国海军隶下的核动力航空母舰。它的研发标志着法国建立起全欧洲范围内最完整的国防工业研发体系。其配备的大部分关键性武器都是法国自主研发生产的，在某些具体方面可与美、俄媲美。

研发历程

　　1980 年，法国海军正式提出了代号为"PA-88"的航空母舰建造计划，以取代舰体老化、设备较为陈旧的"克莱蒙梭"级航空母舰；在接下来的 4 年中，通过技术论证，法国海军最终确定建造核动力、中型、搭载固定翼飞机的新型航空母舰，并以法国已故总统夏尔·戴高乐的名字为新航空母舰命名；1986 年签署建造合同；1989 年 4 月开始建造；1994 年 5 月下水；2001 年 5 月服役。

外悬式舰岛

全通式斜角飞行甲板

外观结构

"戴高乐"号航空母舰为了全面防空，装有多种舰载武器，其中，"紫菀15""西北风"防空导弹再加上舰载20毫米防空高炮构成了一道防空"天网"。

外观上，"戴高乐"号航空母舰继承了法国军舰一贯的艺术特性，舰体光洁流畅，富有现代气息。为了迎合法国海军倡导的隐身性，该舰从舰体到上层建筑全部进行了隐形处理，大大减少了雷达和红外线反射截面，堪称完美的"海上艺术品"。

结构上，该舰采用了经典的全通式斜角飞行甲板以及舰体右舷的外悬式舰岛，舰体两侧设有稳定鳍。全舰从飞行甲板至舰底形成一个完整的箱型堡垒式构造。全舰有多个水密舱区，强化了水线以下的部分，舱室大部分采用气密式结构，以防止核爆尘和阻碍生化武器入侵。舰内有两千余个舱室，全舰共15层甲板。

装置配备

起飞与降落方面：该舰的斜角甲板上装有美制C-13蒸汽弹射器，这是航空母舰上的飞机起飞装置，它的最大弹射距离近百米，可以高效率地输送飞机飞离航母；右舷舰岛后方配备升降机；飞行甲板尾端设有降落拦阻索和紧急情况下使用的拦阻网，并配备全自动航空母舰、光学辅助和DALAS激光辅助三种降落系统。

强化处理方面：舰岛（集中建造的舰桥、烟囱等，形似小岛）使用凯芙勒装甲以及轧制钢；轮机舱与弹药库的舱壁也以装甲强化，前后分散，并与相邻舱房隔开。

容量方面：该舰主要通过增加飞行甲板的外扩来加大可用面积，可同时容纳多架固定翼飞机，机库四周设有维修工厂与飞机零件库。

动力提供方面：该舰装备沿用法国其他核潜艇相同的 K-15 型反应堆，没有单独研制核反应堆，这使得其航行速度比常规潜艇还慢。

载机方案

"戴高乐"号航空母舰的载机数量较少，只有美国"尼米兹"级航空母舰的一半。其标准载机方案是"阵风"M 型战斗机、E-2C"鹰眼"预警机、"黑豹"反潜直升机，有许多精锐机种的攻击能力直逼"尼米兹"级航空母舰。

你知道吗

你知道法国"戴高乐"号航空母舰预计于哪年退役吗？

"库兹涅佐夫"号航空母舰

"苏联海军元帅库兹涅佐夫"号航空母舰（舰号：063，简称"库兹涅佐夫"号航空母舰）是苏联第一艘真正意义上的航空母舰，以二战苏联海军总司令尼古拉·格拉西莫维奇·库兹涅佐夫的名字命名，于1983年在尼古拉耶夫船厂开工建造，于1985年下水，1991年正式服役。

军事放大镜

"库兹涅佐夫"号航空母舰的服役使世界海军中首次出现了滑跃起飞、拦阻降落这一新颖的航空母舰起降方式。拦阻降落装置的目的是吸收着舰飞机的前冲能量，以缩短滑跑距离。

外观结构

"库兹涅佐夫"号航空母舰的舰体采用双重底结构，

全通型飞行甲板

上翘角滑跃起飞甲板

有 12 个防水舱。主舰体的甲板共有 10 层，包括飞行甲板和其下的甲板。飞行甲板分为停机区、起飞区、降落区，是一个奇妙的"混合体"，特点就是全通型飞行甲板和庞大的上翘角滑跃起飞甲板。它没有装备弹射器，却可以起降重型固定翼战斗机。飞行甲板右侧岛式上层建筑的首尾端为圆形。该舰舰部的水上部分外飘，甲板有圆弧连接的舷角。艏端水下部分设球艏，方尾艉部，圆形舷部。

装置配备

"库兹涅佐夫"号航空母舰配备了一些首次使用的设备，如舷侧升降机、降落拦阻装置等。上层建筑配备指挥部、高级住舱、工作舱室和电子设备等。全舰床位两千余个，有士官居住室、洗浴室、食堂等。舷侧防雷区域内部设有可吸收爆炸能量的区域：空腔、燃料舱或淡水舱。为提高防御能力，水上舰体采用了两层钢中间带一层玻璃纤维的夹层结构。

圆形首尾端的岛式上层建筑

武器装备

"库兹涅佐夫"号航空母舰载有苏-33战斗机、卡-27反潜直升机、苏-25UGT教练机和卡-29RLD预警直升机。"库兹涅佐夫"号航空母舰还装载有强大的防空火力：主火力为SA-N-9垂直发射防空导弹；另有CADS-N-1"嘎什坦"弹炮合一近防系统（进程防御弹炮结合的防空武器系统），系统配置为6管30毫米炮和SA-N-11近程导弹；此外，还有AK-630型6管30毫米炮。该舰的舰尾两舷处各布置了1座RBU-12000十联装火箭深弹发射器，可利用高爆战斗部在水下设定深度起爆，产生冲击波杀伤潜艇。

作战任务

"库兹涅佐夫"号航空母舰

你知道吗

你知道"库兹涅佐夫"号航空母舰的首个舰名是什么吗？

的主要使命是在岸基航空兵作战半径之外的海域执行反潜、反舰及防空作战任务，扩大海上防御范围，确保本方弹道导弹核潜艇的安全和战斗效能的发挥，其具体任务有消灭敌方海上和基地的海军兵力，实施海上破交，即破坏敌方海上交通线，支援登陆作战等。

海上守护者——巡洋舰

"提康德罗加"级巡洋舰

　　"提康德罗加"级巡洋舰是美国海军下属第一种正式使用宙斯盾的主战舰艇，是美国海军现役唯一一级巡洋舰，与俄罗斯海军1164型巡洋舰同为世界现役仅存的两种传统动力导弹巡洋舰。1983年1月，首舰开始服役。

防空系统

"提康德罗加"级巡洋舰一共建造了27艘，其中前5艘于2004—2005年间已经退役。根据美国最新的军舰退役时间表，从2020年起，现役22艘中的前11艘开始退役，后11艘进行改装，以保证能够服役到2040年左右。

美国巡洋舰的主要任务是从多方面有效地保护庞大的航母编队。"宙斯盾"防空系统是美国海军的全天候、全空域舰空导弹系统，可以及时探测到从潜艇、飞机和水面战舰等多个方向袭来的大批导弹，并根据情况做出有效的应对。这是一个划时代的创造，标志着当代巡洋舰乃至水面舰艇的防空能力有了飞跃性的提高。

因此，在海军界，美国海军的"提康德罗加"级导弹巡洋舰享有盛誉。

武器装备

"提康德罗加"级巡洋舰前五艘的舰首与舰尾各有一具 MK-26 Mod5 双臂导弹发射器，每具导弹装填数为 44 枚，可装填标准 SM-2 导弹和阿斯洛克反潜导弹；舰尾左侧配备两组四联装鱼叉反舰导弹发射器，舰尾楼配备一组 MK-32 三联装 324 毫米鱼雷发射器。自"碉堡山"号以后，"提康德罗加"级巡洋舰将导弹发射器换成了 MK-41 垂直发射系统。自"文森尼斯"号以后，在直升机甲板加装了 RAST 辅降系统，

并且把前两艘使用的 LAMPS-1 SH-2F 舰载直升机替换
成了 LAMPS-3 SH-60B 反潜直升机。

编号排列

1980 年 1 月 1 日，美国决定将 DDG-47 改列为导
弹巡洋舰（CG），以保证前一代导弹巡洋舰退役后，
舰队中依旧有巡洋舰可供使用。"提康德罗加"级的
前 4 艘按驱逐舰的编号序列已定为 47 ~ 50，暂且不做
更改，因此在"弗吉尼亚"级核动力巡洋舰后面，产
生了从 42 ~ 46 的 5 个空号。鉴于此种情况，其后的"阿
利·伯克"级驱逐舰会跳过这些空号，从 51 开始进行
编号排序。

你知道吗

你知道"提康德罗加"级巡
洋舰中绝大部分的战舰都是以什
么命名的吗？

"光荣"级巡洋舰

"光荣"级巡洋舰是迄今为止俄罗斯发展的最后一级巡洋舰。"光荣"级巡洋舰共有4艘，分别为"光荣"号、"乌斯季诺夫元帅"号、"瓦良格"号和"罗波夫海军上将"号。

军事放大镜

随着时代的发展，巡洋舰渐渐走向衰落，自第二次世界大战后，除美、苏建造过几级巡洋舰之外，基本上已经不再有国家建造此类军舰。进入21世纪后，巡洋舰逐渐被驱逐舰取代。

结构装置

　　"光荣"级巡洋舰采用燃气轮机推进方式。该级舰的舰体大抵是从"卡拉"级导弹巡洋舰演变而来的，其舰体比"卡拉"级长，舰宽和吃水也略有增加，首尾部更为外倾。该舰前部有高5层的狭长形上层建筑，建筑后端与封闭的金字塔形主桅连成一体。舰中略靠后的烟囱呈长方形，前面是大进气口，两侧有许多散热孔。两座烟囱间有空隙，用来放置旋转吊的吊杆。露天甲板的轨道用来运送弹药、物品等。在烟囱后的旋转吊和后部上层建筑之间有一段开阔处，甲板下设有垂直发射系统。

金字塔形主桅

反舰导弹双联装发射器

双联主炮

武器装备

　　"光荣"级巡洋舰设有 1 座双联 130 毫米主炮，舰桥两侧有巨大的并列 SS-N-12 "沙箱"远程反舰导弹发射装置，每侧各有 4 具双联装发射器，倾斜放置，共有 16 枚反舰导弹。在烟囱附近有 8 具 SA-N-6 防空导弹发射器，每具发射器有 8 枚导弹，导弹置于旋转弹舱中，使用 TVM 引导系统。SA-N-6 防空导弹是一种多用途导弹，其设计需求是能够拦截各种弹道武器以及一些雷达信号极弱的低飞目标，如战斧导弹、鱼叉导弹等。另外，"光荣"级巡洋舰上搭载一架卡-25 "激素" B 式直升机，作为舰上的长程感测装备，它既可提供地平线以外目标的资料，也可为舰上导弹进行中途巡弋导航。

战舰性能

　　从"光荣"级巡洋舰的性能来看，它的对舰导弹数量多、威力大。在防空装备方面，除"基洛夫"号外，比现役的俄罗斯海军任何一级巡洋舰都强，是一级具有较强防空能力的反舰型导弹巡洋舰。该级舰适于配合核动力水面舰只活动，为舰队承担警戒、护航任务。此外，该级舰还可作为舰队的组成部分，用来攻击敌方航空母舰和两栖力量，破坏敌方海上交通线，并在两栖登陆作战行动中提供对岸火力支援。

你知道吗

你知道俄罗斯"光荣"级巡洋舰的首舰"光荣"号后来改称为什么吗？

"基洛夫"级巡洋舰

　　"基洛夫"级核动力巡洋舰（1144型巡洋舰）的首舰是"基洛夫"号，这是当时苏联海军第一艘采用核动力的巡洋舰。

研发历程

　　"基洛夫"级巡洋舰的建设周期很长，被细划分为1144.1工程和1144.2工程。1968年设计开始，代号为"1144.1工程"；1970年该设计方案通过；1973年6月开始研制；

1974 年 3 月正式动工；
1977 年 12 月下水；
1980 年 12 月 1144 型
巡洋舰的首舰"基洛夫"
号建造完成，1144.1 工
程结束。1978 年 7 月
1144.2 工程正式动工；

1981 年 5 月下水；1984 年 10 月 1144.2 型巡洋舰的首舰"伏龙芝"号建造完成。之后，"加里宁"号、"尤里·安德罗波夫"号又陆续建造成功。在最初的建造方案中，"基洛夫"级巡洋舰的排水量和反舰导弹载量较小，几经修改，"基洛夫"级巡洋舰变成了一型排水量达上万吨，采用核动力燃料的超级巡洋舰，几乎是美国"提康德罗加"级巡洋舰的两三倍，是目前为止世界上吨位最大的巡洋舰。

结构装置

　　"基洛夫"级巡洋舰是除航空母舰之外，世界上最大的水面战斗舰艇。"基洛夫"级巡洋舰舰型丰满，首部外飘；宽敞的尾部呈方形，设有飞行甲板，下方是可容纳 3 架直升机的机库；舰体结构为纵骨架式，核动力装置和核燃料舱部位都有装甲；舰上安装压水堆和燃油过热锅炉，采用蒸汽轮机，双轴输出，2部4叶螺旋桨。

武器装备

"基洛夫"级巡洋舰装备有12管RBU-6000火箭深弹发射装置、SS-N-14反潜导弹发射装置、SA-N-6舰空导弹垂直发射装置、SS-N-19反舰导弹垂直发射装置、SA-N-4防空导弹发射装置、6管RBU-1000火箭深弹发射器和全自动炮等，不愧"武库舰"的称号。

你知道吗

你知道俄罗斯"基洛夫"级巡洋舰的排水量仅次于哪类战舰吗？

"西北风"级巡洋舰

"西北风"级巡洋舰是意大利在以往基础上建造的性能优异的巡洋舰，一共建造了8艘。

结构装置

"西北风"级巡洋舰为"狼"级巡洋舰的扩大改良型，形体大于"狼"级，排水量极大，航速则较慢。"奥图马"反舰

军事放大镜

8艘"西北风"级巡洋舰分别为"西北风"号、"东北风"号、"非洲风"号、"欧洲风"号、"信风"号、"西南风"号、"西风"号、"和风"号。

导弹发射器的装备位置改为机库顶部，并且具有较大的直升机甲板，对于增加AB-212反潜直升机的搭载数量十分有效。舰尾的外形设计便于操作可变深度声呐，并延长了声呐钢缆长度来增进系统性能。"西北风"级巡洋舰还装备了柴油发动机和燃气涡轮机复合动力系统：GMT B23020BVM柴油发动机、通用电气飞雅特LM2500燃气涡轮机。

武器装备

"西北风"级巡洋舰配备"奥图马"MK2反舰导弹发射器、"信天翁"防空导弹系统、"奥托·梅莱拉"127毫米两用炮、"布瑞达"40毫米防空炮、533毫米鱼雷发射管、324毫米ILAS-3反潜鱼雷发射管。

外销对比

在外销成绩上，与"狼"级巡洋舰当时较高的订单量相比，虽然"西北风"级巡洋舰的性能更加优异，但至今尚未收到国外订单，这也反映出巡洋舰的衰落，随着时代的发展可能会成为历史。

你知道吗

你知道"西北风"级巡洋舰是代替什么计划来填补"狼"级空缺的吗？

海上多面手——驱逐舰

"阿利·伯克"级导弹驱逐舰

　　"阿利·伯克"级导弹驱逐舰是世界上第一艘装备"宙斯盾"系统并全面采用隐身设计的驱逐舰，武器装备、电子装备高度智能化，具有对陆、对海、对空和反潜的全面作战能力，代表了美国海军驱逐舰的最高水平，是当代水面舰艇当之无愧的"代表作"。

研发历程

　　20 世纪 70 年代初，美国海军提出研制新驱逐舰的计划，由于当时美国政府没有同意，该计划开展受阻；

1981 年美国政府换届，该计划重启；1982 年设计确定，方案得到批准；1985 年签署建造合约；原定于 1986 年 7 月开工，因罢工事件，直到 1988 年 12 月才开始铺设龙骨；1989

年 9 月下水；1991 年 7 月正式服役。其后又两次增加建造计划，截至 2017 年 5 月原定的首批驱逐舰全部在役。该级舰以三度就任美国海军作战部长的阿利·伯克海军上将的名字命名。

结构装置

"阿利·伯克"级驱逐舰首次采用了"集中式保护系统",装有三防系统。除此之外,该级舰还具备出色的适航性,舰体的长宽比例小,在恶劣气象条件下依然可以平稳航行。该级舰的动力装置为 LM2500 燃气轮机。"阿利·伯克"级导弹驱逐舰型号众多,它们都具有相同的舰体和动力装置,有同时对上百个目标进行探测并排序交战的能力。

军事放大镜

"阿利·伯克"级驱逐舰是美国首次以在世之人的名字命名的一种战舰。此外,在该级舰的正式编制人员中,共有数十名女军官和女战士,这也开创了驱逐舰历史上的先例。

武器装备

　　"阿利·伯克"级驱逐舰装有"宙斯盾"作战系统，并采用整体装甲防护和隐身技术。该级舰有导弹垂直发射装置，设有多个作战单元，可通用各种导弹90枚。另外，该级舰有四联装"鱼叉"反舰导弹，舰首有1座单管127毫米舰炮；上层建筑前后端各有1座密集阵近防系统；两舷各设MK32三联装反潜鱼雷发射管1座；尾部有直升机平台，但没有机库。

你知道吗

　　"阿利·伯克"级导弹驱逐舰的研制目的包括作为某级巡洋舰的补充力量，你知道是哪级巡洋舰吗？

"谢菲尔德"级驱逐舰

"谢菲尔德"级驱逐舰（42型驱逐舰）是20世纪70年代中期英国皇家海军装备的一型防空驱逐舰。

研发历程

20 世纪时，英国的 8 艘"郡"级导弹驱逐舰需要由新一级的驱逐舰来替换；而在 20 世纪 60 年代至 70 年代初，由原航空

军事放大镜

"谢菲尔德"级驱逐舰在 1982 年英国与阿根廷的马岛之战中付出了惨重的代价，该级舰第一批舰中的"谢菲尔德"号和"考文垂"号被击中。由于此次战役，该级舰在实际应用中凸显了一些问题，这些问题在后续的批次建造中得到了改进。

母舰改装的两栖攻击指挥舰也需要新一代的驱逐舰护航。有鉴于此，1966 年英国海军参谋部正式发布了设计新一代驱逐舰的要求，主要用于特混编队的区域防空，同时要求有反潜和对海作战能力，既可作为海军特混编队的成员，又可独立作战。"谢菲尔德"级驱逐舰应运而生；1968 年该级舰得到英国海军的设计批准；1970 年首舰"谢菲尔德"号开工建造；1972 年下水；1975 年正式服役。截至 1979 年，第一批舰共 6 艘全部服役。

舰体构造

　　"谢菲尔德"级驱逐舰为高干舷平甲板型的双桨双舵全燃动力装置驱逐舰。它的线型船体是按在静水和风浪中具有最佳的巡航速度和最高航速设计的。主船体由主、横隔壁划分为18个水密舱段，舰内设二层连续甲板，主、横隔壁至2号甲板为水密结构。

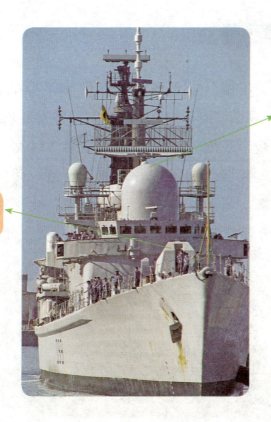

圆罩火控雷达

舰首单管114毫米主炮

通信系统

　　"谢菲尔德"级驱逐舰的通信系统由 ICS 综合通信系统组成。第一批舰装备的是 ICS-2A 综合通信系统，第三批舰装备的是 ICS-3 综合通信系统。根据 ICS-3 综合通信系统开始装备舰艇的时间判断，第二批舰很可能既有装备 ICS-2 的，又有装备 ICS-3 的。

武器装备

　　"谢菲尔德"级驱逐舰装备有 MK8 型单管 114 毫米主炮、两联装"海标枪"中程舰空导弹发射装置、"厄利孔"20 毫米舰炮、MK-32 型三联装 324 毫米鱼雷发射管。这些武器共同承担着反舰、反潜、防空和对陆的作战任务。另外，舰载 1 架"山猫"反潜直升机，用于执行远程反潜任务。

你知道吗

　　你知道"谢菲尔德"级驱逐舰由于它的先进性而有什么称号吗？

"勇敢"级驱逐舰

"勇敢"级驱逐舰（45型驱逐舰）是21世纪初英国着手建造的新型导弹驱逐舰。目前，在导弹驱逐舰中属于英国海军现役主力。

研发历程

20世纪80年代，英国皇家海军计划研制新型驱逐舰来取代42型驱逐舰；后几经周折，1999年才开始

军事放大镜

由于大英帝国的解体，军事实力的削弱，20世纪60年代以来，英国皇家海军经常无法按计划完成军备研制。45型驱逐舰只完成了最初预定数量的一半，性能规模下降，但比起项目终止的几个计划仍要幸运许多。

45型概念研究，并确定相关设计；2000年12月签约，45型驱逐舰正式定型。2003年3月首舰"勇敢"号（D32）开工建造；2006年2月下水；2009年7月服役。截至2013年，第一批舰共6艘全部服役。

电子设备

　　"勇敢"级驱逐舰电子设备多样，装备了 S1850M 远距离 3D 电子扫描雷达，可以进行远距离、大范围的搜索，具有范围较广的区域防空能力，常被用来提供局部区域舰队防御；还装备有 IFF（敌我识别）系统、45 型水面舰艇鱼雷防护（SSTD）系统和 45 型雷达频带电子支援措施（RESM）系统，其中，45 型水面舰艇鱼雷防护（SSTD）系统包括 MFS-7000 艍舷安装中频声呐，

具有鱼雷攻击自动报警功能，以及船舶机动操纵和配置诱饵去消除威胁的战术建议功能。此外，该级驱逐舰还安装了有源诱骗系统，包括多孔发声器诱饵和辐射诱饵，以及 METOC 水文与气象系统。

武器装备

"勇敢"级驱逐舰的主要武器系统是法国、意大利和英国三个国家合作开发的主动防空导弹系统，这也是欧洲海军舰艇的新一代重要武器，具有控制多枚导弹同时升空拦截的能力。其主要采用的是"席尔瓦"导弹垂直发射系统"阿斯特"15 型或"阿斯特"30 型防空导弹，可以拦截各种空中威胁，包括具有二次攻击模式的高性能反舰导弹。其拥有 114 毫米舰炮、30 毫米速射炮和 20 毫米近程防御武器系统，可提供一定的对陆攻击、防空和反舰能力，主要用于末层防御。为未来需求考虑，

该级驱逐舰还配备有战斧和反弹道导弹等巡航导弹。

此外，该级驱逐舰装备有四联装"鱼叉"反舰导弹发射装置、"山猫"直升机、"阿斯洛夫"反潜导弹和324毫米鱼雷以及英国宇航系统公司研发的"桑普森"主动式多功能相控阵雷达。该雷达性能极为优越，但其造价十分昂贵，使得"勇敢"级驱逐舰的总成本高出很多。

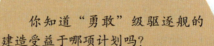

你知道吗

你知道"勇敢"级驱逐舰的建造受益于哪项计划吗?

"现代"级驱逐舰

　　"现代"级驱逐舰（956型驱逐舰）是20世纪70年代苏联开发建造的大型导弹驱逐舰，它的使命是攻击敌方航母编队和其他大中型水面舰艇，在两栖作战中实施火力支援、保卫海上交通线、破坏敌军远洋补给等。

研发历程

　　20世纪70年代后期，冷战如火如荼，苏联为了辅助己方主力水面战斗群，开始规划两种大型驱逐舰，

其一为"无畏"级驱逐舰，以反潜为主要任务；其二为"现代"级驱逐舰，以反舰与防空为主要任务，用来辅助"无畏"级驱逐舰，档次稍低。

"现代"级驱逐舰的原计划是建造 61 号大型反潜舰，数量为 28 艘。该级舰制造于苏联圣彼得堡的北方船厂，在 1980—1994 年陆续有 17 艘在苏联和俄罗斯海军服役，其后的驱逐舰因苏联解体后财政困难而中断建造。之后又建造了 1 艘。目前，俄罗斯海军共拥有 18 艘"现代"级驱逐舰，其中只有 11 艘为现役舰艇，其余的 7 艘"现代"级驱逐舰中 1 艘尚未加入俄罗斯海军现役，另外 6 艘现今并无作战能力。

结构装置

"现代"级驱逐舰的舰体由高强度钢制成，15 道横壁将舰体分隔成 16 个水密舱段，能够保证任意相邻三舱

军事放大镜

"现代"级驱逐舰所受的评价毁誉参半，一种奉其为"航母杀手"，一种则认为其存在很多缺陷。事实上，该级驱逐舰确实存在诸多缺陷，其装备的是比较落后的蒸汽轮机和相对过时的武器，也缺少大型直升机库，多用途能力较差。

进水而不致沉没。该级舰采用了低噪声五叶螺旋桨。为了减少雷达截面积，该级舰除了上层建筑壁采用内倾方

法建造外，还在舰体上涂敷了数毫米的吸波材料，减少了被敌方雷达识别的概率。舰桥顶部有"乐台"火控雷达整流罩，高大的前上层建筑后缘装有大型封闭式主桅。顶部有独特的大型"顶板"对空搜索雷达天线。舰舯后方有大型方形单烟囱，烟囱后方有框架式后桅，直升机库位于后桅下方，小型飞行甲板位置略高，位于舰尾 SA-N-7 防空导弹发射装置前方。

130 毫米 /70 舰炮

大型"顶板"对空搜索雷达天线

"乐台"火控雷达整流罩

四联装反舰导弹发射管

武器装备

"现代"级驱逐舰装有四联装"白蛉"超音速反舰导弹发射装置，可在海面上几十米的高度以美国"鱼叉"反舰导弹多倍的速度超低空飞行，只要一两发命中就可以让一艘数千吨级的战舰丧失战斗力。左右舷有四联装反舰导弹发射管，配备130毫米70倍径舰炮和SA-N-7"牛虻"防空导弹。

你知道吗

你知道在苏联解体后，有2艘建造中的"现代"级驱逐舰被哪个国家购买了吗？

海上警卫员——护卫舰

"公爵"级护卫舰

"公爵"级护卫舰（23型护卫舰）是英国皇家海军隶下的大型远洋多用途护卫舰。该级舰装备多种通信装置，主要任务是执行反潜。

研发历程

20世纪70年代中期，英国针对新一代护卫舰提出了以执行反潜为主，

军事放大镜

"公爵"级护卫舰将对潜、对空等武器和探测器汇总到一个战斗系统中，在英国尚属首次。舰上装备有满足搭载北约直升机要求的综合通信系统，除各种收发报机外，还有卫星通信装置、数据通信装置等。

兼顾护航巡逻等的作战要求，并且要求其同时具备以轻型对空导弹系统为中心的防御能力。1984年10月，"公爵"级护卫舰的首舰"诺福克"号与亚罗公司签订了建造合同，1990年6月建成服役。

电子设备

　　"公爵"级护卫舰装备了 2031Z 型远程甚低频被动阵列声呐，同时还装备了 2050 型中频主／被动搜索和攻击声呐。GSA8B 火控系统用于控制 114 毫米炮，可实现高度自动化。为减小风的影响，这一装置采用独特的球状外形。该级舰指挥装置由红外线成像仪、电视摄像机和激光测距仪组成，主传感器红外线成像仪的工作波长为 8 ～ 12 微米。导弹控制的子系统是马可尼公司生产的 911 型跟踪制导雷达。

舰桥

"厄利孔"30 毫米机关炮

MK8 型 114 毫米舰炮

武器装备

　　"公爵"级护卫舰的对潜攻击武器主要是马可尼公司的"黄貂鱼"轻型鱼雷。舰上装备的另一个主要武器是垂直发射的"海狼"对空导弹。舰上还装备了"厄利孔"30毫米机关炮，最大射速为650发/分。炮内采取了防备电源故障措施，能用电池驱动，昼夜都能使用。舰桥斜后方两舷装备有马可尼公司生产的"海蚊"无源干扰装置，每舷2座，每座为6个固定式发射管，用于发射金属箔条和红外干扰弹。除此之外，舰上还装有鱼雷诱饵拖曳装置。舰上装备有1门MK8型114毫米舰炮，作为主炮可以对岸、对舰、对空进行射击。舰上搭载的是一架韦斯特公司生产的"山猫"反潜直升机。

你知道吗

　　你知道建造"公爵"级护卫舰是为了取代哪级护卫舰吗？

"拉斐特"级护卫舰

"拉斐特"级护卫舰是世界上第一种在多个方面都采用了隐身设计的军用舰船,以减少航体各种探测特征的散发,包括雷达、红外线、噪声等。"拉斐特"级护卫舰不但开创了战舰隐身化设计的先河,也充分展现了法国卓越的造船技能。

结构装置

"拉斐特"级护卫舰外观简单整洁,没有林立的烟囱或眼花缭乱的雷达天线,除必须暴

军事放大镜

自20世纪90年代"拉斐特"级护卫舰开创隐身技术之后,各国在设计军舰时,纷纷将隐身作为一项重要指标,陆续开始引用这项技术。

露的武器装备和电子设备外,舰上所有的设备一律采取隐蔽安装:直升机被安排在机库中,"飞鱼"反舰导弹发射装置被安置在甲板下。为了达到隐身的效果,舰的水面以上各部分几乎没有一个直角,所有的舰体结合部分都采用了倾斜角圆滑过渡结构,以避免雷达波的反射。

电子设备

在雷达装配上，"拉斐特"级护卫舰安装有法国汤姆森 -CSF 公司的 DRBV-15 海虎 Mk 2 对海 / 空搜索雷达（E/F 频段）和雷卡 1229DRBN-34A 直升机航空管制雷达（I 频段）。

在电子战方面，"拉斐特"级护卫舰装配了汤姆森 ARBR-21（DR-3000-S）电子战系统和达索 ARBB-33 广幅电子对抗系统（H/I/J 频段）。

武器装备

"拉斐特"级护卫舰在具备一定的反潜和反舰能力的基础上，更加突出了防空能力。"拉斐特"级护卫舰上安装有四联装 MU-40 "飞鱼"反舰导弹发射器、八联装的"响尾蛇"CN2 防空导弹发射装置、100 毫米自动炮、20 毫米的防空舰炮。

你知道"拉斐特"级护卫舰的原名是什么吗？

"克里瓦克"级护卫舰

"克里瓦克"级护卫舰是苏联 20 世纪 70 年代推出的一种新型水面作战舰，为远洋反潜型，是苏联海军最大型的护卫舰，共有三种型号：Ⅰ型、Ⅱ型和Ⅲ型。

建造历程

1969—1981 年，"克里瓦克"Ⅰ型舰在加里宁格勒、刻赤和列宁格勒建造完成；1976—1981 年，"克里瓦克"Ⅱ型舰在加里宁格勒建造完成；1984—1990 年，

军事放大镜

冷战即将结束的 20 世纪 80 年代末期，两艘苏联护卫舰，其中包括"克里瓦克"级护卫舰，受命撞击了侦查苏军情况的两艘吨位更大的美国战舰，使美舰撤出了苏联领海。此事在当时造成了极大的国际影响，后被称为"冷战的最后一次事件"。

"克里瓦克"Ⅲ型舰在刻赤建造完成。最初，"克里瓦克"级的型号名称为大型反潜舰，于 1977—1978 年改称护卫舰。

结构装置

　　"克里瓦克"级护卫舰采用宽体结构，长宽比例较大，提高了整个平台的稳定性，便于使用武器，携带的燃料及弹药相对较多。该级舰采用了全燃动力装置，舰上装有燃气轮机，一半为巡航机组，一半为加速机组。

武器装备

　　"克里瓦克"级护卫舰载弹数量较多，仅导弹就有数十枚，包括四联装 SA-N-4 对空导弹发射系统、四联装 SS-N-25 反舰导弹发射系统、四联装 SS-N-14 反潜导弹发射系统、12 管 RBU-6000 反潜火箭发射系统和四联装 533 毫米鱼雷发射管。

你知道吗

　　你知道"克里瓦克"级护卫舰为哪级新型护卫舰打下了坚实基础吗？

"不惧"级护卫舰

"不惧"级护卫舰是一种全能型舰队护卫舰，不仅拥有强大的反潜能力，在对空监视与防空自卫作战方面也颇具实力。

研发历程

苏联各舰队在地理位置上具有不利因素，导致各舰彼此分隔，在相互支援时，有的需要远涉重洋，因此苏联海军在舰艇的布置上常常大费脑筋，动用大型舰艇的性价比不高，而动用轻型舰艇有时却无法起效。从20世纪80年代起，

军事放大镜

　　"不惧"级护卫舰综合了以下两种舰艇的优点：较大主力舰艇可以集中相对有限资源，便于远洋作战；轻型舰艇作战更具灵活性，便于近海防御。

苏联逐渐加大了护卫舰吨位，在这种背景下，"不惧"级护卫舰应运而生。1986年4月首舰"不惧"号开始建造；1988年5月下水；1993年1月首舰开始服役于

俄罗斯海军。1988 年二号舰"智者雅罗斯拉夫"号开工，因经费问题，1994 年建造中断，直到 2002 年才恢复建造，2009 年开始服役。1990 年三号舰"吐曼"号开工，之后一直处于工事停止的状态，截至 2017 年 5 月仍没有重启建造工作的指令。

结构装置

与"克里瓦克"级护卫舰相比，"不惧"级护卫舰体型稍大，延长了直升机甲板，并平齐于两舷侧，前甲板轮廓较长，线条简洁，向下略有倾斜。前上层建筑后缘的前桅十分短小，其上装配了"十字剑"火控雷达天线；前上层建筑后方和主桅后方各有一座烟囱，后烟囱位置几乎与甲板等高，轮廓并不明显，主甲板烟囱后方到两舷装有水平发射装置，倾斜向前，可发射反潜导弹和鱼雷；后上层建筑后缘、飞行甲板前缘装配了 CADS-N-1 弹 / 炮合一系统；舰舯后方装配了大型金字塔式主桅，顶部设置了"顶板"对空搜索雷达天线；舰尾设置了拖曳式变深声呐阵列。

武器装备

　　"不惧"级护卫舰载有强大的武器装备，舰首配备了单管100毫米 AK-100 舰炮，弹药库内配有几百发炮弹。舰体中段配备了四联装"乌拉诺斯"-E（北约称 SS-N-25 "弹簧刀"）反舰巡航导弹发射装置。该级护卫舰还装备了八联装 3S-95 转轮式垂直发射系统，并配有 SA-N-9 "铁手套"短程防空导弹。此外，该级护卫舰还在机库两侧各装备了1座"卡什坦"近程防御武器系统。

你知道吗

　　你知道"不惧"级护卫舰设计时的产品代号是什么吗？

"勃兰登堡"级护卫舰

"勃兰登堡"级护卫舰（F-123型护卫舰）是德国建造的一款多用途导弹护卫舰，主要用于反潜作战，也可承担防空、舰船团体指挥作战和水面作战等多种任务。

研发历程

1985年，西德参与欧美国家进行的北约90年代护卫舰替代计划。因

> **军事放大镜**
>
> 4艘"勃兰登堡"级护卫舰分别是"勃兰登堡"号、"石勒苏益格"号、"拜仁"号和"梅克伦堡"号，它们分别由不同的造船厂建造。

利益分歧，计划受阻。1989年6月，西德退出该计划，签订了4艘"勃兰登堡"级护卫舰的建造合约。由于舰艇替换的时间较为急促，主承包商从三方面吸取经验，包括MEKO护卫舰的模块化架构、德国"不莱梅"级护卫舰的设计经验，以及部分NFR-90的阶段性技术成果，省略了设计发展阶段，直接开始建造工程。1994年10月至1996年12月，4艘"勃兰登堡"级护卫舰陆续建成服役。

结构装置

　　"勃兰登堡"级护卫舰的船舷较高且完全没有弧度，减少了波浪溅至甲板的情况，并且增加了舰艇内部使用空间，比干舷低矮、上层结构高耸的舰艇适航性更高；上层建筑设计了低矮的长艏楼，舰尾直升机甲板比舰首船舷的高度更低。上层结构向内倾斜，以减少雷达截面积；船舷两侧的平面有不同角度的倾斜，彼此之间以圆弧的交角连接。该舰的烟囱造型十分特别，是具有多个折角的多面体，呈 V 字形，不仅可以迅速排除热废气，还可以增强隐身性能。此外，该舰预留了上百吨的剩余质量，以便于服役期间进行升级改良。

电子设备

　　"勃兰登堡"级护卫舰拥有先进的电子系统，其装备的荷兰电信公司的多波束目标截获雷达系统（SMART

V 形多面体双烟囱

没有弧度的高船舷

低矮的长艏楼

系统）可以进行高性能、全天候、三维监视和武器控制。除此之外，直升机库上方的塔状桅杆上还装有西格纳尔的 LW 08 型 D 频 2D 中长程对空搜索雷达。

该级舰配备了用于导航与平面搜索的美国雷神公司的"雷德帕思" I 频导航雷达；用于射控的西格纳尔的 STIR-180 照明雷达（引导"海麻雀"导弹与奥托·梅莱拉 76 毫米舰炮）及 MWCS 光电射控系统；用于作战的美制 AN/UYK-43B 主电脑为核心的 SATIR 战斗系统。

武器装备

"勃兰登堡"级护卫舰是德国海军第一种正式采用新一代 Mk 31 Block 0 "拉姆"短程防空导弹系统（全自动、高性能，针对超音速掠海反舰导弹设计）的舰艇。该级护卫舰配备了奥托·梅莱拉 76 毫米舰炮和双联装 Mk 32 鱼雷发射管等，并具有多种导弹发射装置，如双联装"飞鱼"MM38 型反舰导弹发射装置、二十一联装 Mk 49 "拉姆"导弹发射装置和十六联装 Mk 41 导弹垂直发射装置。此外，该级护卫舰可搭载"超山猫"Mk 88 型反潜直升机。

你知道吗

你知道"勃兰登堡"级护卫舰被用来替换哪类舰艇吗？

"萨克森"级护卫舰

"萨克森"级护卫舰（F-124 型护卫舰）是德国建造的多用途防空护卫舰。该级舰采用了模块化设计，是德国海军目前排水量最大的水面舰艇。

研发历程

1996 年 3 月，签署"萨克森"级护卫舰的建造合约；1999 年 2 月首舰"萨克森"号开始建造；2001 年 1 月下水；2002 年 11 月交付德国海军并进行试航。2000 年 9 月，二号舰"汉堡"号开始建造；2002 年 8 月下水；2004 年 12 月开始服役。2001 年 12 月三号舰"黑森"号开始建造；2003 年 7 月下水；2005 年 12 月交付德国海军；2006 年 4 月开始服役。

结构装置

"萨克森"级护卫舰的舰体与"勃兰登堡"级护卫舰很相似，但该级舰舰体更长，外形倾斜且更为简洁，大量使用隐身设计。上层结构与舰体都为钢制，舰身有多个双层水密隔舱，之间还有一些单层水密隔舱。该级舰在六级海况下依然可以执行作战任务，在八级海况下航行时的摇晃与起伏也较同类更小。此外，该级舰还可以在核生化环境下作业。

电子设备

"萨克森"级护卫舰的作战系统为 SEWACO Ⅱ作战系统，这是德国海军第一种全分散式作战系统。电子战系统为 CESM 电子支援系统和 FL-1800S-Ⅱ电子对抗系统。航行装备有9600M 搜索雷达、惯性导航系统、

军事放大镜

为了验证大口径火炮舰上操作和对岸打击的能力，德国海军曾将略加修改的 PzH-2000 自行榴弹炮安装在"汉堡"号上，之后又将其安装在"黑森"号的直升机甲板上。

卫星导航系统、电子海图系统和卫星气象系统等。通信系统有舰内外两部分的数字化系统，包括卫星通信设备、整合信息处理控制系统、数字加密通信系统等。光电系统为 MSP-500 光电侦测 / 舰炮射控系统，有红外线热影像仪、激光测距仪和电视摄影机。

武器装备

"萨克森"级护卫舰的主要武器有八联装 MK-41 垂直发射装置，可装填 SM-2 Block3A 防空导弹以及"海麻雀"ESSM 短程防空导弹；重量轻、易于安装的 MLG-27 27 毫米遥控机炮；三联装 MK-32 鱼雷发射器，可发射 MU-90 轻型反潜鱼雷；MK-36 干扰弹发射系统。此外，该级护卫舰有两个直升机库，可配备英制 Lynx-88 "大山猫"反潜直升机，未来可替换为新型的 NFH-90 中型反潜直升机。

你知道"萨克森"级护卫舰的研制是为了替代哪个失败的舰艇建造计划吗？

海上小航母——两栖攻击舰

"塔拉瓦"级两栖攻击舰

　　"塔拉瓦"级两栖攻击舰是美国建造的第二代两栖攻击舰，其满载排水量接近 4000 吨，是当时最大的两栖攻击舰。

研发历程

军事放大镜

　　"塔拉瓦"级两栖攻击舰在设计时考虑了"均衡装载"，在实际运用中不仅可以替代登陆运输舰执行任务，还可以充当支援船、水面维修船和医用船使用。

　　在美国侵越战争中，为满足海军运送一个加强陆战营（登陆第一梯队的基本战术单位）及其装备登陆作战的需求，美国海军开始大力发展新型通用两栖攻击舰。1971 年 11 月，"塔拉瓦"级两栖攻击舰的首舰"塔拉瓦"号开始建造；1976 年 5 月，首舰开始服役。1977—1980 年，

后4艘舰"塞班"号、"贝劳·伍德"号、"拿骚"号、"贝里硫"号也陆续建成并服役。原计划建造9艘，实际建成5艘。

作战功能

"塔拉瓦"级两栖攻击舰是一种通用两栖攻击舰，兼有直升机攻击舰、两栖船坞运输舰、登陆物资运输舰和两栖指挥舰等功能，可在任何战区快速运送登陆部队登陆，或作为攻击舰实施攻击，或作为两栖指挥舰指挥陆、海、空三军协同作战。

你知道吗

你知道美国建造的第一代两栖攻击舰是哪一个吗？

运载概况

"塔拉瓦"级两栖攻击舰可载运几千人，可装载多艘通用登陆艇（LCU1610），可同时装载通用登陆艇和机械化登陆艇（LCM8），也可装载多艘机械化登陆艇（LCM8），或装载多辆两栖登陆车（LVT）；还可载运上千吨航空燃油；亦可用于载运气垫登陆艇（LCAC）和大型人员登陆艇。

"黄蜂"级两栖攻击舰

　　"黄蜂"级两栖攻击舰是一种配备船坞的多功能两栖攻击舰,以直升机和垂直/短距起降战斗机为主要作战武器,是世界上最早为搭载直升机而专门设计建造的两栖攻击舰。

配置改进

　　"黄蜂"级两栖攻击舰是在"塔拉瓦"级两栖攻击舰的基础上发展而

军事放大镜

　　"黄蜂"级两栖攻击舰共8艘,分别为"黄蜂"号、"埃塞克斯"号、"基萨奇"号、"拳师"号、"巴丹"号、"博诺姆·理查德"号、"硫磺岛"号、"马金岛"号。

来的,主要在降低上层建筑高度、增加机库和坞舱容量、增强三防能力、扩大医护能力和增设维修设施等方面做了不少改进。机库占舰长的大部分。"黄蜂"级两栖攻击舰的末舰"马金岛"号不再使用复杂笨重且反应缓慢的蒸汽涡轮系统，而采用了全新的复合燃气涡轮与电力推进动力系统，是美国海军第一种采用整合式电力推进系统的作战舰艇。

武器装备

　　"黄蜂"级两栖攻击舰装备了"海麻雀"对空导弹，配置密集阵近程防御武器系统和拉姆短程防空导弹系统。在登陆作战时，可搭载"海上骑士"直升机或"鱼鹰"旋转翼飞机；在执行制海任务时，可搭载"鹞"式飞机和SH-60B"海鹰"直升机等。

医疗设施

你知道吗

　　你知道"黄蜂"级两栖攻击舰各舰的命名参考了什么吗？

　　"黄蜂"级两栖攻击舰具有较为完备的医疗设施，包括大型医院（配备几百张病床）、手术室、牙科治疗室、X射线室、血库和化验室等。

海中蛟龙——核潜艇

"洛杉矶"级核潜艇

"洛杉矶"级核潜艇是美国海军在 20 世纪 70 年代开始建造的核动力攻击型潜艇，是美国海军第五代攻击型核潜艇。该级核潜艇共建 62 艘，是当今美国海军潜艇部队的中坚力量，也是世界上建造最多的一级核潜艇。

结构装置

舰型上，"洛杉矶"级核潜艇的艇体为拉长的水滴形，艇首艇尾是标准的水滴形，艇艏圆钝，配备玻璃钢声呐罩；艇体中段为较长的平行中体，采用圆形断面构造，长度约为艇长的五分之四，呈细长的圆柱形。另外，指挥台围壳较小并靠近艏部，可降低阻力，但也导致水平舵转动不便，限制了冰下活动能力，因此一些后续潜艇改用可收缩的水平舵。此外，还具有纺锤形艇艉、十字尾舵，并设有两片小型垂直稳定翼。

结构上，耐压艇体内部用横隔壁分隔成 3 个大型舱室，分别为鱼雷／中央指挥舱、反应堆舱和主机／辅机舱，上部各设有一个逃生舱口。艇体采用 HY-80 型高强度钢材，并采取多种降噪措施。

军事放大镜

"洛杉矶"级核潜艇根据建造时间和改进情况大致分为三种型号，其第三种型号中的"圣胡安"号至"夏延"号做了较多改进，不仅加强了静音效果，还对艇身设计进行了适当修改。

纺锤形艇艉

拉长的水滴形艇体

细长的圆柱形平行中体

较小的指挥台围壳

武器装备

　　"洛杉矶"级核潜艇装有533毫米鱼雷发射管，并装备了"战斧"导弹垂直发射装置，对陆可发射"战斧"巡航导弹，反舰时可发射"战斧"反舰导弹。艇身上加装的垂直导弹发射筒安装在潜艇的压载水舱中，不占用艇体内部空间，可避免因增加武器而造成拥挤现象。此外，该级核潜艇还有布设水雷的能力。

作战任务

　　"洛杉矶"级核潜艇是一种多功能、多用途的潜艇，它可以执行包括反潜、反舰、为航空母舰特混舰队护航、巡逻和对陆上目标进行袭击等多种作战任务。冷战时期，"洛杉矶"级核潜艇的主要使命就是猎杀苏联的核潜艇。苏联解体后，来自水下的威胁减少，美国转而将其用于应对地区冲突。

???

你知道促使美国选择研制高速型核潜艇"洛杉矶"级的事件是什么吗？

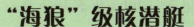

"海狼"级核潜艇

　　"海狼"级核潜艇是美国海军研制的一型核动力快速攻击潜艇，以期在 21 世纪初仍能保持其核动力攻击型潜艇的优势。

研发历程

军事放大镜

　　"海狼"级核潜艇造价太高，前两艘"海狼"号、"康涅狄格"号平均造价为几十亿美元。截至 2013 年，该级核潜艇的最后一艘"吉米·卡特"号是全球范围内造价最昂贵的攻击型核潜艇。

　　冷战后期，美国海军提出"前进战略"的需求，要求设计一款新型核动力攻击型潜艇，即"海狼"级核潜艇。冷战结束后，美国军事预算缩水，国防工业普遍不景气，加之革新技术应用较多，技术经验匮乏，导致建造期间事故频发，预算超标，致使原本预计建造 29 艘的"海狼"级核潜艇取消了后 27 艘的建造计划。1989 年 1 月首艇"海狼"号开始建造；由于缺乏经验，直到 1995 年 6 月才下水；1997 年 7 月开始服役。1991 年 5 月第二艘"康涅狄格"号开始建造；1997 年 9 月下水；1998 年 12 月开始服役。1995 年美国政府批准建造第三艘"吉米·卡特"号；

1998 年开始建造；2004 年 5 月下水；2005 年 2 月开始服役。

配置改进

"海狼"级核潜艇应用当时的最新技术，在动力装置、武器装备和探测器材等设备方面堪称世界一流。据美国海军宣布，"海狼"级核潜艇的模块化设计比改进的"洛杉矶"级核潜艇能载更多的武器，有更好的战术速度、更好的声呐，反潜效率提高多倍。与以往的美国攻击型潜艇相比，"海狼"级核潜艇的鱼雷管数量、口径以及武器搭载量都大幅增加，以加强武备能力与持续作战时间，并为将来换装全新发展的武器做准备。

"海狼"级核潜艇表面全部覆有消声层，像改进的"洛杉矶"级核潜艇一样没有外部武器。该级潜艇在建成后仍在进行改造，该级第三艘核潜艇改进了弹药舱设计，能载几十名突击队员，安装更大的逃生舱。前两艘核潜艇也可能在适当的时候按此改装。

你知道吗

你知道"海狼"级核潜艇的新一代替换核潜艇是什么吗？

"俄亥俄"级核潜艇

"俄亥俄"级核潜艇是第二次世界大战后，美国海军列装的在役数量最多、最为先进的第四代核潜艇，它构成了美国海军战略核威慑的主力。

结构装置

"俄亥俄"级核潜艇长宽比例大，为拉长的水滴形艇型，非常有利于水中航行；虽然水下

军事放大镜

"俄亥俄"级核潜艇的服役期为30年，目前正值"青壮年"时期。它是世界上在航率（潜艇从服役到退役期间在海上的时间）极高的潜艇，每次海上巡航数十天。返回基地补给和修理后，该艇可再次出海巡逻。若是在战时，其在航率更高。

排水量极大，水下航速依然很快；由于采用了高强度钢艇壳，其下潜深度也很大。

电子设备

"俄亥俄"级核潜艇采用了一系列减震降噪措施，艇壳敷设了消声瓦，使潜艇的隐蔽性大大提高；艇上装备了高性能的观察通信设备，GPS定位系统可在全球全

天候情况下提供精确的导航信息；先进的 AN/BQQ 型综合声呐系统可以以主动方式对水中目标进行定位，为发射鱼雷提供目标数据，同时可以以被动方式对水中目标进行警戒探测，使潜艇能尽早规避敌方潜艇的袭击。

武器装备

"俄亥俄"级核潜艇是潜艇之王，不仅因为它价格昂贵，而且因为其作战能力高强。该级核潜艇的中部两舷各有巨大的导弹垂直发射筒，可以发射当今世界上最具威力的"三叉戟"Ⅱ型弹道导弹。该导弹射程远，弹头威力大，有多个十几万吨 TNT 当量的分导弹头；精度高，圆概率偏差不到百米。

你知道吗

你知道"俄亥俄"级核潜艇的设计参考了什么核潜艇吗？

"台风"级核潜艇

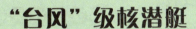

　　"台风"级核潜艇（941型战略核潜艇）是苏联建造的第三代/第四代核动力弹道导弹潜艇，其排水量是美国"洛杉矶"级核潜艇的数倍。作为俄罗斯海洋核力量的"代言人"，"台风"级核潜艇汇集了俄罗斯海军各型潜艇的优点，为各国海军所重视。

研发历程

　　1968年，为应对美国正在研制的"俄亥俄"级核潜艇，苏联提出设计一型新的弹道导弹核潜艇的需求，即"941工程"；1969年开始设计；1976年设计完成；1977年"台风"级核潜艇的首艇开始建造；1980年下水；

1981年正式服役。至1989年，该级核潜艇共6艘全部建成服役，截至2017年，只有一艘仍处于运行状态。潜艇的设计耗费了设计师们很长时间，导

军事放大镜

在"台风"级核潜艇上服役的每位士兵拥有一定的起居空间。该级潜艇有供执勤后休息的游泳池、桑拿室；较好的伙食，每日各餐中都少不了鱼子酱、巧克力等。因此"台风"级核潜艇被称为俄罗斯海军的"保姆"。

弹发射管置于帆罩前方，帆罩则位于艇身中段稍后。采用这种设计之前，如果潜艇在极短的时间内射出重达数十吨的弹药，会严重地影响艇体平衡，而这种设计避免了以上状况的发生。"台风"级核潜艇发射导弹的时间相当短，可在十几秒内连续发射两枚SSN-20潜射弹道导弹。

结构装置

"台风"级核潜艇采用双艇体结构，两个耐压艇体并列在非耐压艇体内，其独特的结构大大增强了潜艇的抗破坏性。耐压艇体配合"台风"级核潜艇浑圆的舰艇舰体，使得这种潜艇具有了撞碎几米厚冰层的破冰能力，而北极也成为"台风"级核潜艇活动的天堂。

"台风"级核潜艇装备了大功率长寿命核反应堆，航速很快，这大大增强了"台风"级核潜艇的机动能力。"台风"级核潜艇虽大，但活动能力丝毫不受影响，可以连续航行十几年而不用更换新的核燃料。

武器装备

"台风"级核潜艇设有二十联装导弹发射管、鱼雷发射管（口径分别为 533 毫米和 650 毫米），可发射 SS-N-15 反潜导弹、SS-N-16 反潜导弹、SS-N-20 潜射弹道导弹以及"风暴"超空泡鱼雷和常规鱼雷等。其中，SS-N-20（R-39）导弹是专门为"台风"级核潜艇研制的，是三级推进式潜射洲际弹道导弹，射程超过 8000 千米的远程弹道式导弹，采用固体燃料。"台风"级核潜艇稳定性较强，可以同时发射 2 枚 SS-N-20 弹道导弹，这是其他级别的弹道导弹潜艇难以做到的。

你知道吗

你知道"台风"级核潜艇创造的吉尼斯世界纪录是什么吗？

"北风之神"级核潜艇

　　"北风之神"级弹道导弹核潜艇（955型战略核潜艇）是由俄罗斯研制的第五代弹道导弹核潜艇。该潜艇是"德尔塔"级和"台风"级核潜艇的后继型，并将取代前两者成为俄罗斯海军的主要二次核打击力量，俄罗斯海军称其为"水下核巡洋舰"。

军事放大镜

　　"北风之神"级核潜艇的资金耗费量是惊人的，据统计，该级核潜艇的全部研究计划共耗费几十亿美元。

研发历程

　　20世纪80年代，为取代941型战略核潜艇，苏联红宝石中央设计局开始设计955型战略核潜艇，即"北风之神"级弹道导弹核潜艇。后因苏联解体等原因，1996年12月，该级核潜艇首艇"尤里·多尔戈鲁基"号才开始建造；原定于2002年列装海军，后因财政等问题，2007年4月才建造完成；2013年1月，开始服役。

动力装置

　　"北风之神"级弹道导弹核潜艇的主动力装置为双座压水反应堆和汽轮机，采用双轴推进。压水反应堆是"台风"级核潜艇的主动力装置，其最大功率和汽轮机的最大功率都很高。如此强劲的动力装置使得"北风之神"

级核潜艇的最大水下航速很快，其水下机动性能甚至超过了美国"俄亥俄"级核潜艇。此外，该级核潜艇还装有低噪声推进电动机，主要用于水下低航速时安静前行。

武器装备

"北风之神"级核潜艇的首艇上装有导弹发射筒、"圆锤"M 战略导弹，导弹舱设在指挥台围壳之后。后期服役的同型核潜艇将完整配备"圆锤"M 战略导弹，比美国的"俄亥俄"级核潜艇配备的"三叉戟"Ⅱ型洲际弹道导弹的弹头数更多。

你知道吗

你知道"北风之神"级核潜艇最早计划搭载的导弹是什么吗？

指挥台

拉长水滴型的流线造型

海上利器——导弹艇

"阿尔·希蒂克"级导弹艇

　　"阿尔·希蒂克"级导弹艇是美国彼得森建筑公司为沙特阿拉伯海军建造的快速导弹艇。

建造历程

　　1972年,"阿尔·希蒂克"级导弹艇的首舰"阿尔·希蒂克"号开工建造;1980年开始服役;1981—1982年,"阿尔·法洛克"号、"阿布杜尔·阿齐兹"号等其他同级艇先后服役。美国威斯康星州的彼得森造船厂总共为沙特阿拉伯皇家海军先后建造了9艘快速导弹艇。

军事放大镜

　　"阿尔·希蒂克"级导弹艇的主要武器是反舰导弹,通常用于近海作战,属于小型战斗舰艇。其任务形式多样,除了执行攻击任务以外,也可完成巡逻、警戒、反潜、布雷等其他任务,因此在水面作战中,导弹快艇已经取代了过去的鱼雷快艇。

结构装置

　　"阿尔·希蒂克"级导弹艇艇首较高，前甲板倾斜，舰桥顶部设置了醒目的大型雷达整流罩；艇体中部设有细长的三角式主桅，主桅后方顶部的突出位置设置了排气口；烟囱顶部呈黑色且有多个角；上层建筑后缘舰桥顶部设有鞭状天线（可弯曲的垂直杆状天线）。

电子设备

　　"阿尔·希蒂克"级导弹艇装配的诱饵装置为洛拉尔·海柯尔公司的 Mk 36 六管固定式红外 / 金属箔条干扰发射装置。

武器装备

　　"阿尔·希蒂克"级导弹艇的后甲板上配备有双联装"鱼叉"（"捕鲸叉"）反舰导弹发射装置，前两部朝向右舷，后两部朝向左舷。此外，该级导弹艇还装备了密集阵近程防御武器系统、81毫米迫击炮、76毫米舰炮、40毫米 Mk 19 榴弹发射器和"厄利孔"20毫米机炮等。

你知道吗

你知道"阿尔·希蒂克"级导弹艇的满载排水量大约是多少吨吗？

"猎豹"级导弹艇

　　"猎豹"级导弹艇是一款快速导弹艇，由德国吕尔森和克勒格尔两个船厂建造，退役后被新型的"布伦瑞克"级护卫舰替代。

研发历程

　　"猎豹"级导弹艇的研发用于替代"信天翁"级导弹艇。进入 21 世纪后，由于服役多年的"信天翁"级导弹艇过于老旧，德国将其退役，并将退役的 6 艘导弹艇售卖给突尼斯海军，总价数千万美元，其中不包括 MM38"飞鱼"反舰导弹。此后，德国海军以"信天翁"级导弹艇为基础研制了"猎豹"

军事放大镜

　　"猎豹"级导弹艇的命名规则参考了小型凶猛野生动物的名字，例如猎豹、鼬鼠、美洲狮、水貂等。

87

级导弹艇。从 1979 年 7 月首艇开始建造，一直到 1984 年 11 月，10 艘该级导弹艇全部建成服役。

结构装置

"猎豹"级导弹艇有前缘高大的中央上层建筑，上层建筑后缘设立了高大的三角式柱状主桅，阶梯状舰桥后缘短小的框架式桅杆上设置了 WM 27 对海搜索/火控雷达整流罩。与"信天翁"级导弹艇比较，其优点有两方面：其一，"猎豹"级导弹艇的艇员物质居住条件更为优良；其二，由于武器及操作系统具有较高的自动化程度，因而艇员人数也更少。

武器装备

"猎豹"级导弹艇装备有奥托·梅莱拉 76 毫米舰炮和双联装 MM38 "飞鱼"反舰导弹发射装置，

分别位于艇首和艇尾。艇尾的反舰导弹发射装置一座朝向左舷前方，一座朝向右舷前方。此外，还配有二十一联装 Mk 49 "拉姆"防空导弹发射装置，携带多枚反舰导弹。与"信天翁"级导弹艇相比，"猎豹"级导弹艇拆去了 2 具鱼雷发射管和艇尾舰炮，新建了"拉姆"导弹系统。

你知道吗

你知道"猎豹"级导弹艇的呼叫代号是什么吗？

答　案

P4　"林肯"号航空母舰：艾米·鲍恩施密特

P6　"杜鲁门"号航空母舰："海上钢城"

P11　"戴高乐"号航空母舰：2040 年

P14　"库兹涅佐夫"号航空母舰："苏联"

P19　"提康德罗加"号巡洋舰：美国著名古战场

P23　"光荣"级巡洋舰："莫斯科"号

P26　"基洛夫"级巡洋舰：航空母舰

P28　"西北风"级巡洋舰：NFR90 计划

P33　"阿利·伯克"级导弹驱逐舰："提康德罗加"级巡洋舰

P36　"谢菲尔德"级驱逐舰："英国舰队的骄傲"

P40　"勇敢"级驱逐舰："地平线"护卫舰计划

P44　"现代"级驱逐舰：中国

P49　"公爵"级护卫舰："利安德"级护卫舰

P51　"拉斐特"级护卫舰："拉席尔"级护卫舰

P53　"克里瓦克"级护卫舰："不惧"级护卫舰

P56　"不惧"级护卫舰：1154

P59　"勃兰登堡"级护卫舰："汉堡"级驱逐舰

P62　"萨克森"级护卫舰：NHF-90 新世代舰艇建造计划

P65　"塔拉瓦"级两栖攻击舰："硫黄岛"级两栖攻击舰

P68　"黄蜂"级两栖攻击舰：以往的名舰名

P72　"洛杉矶"级核潜艇：美国当时的最新型航母被苏联核潜艇
　　　跟踪却无法甩脱

P74　"海狼"级核潜艇："弗吉尼亚"级核潜艇

P76　"俄亥俄"级核潜艇："拉法耶特"级战略核潜艇

P79　"台风"级核潜艇：世界上最大的潜艇

P82　"北风之神"级核潜艇：SS-N-28 弹道导弹

P86　"阿尔·希蒂克"级导弹艇：500 吨

P89　"猎豹"级导弹艇：DRCE

世界兵器
大百科
长空神鹰——战机

王 旭◎编著

河北出版传媒集团
方圆电子音像出版社
·石家庄·

图书在版编目（CIP）数据

长空神鹰——战机 / 王旭编著. — 石家庄：方圆
电子音像出版社，2022.8
（世界兵器大百科）
ISBN 978-7-83011-423-7

Ⅰ．①长… Ⅱ．①王… Ⅲ．①军用飞机-世界-少年
读物 Ⅳ．①E926.3-49

中国版本图书馆CIP数据核字(2022)第132908号

CHANGKONG SHENYING——ZHANJI

长空神鹰——战机

王　旭　编著

选题策划	张　磊
责任编辑	赵　彤
美术编辑	陈　瑜

出　　版	河北出版传媒集团　方圆电子音像出版社
	（石家庄市天苑路 1 号　邮政编码：050061）
发　　行	新华书店
印　　刷	涿州市京南印刷厂
开　　本	880mm×1230mm　　1/32
印　　张	3
字　　数	45 千字
版　　次	2022 年 8 月第 1 版
印　　次	2022 年 8 月第 1 次印刷
定　　价	128.00 元（全 8 册）

前　言

人类使用兵器的历史非常漫长，自从进入人类社会后，战争便接踵而来，如影随形，尤其是在近代，战争越来越频繁，规模也越来越大。

随着战场形势的不断变化，兵器的重要性也日益被人们所重视，从冷兵器到火器，从轻武器到大规模杀伤性武器，仅用几百年的时间，武器及武器技术就得到了迅猛的发展。传奇的枪械、威猛的坦克、乘风破浪的军舰、翱翔天空的战机、千里御敌的导弹……它们在兵器家族中有着很多鲜为人知的知识。

你知道意大利伯莱塔 M9 手枪弹匣可以装多少发子弹吗？英国斯特林冲锋枪的有效射程是多少？美国"幽灵"轰炸机具备隐身能力吗？英国"武士"步兵战车的载员舱可承载几名士兵？哪一个型号的坦克在第二次世界大战欧洲战场上被称为"王者兵器"？为了让孩子们对世界上的各种兵器有一个全面和深入的认识，我们精心编撰了《世界兵器大百科》。

本书为孩子们详细介绍了手枪、步枪、机枪、冲锋枪，坦克、装甲车，以及海洋武器航空母舰、驱逐舰、潜艇，空中武器轰炸机、歼击机、预警机，精准制导的地对地导弹、防空导弹等王牌兵器，几乎囊括了现代主要军事强国在两次世界大战中所使用的经典兵器和现役的主要兵器，带领孩子们走进一个琳琅满目的兵器大世界认识更多的兵器装备。

本书融知识性、趣味性、启发性于一体，内容丰富有趣，文字通俗易懂，知识点多样严谨，配图精美清晰，生动形象地向孩子们介绍了各种兵器的研发历史、结构特点和基本性能，让孩子们能够更直观地感受到兵器的发展和演变等，感受兵器的威力和神奇，充分了解世界兵器科技，领略各国的兵器风范，让喜欢兵器知识的孩子们汲取更多的知识，成为知识丰富的"兵器小专家"。

目录

1

空战能手——战斗机

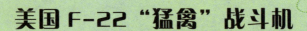

美国 F-22 "猛禽" 战斗机

F-22 战斗机是美国洛克希德·马丁公司和波音公司联合研制的单座双发高隐身性第五代战斗机，也是世界上第一种进入服役的第五代战斗机。

研发历程

1981 年，美国空军发布研制战斗机的招标书；1983年，承包商参加选型；1991 年 4 月，选出原型机 YF-22；1991 年 8 月，开始研制 F-22 战斗机；1997 年 9 月，

F-22 战斗机首次试飞；2005 年 12 月，F-22 战斗机拥有初步作战能力。

战机结构

　　F-22 战斗机采用的是外倾双垂尾常规气动布局；主翼和水平安定面均为小展弦比的梯形平面形，其后掠角和后缘前掠角相同；凸出于前机身上部的座舱盖呈水滴形；所有的武器都可隐蔽地挂在内部的弹舱中；从压气机到发动机的进气口通道为 S 形。

后机身

中机身

尾翼

机翼

前机身

战机性能

　　F-22 战斗机具有出色的隐身性能。采用了推力矢量技术的两台 F119 发动机，使得该战斗机具有较大的推力。

　　F-22 战斗机具有超音速巡航能力。超音速巡航能力是指飞机无须开加力（发动机在短时间内推力超过最大工作状态的过程）就能进行较高的超音速巡航飞行。值得注意的是 F-22 战斗机的巡航速度越大，敌方截击就越困难，防空系统攻击范围减小的幅度也就越显著，

你知道吗

你知道 F-22 "猛禽" 战斗机能乘坐几个人吗？

无论是尾追还是前置拦截，其超高的速度都极大地缩短了有效射击的时间，因为导弹如果追击一个高速目标，而目标的相对角速度太大，会使得

军事放大镜

F-22战斗机多样的功能使其价格居高不下，但其后续问题也逐渐被披露出来。虽然美国空军不断发起宣传攻势，但F-22战斗机的采购量依然较少。最终，在2011年，最后一架F-22战斗机量产型下线，其生产线最终关闭。

导弹不得不在急转弯中消耗能量。

F-22战斗机冲刺速度大。在所有高度上，以军用推力或者更小的推力使战斗机进行水平加速非常容易，但要是使用全加力，该战斗机的加速度简直令人惊骇。

美国F-15"鹰"战斗机

F-15战斗机是由美国麦克唐纳·道格拉斯公司（现波音/Boeing公司）研制的一种全天候、高机动性的战术战斗机，同时也是美国空军现役的主力战机之一，其与美国海军的F-14、F/A-18，欧洲的"狂风""幻影"2000等是同一代的战斗机。

研发历程

1969年，麦克唐纳·道格拉斯公司开始研制；1972年7月，首次试飞；之后，又有11架厚型机相继试飞；1976年1月，开始服役。

战机结构

F-15战斗机的机身由前、中、后三段组成。前段由机头雷达罩、座舱和电子设备舱组成，制作材料为铝合金；中段与机翼相连，该段的部分制作材料为钛合金；

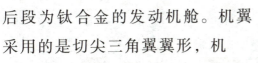

后段为钛合金的发动机舱。机翼采用的是切尖三角翼翼形，机翼的前梁由铝合金制成，后三梁由钛合金制成。

战机性能

F-15 战斗机采用了美国先进的科技成果：飞行员装备了头盔式目标选定瞄准系统，飞行员只需按动一个按钮，中央计算机就会立即输入飞行员头部转动角度，瞄准系统会通过中央计算机立即锁定飞行员选定的攻击目标，整个过程只需 1 秒钟。

F-15 战斗机上安装了多功能脉冲多普勒雷达，大大提高了该战斗机的下视搜索能力，与此同时，通过多普勒效应还可以有效避免战斗机捕捉到的信号被地面上的噪声所掩盖，进而追踪小型高速目标。

实战历史

1981 年 7 月 9 日，叙利亚称他们的军队击落了一架 F-15 战斗机，

你知道吗

你知道美国空军计划让 F-15 "鹰"战斗机服役至哪一年吗？

其残骸落入了地中海。

1984 年，沙特阿拉伯皇家空军的 F-15 战斗机在与伊朗发生冲突的过程中，击落了两架 F-4 战斗机。

军事放大镜

F-15 战斗机的先进性能赢得了各国军方的认可，因此 F-15 战斗机及其改进型战斗机热销韩国、日本等许多国家，成为这些国家空中防卫力量的重要组成部分。

1991 年，在海湾战争中，F-15 战斗机主要用于执行对地攻击任务和空击任务。

1999 年，在科索沃战争中，美军使用 F-15C 战斗机击落了多架南斯拉夫的米格-29 战斗机。

2018 年 1 月 8 日夜，沙特空军的一架 F-15S 战斗机在也门领空被地对空导弹系统击落。同年 3 月 22 日，胡塞武装宣称，再一次击落了一架 F-15S 战斗机，后来证实 F-15S 战斗机并没有被击落，而是被击伤。

美国 F/A-18 "大黄蜂" 战斗机

　　F/A-18 "大黄蜂" 战斗机是由美国麦克唐纳·道格拉斯公司和诺斯罗普·格鲁曼公司联合研制的一种舰载战斗机，主要编入美国航空母舰战队，该战斗机作为美国海军重要的舰载机既能用于海上防空，也能进行对地攻击。

战机结构

　　F/A-18 战斗机的机身采用的是半硬壳结构，大部分采用的是复合材料；机翼为悬臂式的中单翼，前缘安装了全翼展机动襟翼，后缘内侧装有带液压动作的襟翼和副翼；

尾翼采用的是悬臂结构；起落架为前三点式，前起落架上有供弹射起飞用的牵引杆；位于发动机短舱下的2个挂架可携带空对空导弹或攻击效果照相机、红外探测系统吊舱等；位于机身中心线的挂架可挂副油箱或武器；座舱内安装了手不离杆油门杆和操纵杆，由于作战过程中用到的控制开关都在油门杆和操纵杆上，所以安装了手不离杆油门杆和操纵杆后，飞行员不需要从目标上移开就能找到座舱中的开关。

你知道吗

???

你知道F/A-18"大黄蜂"战斗机服役的时间吗？

尾翼

座舱盖

雷达天线罩

带供弹射起飞的牵引杆的前起落架

战机性能

F/A-18 战斗机的可靠性和维护性好、生存能力强、大迎角飞行性能好、武器投射精度高。除此之外，F/A-18战斗机的机体是根据6000飞行小时的使用

军事放大镜

F/A-18A 战斗机是 F/A-18战斗机的基本型，这是一种单座战斗机，主要用于护航和舰队防空，而只要将部分武器进行换装即可变为攻击型战斗机，执行对地、对空等攻击任务。

寿命设计的，因此，机载电子设备的平均故障间隔长，故障率低，98%的电子设备和消耗器材都有自检能力。

俄罗斯苏-30 "侧卫 C" 战斗机

俄罗斯苏-30战斗机是由苏霍伊航空公司研制的一种双座远程多用途战斗机，它是苏-27战斗机的改装产品，可用来执行远距离、空中巡逻警戒任务，此外还可作为小型预警机，对其他飞机实施指挥。

研发历程

20世纪80年代初，苏联部长会议军事工业委员会正式决定计划在苏-27PU的基础上研发新型截击战斗机；1988年，开始装配原型机；1989年12月，首次试飞；1991年初，试飞过程结束，发放编号为苏-30；1996年，开始服役。

战机性能

早期，苏－30MKI由俄罗斯制造，后来印度订购了约200架苏－30MKI，后由印度本国制造，目前，约有200架苏－30MKI在印度境内服役。

苏－30战斗机安装了头盔瞄准系统，可大大缩短武器系统的反应时间，便于飞行员攻击动作的实施；该战斗机可以通过关闭小雷达达到一定的隐身目的；苏－30战斗机机身装有红外导弹警告扫描仪，当敌机导弹来袭时，它不但可以向飞行员发出警告，还能自动发射空对空导弹去拦截敌方的导弹；苏－30战斗机机身下的2个引擎之间装有后视空对空雷达，这表示驾驶苏－30战斗机的飞行员无须掉头，就能对后面袭来的敌方战斗机杀个"回马枪"——从后方发射雷达制导的空对空导弹；

苏－30战斗机座舱和油箱处加装了钛合金护壁，使其具有较好的防御性能；苏－30战斗机油箱容量极大，因此具有较长的航程。

衍生型号

苏－30K 战斗机是苏－30战斗机的出口型。苏－30KI 战斗机是在苏－27S 战斗机的基础上升级而

你知道吗

你知道拥有苏－30战斗机最多的国家是哪一个吗？

来的。苏－30M 战斗机是苏－27战斗机家族中的第一架多用途战斗机。苏－30MK 战斗机是苏－30M 战斗机的出口型，该战斗机在苏－30战斗机的基础上增加了 X－58 和 X－31 Ⅱ 反雷达导弹能力。苏－30M2 战斗机是苏－30MK 战斗机的升级版。

俄罗斯苏-37"侧卫F型"战斗机

俄罗斯苏-37战斗机是在苏-27战斗机的基础上改装而来的，是俄罗斯苏霍伊设计局研制的一种单座双发多用途战斗机，同时也是俄罗斯空军手中的一张王牌。

研发历程

1996年，开始研制；1998年4月，原型机完成首次试飞；1998年9月，在英国范罗堡国际航展上首次亮相；2002年年底，唯一一架试验型机在飞行过程中坠毁，但其研制工作并没有停止。

你知道吗

你知道世界上一共有多少架苏-37战斗机吗？

15

战机性能

苏－37战斗机采用了推力矢量技术，此技术是世界上最先进的技术之一，该战斗机安装的三维推力矢量喷口可上下左右偏转，所以苏－37战斗机具有极强的

机动性能，其空战能力也比之前的战斗机提高了数倍。

苏－37战斗机装有大功率先进雷达N011M，该雷达探测距离为100多千米，通过对空、对地监视和地形回避的工作方式，可引导导弹直接攻击其锁定的目标。

苏－37战斗机装备了一部多功能前视脉冲多普勒机载雷达系统，可以同时跟踪多个目标，提供目标的方位，进而为空对空导弹制导。

苏－37战斗机装有控制系统和监视系统，以及地形跟踪系统、地形回避系统、地图绘制

军事放大镜

俄罗斯著名试飞员阿纳托利·克沃丘尔认为，苏－37战斗机开辟了歼击航空兵作战的新纪元。

系统和多通路的武器制导系统等。

空中堡垒——轰炸机

美国 B-2 "幽灵" 轰炸机

B-2 轰炸机是由美国诺斯洛普·格鲁曼公司和波音公司联合麻省理工学院研制的一种大型隐形飞机，该机具有的隐身能力可使它安全地穿过敌方严密的防空系统进行攻击，是目前世界上唯一的隐身战略轰炸机。

研发历程

1981 年，美国计划生产新型轰炸机；1989 年，B-2 轰炸机原型首次试飞，其后进行了多次改进；1997 年，B-2 轰炸机正式服役。

战机结构

从外表上来看，B-2 轰炸机就像一只巨大的、后缘呈锯齿状的怪物，这种形状的轰炸机如果没有极其先进的控制系统是根本无法驾驶的。

首先，B-2轰炸机没有垂尾或者方向舵，机翼的前缘与后缘和另一侧翼尖平行。其次，轰炸机的中间部位是隆起的，这样的结构是为了容纳座舱、弹舱及电子设备。再者，轰炸机的中央机身两侧的隆起是发动机舱。最后，轰炸机的机身尾部后缘有W形的锯齿，边缘与两侧的机翼前缘平行，且机翼后掠。

翼身融合，无尾翼结构

座舱

机翼后沿的扰流板，具有减速的作用

战机性能

B–2 轰炸机奇特的外形使它省去了传统作战飞机所拥有的机身和机翼。

军事放大镜

1999 年，美国将 B–2 轰炸机应用到了北约对南联盟的空袭。此次实战的应用，让全世界的人们见识到了 B–2 轰炸机的巨大威力。

B–2 轰炸机完全不需要空中加油，作战航程非常远，空中飞行时间长，使得这位"空中战士"将世界纳入其控制版图之下。

B–2 轰炸机具备隐身能力，具有极强的生存能力。

B–2 轰炸机具有强大的突击轰炸能力，当该轰炸机被用来进行核攻击时，它可以挂载多枚巡航导弹和多枚核炸弹，这些武器可以使数座城市在极短的时间内覆灭。

你知道吗

你知道一共生产了多少架 B–2 轰炸机吗？

美国 B-29 "超级空中堡垒" 轰炸机

　　B-29 轰炸机是美国波音公司研制的一种螺旋桨型战略轰炸机，可执行远程轰炸、反潜、战略轰炸、侦察等任务，在第二次世界大战中，曾是美国陆军航空队的主力轰炸机之一。

战机结构

　　B-29 轰炸机采用的是中单翼常规气动布局，其整体为全金属结构，只有操纵翼面采用了布蒙皮；密封座舱，且各舱室采用密封加压方案，可使轰炸机适应高空飞行；机身下采用的是前三点可收放式起落架，

每个起落架都配备了双轮，尾部安装了可伸缩缓冲器，在起飞和着陆时可保护轰炸机的尾部；机背、机腹、机尾部安装了5个遥控

军事放大镜

B-29轰炸机使人类的战争方式发生了巨大的改变，在人类战争史上B-29轰炸机出现的时候，还没有一种轰炸机能与之匹敌。在第二次世界大战中，美国没有向日本本土派遣一兵一卒，却令日本俯首称臣。

炮塔；主翼为大展弦比平直机翼，主翼的侧面有2个发动机舱，单垂尾及倒T形水平尾翼；机翼的正面安装了一组富勒襟翼；投弹手、投弹瞄准具、射击瞄准具均安排在机鼻的最前方，正副驾驶并排坐在投弹手的后面，机械师、无线电报员、领航员紧挨着驾驶舱后，4个炮手、雷达操作员在后段的增压舱中，尾炮手在尾部单独的增压舱中。

衍生型号

YB-29战斗机装备了改进型的R-3350-21发动机。

B-29A 战斗机装备了 R-3350-57 发动机，采用了传统的机翼结构。B-29B 战斗机是贝尔马丽埃塔工厂生产的一种减重型号，增加了该战斗机的载弹量。B-29C 战斗机是 B-29A 战斗机的改进型，装备了改进的 R-3350 发动机。YB-29J 战斗机的主要改进之处是配置了 R-3350 燃油喷射发动机，改变了发动机舱的外形。

实战历史

　　1944 年 4 月 26 日，B-29 轰炸机出现在中缅印战场上。

　　1944 年 6 月 5 日，B-29 轰炸机轰炸日本在泰国的铁路设施。

　　1944 年 7 月 7 日，B-29 轰炸机轰炸了日本佐世保、长崎、大村和八幡。

　　1944 年 8 月 20 日，日本的飞燕战斗机击落一架 B-29 轰炸机。

1945 年 3 月 9 日至 10 日晚，B-29 轰炸机袭击日本东京。

你知道吗

你知道 B-29 轰炸机采用的是什么型号的发动机吗？

1945 年 8 月 6 日，B-29 轰炸机在日本广岛投掷 1 枚"小男孩"原子弹；8 月 9 日，又在日本长崎投掷 1 枚"胖子"原子弹，这对侵略战争中的日本带来了毁灭性的打击，这 2 枚原子弹也加速了第二次世界大战的结束。

1950 年 6 月 28 日，B-29 轰炸机轰炸朝鲜，次日，轰炸了朝鲜境内的机场。

1952 年 9 月 20 日，1 架 B-29 轰炸机在上海执行侦察任务时被中国空军击落。

美国 B-1B "枪骑兵" 轰炸机

　　B-1B 轰炸机是由美国罗克韦尔公司研制的一种全天候、多用途战略轰炸机，在战略轰炸机家族中，其航速、航程、有效载荷和爬升性能等各种技术指标都处于领先地位。

研发历程

　　1980 年，美国重新启动 B-1B 轰炸机的研发项目；1982 年，罗克韦尔公司、通用电气公司等获得批量生产 B-1B 轰炸机的合同；1983 年 3 月，新的 B-1B 轰炸机原型机首次试飞；1985 年，开始批量生产；1986 年，B-1B 轰炸机开始服役。

军事放大镜

　　2021 年，有媒体报道，"守望者"号 B-1B 轰炸机将被运送到威奇托州立大学国家航空研究所，拆解成单独的零件后会被建造成质量超高的 CAD 模型。

战机性能

　　B-1B 轰炸机采用了多种隐身措施，雷达反射截面约 1 平方米；该轰炸机装置的地形追踪系统可以让其在超低空飞行时，自动配合地形的起伏；该轰炸机安装的 3 个内置炸弹舱最大可携带约 34 吨炸弹；此外，该轰炸机还设置了 6 个外挂点，可外挂约 27 吨炸弹。

实战历史

　　1998 年，B-1B 轰炸机首次参与实战——"沙漠之狐"行动。

你知道 1999 年北约各国用 B-1B 轰炸机轰炸的是哪一个国家吗？

　　2001 年，"9·11"事件以后，美国针对阿富汗塔利班武装和基地组织发动了长期的军事行动，在战争期间，多架 B-1B 轰炸机被用于执行空中攻击任务。

俄罗斯图-160"海盗旗"轰炸机

俄罗斯图-160是苏联图波列夫设计局研制的一种轰炸机，这种轰炸机既能在高空超音速的情况下作战，以亚音速低空突防，用核炸弹或导弹攻击重要目标，还可以进行防空压制，发射短距离攻击导弹。

研发历程

1967年，苏联空军提出研发一种多用途洲际轰炸侦察机；1975年，确定设计方案；1981年，完成试飞；

1986 年，研制出 5 架原型机；1987 年，开始服役；1988 年，形成初步作战能力。

战机性能

图 -160 轰炸机与美国的 B-1 轰炸机非常相似，但是图 -160 轰炸机要比美国的 B-1 轰炸机大，并且，图 -160 轰炸机可变的后掠翼在内收时角度会呈 20°，当它全展开时呈 65°。图 -160 轰炸机的襟翼后缘有双重稳流翼，极大地减小了阻力。除此之外，该轰炸机的可变式涵道能够适应高空高速度下的进气方式。

战机特点

图 -160 轰炸机装备了大量电子设备，占用机内空间较大；该轰炸机能在防空火力圈外发射空对地导弹，突防能力强；

军事放大镜

图 -160 轰炸机是第二次世界大战以后苏联的第一架没有防卫机枪的轰炸机，因为该轰炸机可以在高空中以超高的速度飞行，所以一般情况下是不会与对方的战斗机相遇的。

由于该轰炸机本身比较笨重，因此一般需战斗机护航支援；该轰炸机拥有攻击雷达、地形跟踪雷达及装在垂尾与后机身交接处的尾部预警雷达；该轰炸机前机身下部装有录像设备，可以辅助发射瞄准；该轰炸机的两个弹舱各有一个旋转式发射架，可携带多枚 AS–15 空中发射巡航导弹。

你 知 道 吗

你知道俄罗斯图–160轰炸机的雅称是什么吗？

俄罗斯图-22M "逆火" 轰炸机

图-22M 轰炸机是由图波列夫设计局研制的可变后掠翼超音速轰炸机，该轰炸机携带了威力巨大的反舰导弹，可以远距离、快速地攻击航空母舰编队。

研发历程

1967 年开始研制；1970 年，第一架图-22M 轰炸机原型机试飞，随后又制造了 12 架预生产型；1973 年，开始用于飞行试验、系统试验、静力试验；1974 年，生产型图-22M 轰炸机交付军队使用；1975 年初，远程航空兵已组成 2 个图-22M 中队。

呈切口状的二元进气口

可变后掠翼

机鼻下的着陆灯

设备支持

图-22M"逆火"轰炸机装备了具有陆上和海上下视能力的远距探测雷达、

军事放大镜

俄罗斯曾多次演习使用图-22M轰炸机来攻击假想航空母舰战斗群，这让美军十分忌惮。在美国电影《恐惧的总和》中出现过图-22M轰炸机攻击美国航空母舰战斗群的情节。

轰炸导航雷达、SRZ0-2敌我识别器、"警笛"3全向警戒雷达、机炮用火控雷达、多普勒导航和计算系统及仪表着陆系统等。

战机性能

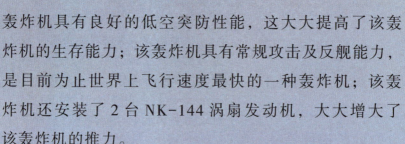

与俄罗斯以往研制的轰炸机相比，图-22M轰炸机具有良好的低空突防性能，这大大提高了该轰炸机的生存能力；该轰炸机具有常规攻击及反舰能力，是目前为止世界上飞行速度最快的一种轰炸机；该轰炸机还安装了2台NK-144涡扇发动机，大大增大了该轰炸机的推力。

你 知 道 吗

你知道图-22M轰炸机的前身机型是哪一种吗？

低空杀手——武装直升机

美国 S-70 "黑鹰" 武装直升机

　　S-70 武装直升机由美国西科斯基公司研制，是美军装备数量比较多的一种通用直升机。"黑鹰"原为一个印第安部落酋长的名字，由于美军对他十分敬畏，于是将20世纪80年代美军主力通用直升机命名为"黑鹰"。

中国"黑鹰"

　　我国引进 S-70 武装直升机后主要部署在原北京军区和原成都军区，

1985 年，S-70 武装直升机进入西藏和新疆的高原地区服役。服役期间，S-70 武装直升机先后参加过多次援救西藏

灾区的任务，除此之外，还执行过返回式卫星回收的任务。

1989 年以前，S-70 武装直升机在我国的总飞行时间就超过了 11 000 小时，由于其飞行任务比较多，加之在青藏高原执行任务多，所以出现事故的次数自然也比其他武装直升机要多。由于气候等原因，曾发生过多起飞行事故。

我国的改进

引进 S-70 武装直升机之后，我国科研人员经过不断努力，反复进行实地试飞试验，终于解决了技术及升力问题，使 S-70 武装直升机飞越了唐古拉山。为了适应高原地区的使用需要，我

国 S-70 武装直升机采用了加大推力的 T700-701A 发动机，改进了旋翼刹车，并采用先进的 LTN3100VLF 导航系统替代了美军原来所使用的多普勒导航系统，此外，机身选用了多种先进材料，机身上的射击窗、机枪座等都经过了优化设计，达到了比较理想的承力状况。

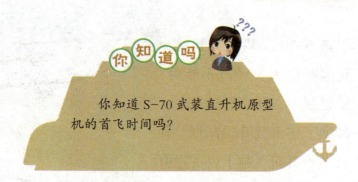

你知道吗

你知道 S-70 武装直升机原型机的首飞时间吗？

欧洲 EC-665 "虎" 式 武装直升机

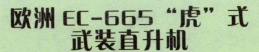

"虎"式武装直升机是由欧洲直升机公司研制的一种四旋翼、双发多任务武装直升机，该武装直升机在设计的过程中融入了制空作战思想，并将其付诸实践。

战机结构

"虎"式武装直升机的机身较短，机体采用复合材料，具有较强的隐身性能，机头呈四面体锥形；座舱呈阶梯

军事放大镜

"虎"式武装直升机是为了对付苏联而研制的，而苏联解体以后，它的需求也削减了很多，所以进一步的研制工作也一再受挫。

状，纵列双座，前座为驾驶员，后座为炮手，前、后座椅偏向中心线的两侧，这样的形式可放宽炮手的视野；短翼位于机身的两侧，各有 2 个外挂点；发动机位于机身的两侧；旋翼由纤维材料制成，4 个旋翼叶片直接固定在桨毂；尾桨为 3 叶，安装在垂尾的右侧，平尾安装在尾梁后和垂尾前，在两端还安装了副重尾。

尾桨

阶梯状的座舱

在机身下方两侧的前起落架

安装了黑色雷达罩的机鼻

位于机尾下方的后起落架

战机原型

欧洲直升机公司自 20 世纪 90 年代起，共生产了 6 架"虎"式武装直升机原型机。

PT-1 为一号原型机，1991 年完成首次试飞，主要用于气动力测试，1999 年以后，主要作为地面测试机，用于机体疲劳测试。

PT-2 为二号原型机，是首架 HAP 武装直升机原型机，1993 年完成首次试飞，

你知道吗

???

你知道澳大利亚政府在哪一年订购了 22 架 EC-665 "虎"式武装直升机吗？

主要用于 HAP 型武装直升机的研究与修改；1996 年 11 月，HAP 型武装直升机装备的修改全部完成。

PT-3 为三号原型机，是首架 UHT 武装直升机的原型机，1993 年 11 月完成首飞。

PT-4 为四号原型机，是首架真正配备武器的"虎"式原型机，1994 年 12 月完成首飞，1995 年 4 月完成机炮地面射击测试，1995 年 9 月开始全面测试机载武器系统，同年 11 月完成了多项射击验证科目。

PT-5 为五号原型机，1996 年 2 月完成首飞，主要用于反坦克导弹、空对空导弹的射击测试。

实战历史

2009 年初，法国派遣 3 架"虎"式 HAP 武装直升机长期驻扎阿富汗，这是"虎"式武装直升机首次参加实战。在驻扎阿富汗期间，"虎"式武装直升机主要执行反游击作战、战场侦察等任务。

2011 年利比亚爆发内战。2011 年 3 月 19 日，西方国家对利比亚发起空袭，5 月 17 日，法国派遣"虎"式 HAP 武装直升机前往利比亚参与空袭。

俄罗斯米－28"浩劫"武装直升机

米－28武装直升机是苏联米里设计局研制的一种单旋翼带尾桨纵列双座全天候专用武装直升机，该武装直升机的结构布局、作战特点与美国AH-64"阿帕奇"武装直升机非常相似。

研发历程

1976年，苏联在了解了美国AH-64"阿帕奇"武装直升机的情况后，要求设计局研制新的武装直升机；1981年6月，米－28武装直升机的初步设计通过审核；1982年，首次试飞；1987年，米－28武装直升机开始投入使用。

战机结构

米－28武装直升机的机身比较细长，机身中部安

装了小展弦比悬臂短翼，前缘后掠；主翼盒结构的制作材料为轻合金，其前后缘的制作材料为复合材料；驾驶舱的布局为纵列式，四周配有完备的钛合金防弹钢板，驾驶舱的前面为1名领航员，后面为驾驶员，驾驶舱的座椅可以调高低，并且还能吸收撞击的能量，座椅的两侧和后方都安装了防弹钢板；旋翼系统有5片桨叶，采用的是半刚性铰接式结构，并采用弯度较大的高升力翼型，前缘后掠，每片后缘都有全翼展调整片。

你 知 道 吗

你知道米-28武装直升机被西方国家戏称为什么吗？

战机性能

军事放大镜

> 米－28NM 武装直升机是米－28武装直升机衍生的一种型号，2021年有报道说俄罗斯将为米－28NM武装直升机配备远程巡航导弹。

米－28武装直升机具有良好的飞行性能，飞行速度非常快，能在超低空且环境复杂的地域执行飞行作业；该武装直升机具有良好的机动性能，可以熟练、轻松地做出各种机动动作；武装直升机的反应速度也很快，这在战线前沿能起到很大的作用，该武装直升机的机身横截面比较小，极大地提高了其灵活性和生存能力。

俄罗斯卡－27 "蜗牛" 武装直升机

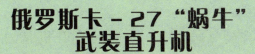

卡－27武装直升机是苏联卡莫夫设计局设计的双发共轴式反转旋翼多用途军用直升机，主要任务为运输和反潜。

研发历程

1969年，开始设计；1974年12月，原型机完成试飞；20世纪80年代初，研制成功并投入生产；1982年，开始服役。

技术支持

机载武器。因为卡－27武装直升机是根据反潜型来设计的，所以该直升机只装备了机腹鱼雷、深水炸弹及其他基础武器。

航电系统。卡－27武装直升机上安装了自动驾驶仪、飞行零位指示器、多普勒悬停指示器、航道罗盘、大气数据计算机、红外干扰仪、干扰物投放器等设备。

衍生型号

卡－27武装直升机主要有4种衍生型号，分别是：卡－27PL"蜗牛"A、卡－27"蜗牛"B、卡－27PS"蜗牛"D、卡－28"蜗牛"A。

卡－27PL"蜗牛"A型为基本反潜型直升机，该直升机于1982年开始服役，一般成双使用：一架追踪敌方潜艇，另一架投放深水炸弹。俄罗斯海军航空兵现仍在使

你知道吗

你知道卡－27武装直升机取代的是哪一种直升机吗？

用的有100多架，分别装载在导弹驱逐舰、"基洛夫"级核动力导弹巡洋舰以及"基辅"级航空母舰/巡洋舰上。卡－27PLA反潜型直升机机头下方装有搜索雷达、敌我识别器；平尾上装有2个雷达告警装置；后机身及尾部装有电子支援天线整流罩；机身腹部装有声呐浮标、

鱼雷和其他武器。

卡－27"蜗牛"B型为舰上发射导弹捕获目标和中段制导型直升机，该型机头下方装有不同的雷达，为最初的反潜原型机。

卡－27PS"蜗牛"D型为搜索救援和警戒型直升机，外形与卡－27PL"蜗牛"A型直升机类

军事放大镜

卡－27武装直升机用途广泛，在多个国家都有服役，不过由于新型反潜巡逻机的问世，卡－27武装直升机也将慢慢退出各国的军事列装。

似，但去掉了一些作战设备，机舱两侧有外挂油箱，与卡－32型直升机一样。

卡－28"蜗牛"A型为卡－27PL"蜗牛"A型直升机的出口型，该型直升机装备有2台TV3－117BK涡轮轴发动机，除俄罗斯外，印度也装备了该型直升机。

后勤保障——运输机

美国C-130 "大力神" 运输机

　　C-130 运输机是由美国洛克希德·马丁公司设计的四发涡桨多用途军用运输机，也是第一种依照美国空军和陆军的统一技术要求开发的运输机。

研发历程

　　1951 年，开始研发；1954 年，在加州伯班克完成首次飞行；1956 年，

军事放大镜

　　1958 年 9 月 2 日，美国空军航空支援队的一架 C-130A-Ⅱ型运输机在执行近距离侦察苏联的任务时，由于其已经进入苏联领空，后来被苏联国土防空军的一架战斗机击落，该运输机上的 17 名机组人员全部死亡，这是 C-130 运输机第一次任务失败。

开始服役。C-130 运输机从服役到现在已有 60 多年，是世界上设计最成功、使用时间最长、服役国家最多的运输机之一。

战机结构

C-130 运输机的机身采用上单翼、四发动机、尾部大型货舱门的布局。尾部货舱门为铝合金半硬壳结构，而且是上下两片开启的设计，还能够在空中打开和关闭；副翼由普通铝合金制成，除此之外，副翼上还有调整片；后缘襟翼由富勒铝合金制成，机翼前缘使用发动机引气防冰。

发动机驱动的四叶
螺旋桨

位于尾部的货
舱门

可收入机身的
起落架

战机用途

你知道吗

　　C-130 运
输机能够在
简易的战争

你知道荷兰会在 2021 年至
2028 年期间替换哪一种型号的运
输机吗?

前线机场跑道升起和降落，进而向战场运送装备或军
事人员，该运输机在返航时还可用于撤离伤员。改型
后的 C-130 运输机可执行各种任务，其中 EC-130 型
运输机、EC-130Q 型运输机可执行电子监视、空中指挥、
控制和通信的工作。

美国C-17 "环球霸王Ⅲ" 运输机

　　C-17运输机是美国麦克唐纳·道格拉斯公司为美国空军研制的一种战略战术运输机，该运输机集战略和战术空运能力于一身，是当今世界上唯一一种可以同时适应战略、战术任务的运输机。

研发历程

　　1980年，美国空军提出C-X战略运输机的需求草案；1981年，麦道公司中标；1984年，货舱装载测试完成；1985年，开始制造包括原型机在内的测试机；1991年9月，第1架C-17原型机首次试飞；1992年，首架生产型C-17运输机完成首飞；1993年开始交付使用，被美国空军命名为"环球霸王Ⅲ"。

战机结构

　　C-17 运输机的机翼为悬臂式上单翼，垂直尾翼的内部有一个隧道式的空间，这个特殊的设计可以让 1 位维修人员通过，大大方便了上方水平尾翼的维修工作。液压可收放前三点式起落架能够在应急情况下依靠重力自由放下，前起落架为双轮，主起落架为六轮。驾驶舱中有正、副驾驶员和 2 名观察员，货舱中有 1 名装货员，驾驶舱后有机务人员休息舱，主货舱可装运陆军战斗车辆。

战机性能

军事放大镜

　　C-17 运输机具有空中加油的能力，既能执行远程运输

　　2021 年 8 月 15 日夜，塔利班武装控制了阿富汗总统府，随后，美军便派出了 C-17 运输机在喀布尔机场撤离美国大使馆的工作人员。

任务，又能将超大型作战物资和装备如坦克与大型步兵

战车等直接运入战区；
该运输机对起落环境
的要求很低，即使是在
极其狭窄的跑道上，也
能正常起落；该运输机
可靠性高，易于维护。

设备支持

C-17 战略战术运输机主要配备下列机载设备：数
字电传操纵系统，复式大气数据计算机，先进数字式电
子系统，4 个彩色多功能显示器，全飞行范围平视显示
器，飞机和发动机数据管理系统计算机等。

你 知 道 吗

你知道 C-17 "环球霸王 Ⅲ"
运输机曾经出现在我国哪个城市
举办的航展上吗？

俄罗斯伊尔-76 "耿直" 运输机

伊尔-76运输机是由苏联伊留申航空集团（现俄罗斯联合航空制造公司下属）在20世纪70年代研制的一种运输机，该运输机最早主要用于军事运输，20世纪90年代以后，被广泛应用于民用航行。

军事放大镜

2015年4月25日，尼泊尔发生了巨大的地震，同年5月，俄罗斯紧急情况部派出一架伊尔-76TD运输机前往尼泊尔救援。

战机结构

伊尔-76运输机的机身为全金属半硬壳结构，整体呈圆形，机头呈尖锥形；机舱后面的两扇舱门呈蚌式，货舱内部有大型伸缩装卸跳板；机头的最前方安装了领航舱，下面为圆形的雷达天线罩；上单翼为悬臂式；

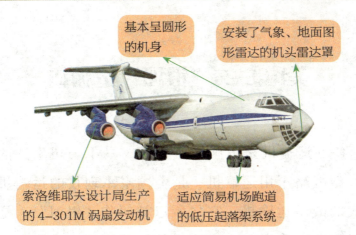

基本呈圆形
的机身

安装了气象、地面图
形雷达的机头雷达罩

索洛维耶夫设计局生产
的4-301M涡扇发动机

适应简易机场跑道
的低压起落架系统

机翼包括中央翼板、内翼壁板和外翼壁板；副翼呈静态
质量平衡式，共有16个扰流片。

战机性能

　　伊尔－76运输机机翼载荷低，增升装置比较完善，
还装有起飞助推器，能够满足军队的需要；该运输机安
装了有效的随机装卸系统及全天候飞行设备，而且空勤
人员配备齐全，可以不依靠基地支援而在野外独立执行
任务；该运输机采用了低压起落架系统和能在低速飞行
时提供较大升力的前后襟翼，能在
简单的前线机场起降，可用
于运送步兵和轻装甲部
队，执行伞降任务，
也可空投货物。

你 知 道 吗

你知道伊尔－76运输机
的首飞时间吗？

美国 C-5 "银河" 运输机

　　C-5 运输机是美国洛克希德·马丁公司生产的一种大型战略军用运输机，是美国空军现役的运输机中最大的战略运输机，它之所以被叫作"银河"，是因为美国空军希望 C-5 运输机能够像银河一样在空中持久地存在。

战机结构

　　C-5 运输机采用悬臂上单翼，机身为由蒙皮、长桁和隔框组成的半硬壳式破损安全结构；机翼前缘内段为密封襟翼，外段为有缝襟翼；尾翼为悬臂全金属 T 形结构，机翼下有 4 台涡扇发动机；起落架为液压收放五支柱起落架，前起落架靠液压传动的滚珠丝杠向后收起，

主起落架由液压操纵转动一定的度数后向内侧收起；货舱为头尾直通式；机头和后舱门可以完全打开，以方便快速装卸物资；驾驶舱内有主驾驶员、副驾驶员、随机工程师、领航员、货物装卸员座椅。

战机性能

C-5 运输机具有强大的运载能力，可以在全球范围内运载大量的货物或全副武装的战斗部队到达任何地方，为战斗中的军队提供支援；该运输机可在相对短的距离内起飞和降落；该运输机安装了美国军队标准的通信设备和导航设备，可同时扫描、分析很多测试点；该运输机安装的"跪式"系统极大地降低了轮式和履带式车辆装卸的难度。

救灾工作

1988 年，美国使用 C-5 运输机为苏联共和国亚美尼亚运送了大量抗震救灾物资。

军事放大镜

1972 年 5 月 11 日，一架 C-5 运输机从冲绳嘉手纳空军基地起飞，途中未经过空中加油便飞行了很长距离，最后降落在南卡罗来纳州的查尔斯顿空军基地。这次飞行创造了 C-5 运输机不着陆飞行距离的新纪录。

1989 年 3 月，阿拉斯加发生漏油事故，美国使用 C-5 运输机向阿拉斯加埃尔门多夫空军基地运送了大量设备。同年 10 月，为应对"雨果"飓风，美国使用 C-5 运输机向波多黎各和维尔京群岛空运了大量救援物资。同年 12 月，美军在突袭巴拿马中使用 C-5 运输机运送大量物资。

你知道吗

你知道 C-5 运输机首次接受战火洗礼的时间吗?

坠机事故

1975 年，美国空军的一架 C-5 运输机在前往越南途中，因货舱门脱落导致舱内失压而在空中解体，一部分人员遇难。2006 年，美国军方一架 C-5 运输机在一处空军基地坠毁，坠毁的原因为该运输机在起飞的过程中发生了机械故障。

情报管理——侦察机

美国 U-2 "蛟龙夫人" 侦察机

U-2 侦察机是由美国洛克希德·马丁公司研制的久负盛名的单发高空战略侦察机，在以前可以用来侦察敌人后方的各个战略目标，如今仍可作为战术侦察机。

战机结构

U-2 侦察机采用的是常规气动布局，机翼为大展弦比中单翼；为了减轻机体的重量，该侦察机的机身被设计为圆截面全金属薄蒙皮结构；其他飞机起落架采用的都是三点式设计，即一个机鼻，两个机翼，而 U-2 侦察机的起落架只有两个，一个在主翼下方，另一个安装在发动机机尾的下方，为可转向的起落架。

战机性能

U-2 侦察机中安装了高分辨率摄影组合系统，可在短时间内拍摄到地面上大面积图像，冲印出来的照片可用于情报分析；

军事放大镜

U-2 侦察机曾一度停止生产，后衍生出了多种机型，U-2R 型侦察机曾参加 1991 年的海湾战争，被用作战术侦察机，后来美国军方在 U-2R 型侦察机的基础上开发出了 TR-1 型侦察机。

U-2 侦察机中安装了先进的电子侦察设备，可以侦察
到敌方的无线电信息和雷达信号。

"间谍"任务

U-2 侦察机最活
跃的年代是 20
世纪五六十年
代美苏两国
冷战时期，曾

你 知 道 吗

你知道 2005 年美国国防部核
准的预算文件中要求 U-2 侦察
机最晚于什么时候全部退役吗?

被美国作为秘密武器来执行间谍飞行任务，侦察苏联和
其他国家的后方纵深目标。在当时，由于 U-2 侦察机
的飞行高度很高，地面高射炮根本无法对其构成威胁，
而其他战斗机也无法在同一高度正常飞行，因此该侦察
机经常深入其他国家领空，进行间谍活动。直至 1960
年 5 月，一架 U-2 侦察机在斯维尔德洛夫市上空被苏
联防空部队用地对空导弹击落，U-2 侦察机的间谍飞
行活动才逐渐中止。

美国 RC-135 "铆接" 侦察机

RC-135 侦察机是美国波音公司以波音 707 机体改装而成的四发战略侦察机。该侦察机十分擅长在沿海地区执行侦察任务，是美国空军侦察部队中服役时间最长的一种侦察机。

战机性能

RC-135 侦察机可以在高空中远程侦察目标；该侦察机中安装了高精度电子光学探测系统、雷达侦察系统，可快速捕捉敌方电台发出的电子信号，还能跟踪导弹的飞行状态；该侦察机不需要进入敌方的空域，仅在公共的空域中就可进行侦察活动，了解敌方的领空活动；该侦察机安装的电子光学探测系统能够与美国空军战机、地面指挥中心、卫星直接联系，进而第一时间把情报传给世界各地的美军战区指挥官。

衍生型号

机载雷达设备的整流罩

普惠 TF33-P-9 涡扇式发动机

RC-135S 侦察机于 1970 年开始服役，主要用于侦察弹道导弹。

RC-135X 侦察机是最新的一种型号，该侦察机安装了电子光学系统、距离可视红外侦察传感器、远距离激光距离测量系统和任务检验软件。

RC-135V/W 侦察机上安装了大量先进的电子情报收集设备，主要执行电子侦察与监测任务。

RC-135U 侦察机的主要任务是收集各种电磁波。

RC-135X 侦察机上安装了十分先进的红外探测仪器，极大地提高了该机的灵敏度。

反侦察力

为应对 RC-135 侦察机较强的侦察能力，我国军队主要从控制信息源、屏蔽信息源、改变信息源、干扰敌方的接收设备四个方面采取了一定的措施。

控制信息源。根据 RC-135 侦察机的性能、特点等，采取的是"定""控""避"的控制方法。

军事放大镜

RC-135 侦察机与新一代军事侦察卫星、远程无人驾驶飞机一起被美国空军视为美军 21 世纪最重要的侦察工具。

屏蔽信息源。由于计算机、雷达、电台等在工作的时候需要发射大量的电磁信号，这些信号一旦被发出就很容易被 RC-135 侦察机接收，所以，采取的是"转""罩""遮"的方法进行屏蔽。

改变信息源。当 RC-135 侦察机进行侦察时，应该在增减发射功率，启用隐蔽网，保持无线静默，改变通信方法、电信号特征的基础上，采取"分""变""增"的技术手段来改变信息源。

你知道吗

你知道 RC-135 侦察机首次参加实战的行动代号叫什么吗？

干扰敌方的接收设备。通过各种侦察手段，获取 RC-135 侦察机电信侦察的种类、频率及相关的技术参数，然后采用发射假信息、组织电子佯动、抵近干扰的方法，阻止 RC-135 侦察机接收到清晰可辨的信号。

美国 SR-71 "黑鸟" 超音速侦察机

　　SR-71 侦察机是由美国洛克希德·马丁公司研制的一种双发高空高速远程战略侦察机，它是世界上飞得最高、最快的侦察机，曾创下多项飞行纪录，它也是第一种成功突破"热障"的实用型喷气式飞机。

研发历程

　　1962 年 12 月，开始研制；1964 年，首次试飞；1966 年，开始服役；1990 年，由于 SR-71 侦察机使用操作费用较高，美国空军宣布该侦察机退役；1995 年，又重新开始服役；1997 年，执行飞行任务；1998 年，该侦察机永久退役。

战机结构

SR-71 侦察机机体大量采用钛合金，其气动外形为三角翼、双垂尾，发动机布置在机翼上；该机机身采用低重量、高强度的钛合金作为结构材料，机翼等重要部位采用了能适应受热膨胀的设计，可承受快速飞行时与空气摩擦产生的大量热量。

你知道吗

你知道 SR-71 侦察机退役的原因是什么吗？

战机性能

　　SR-71 侦察机曾经遭遇过上百枚地对空导弹和空对空导弹的攻击，但它仍安然无恙，没有一架被击落。这主要得益于其优异的性能，一是飞行高度高，

军事放大镜

　　SR-71 侦察机使用的是 J-58 发动机，该发动机是唯一一个可以连续使用加力燃烧室的军用发动机，发动机的效率越高，侦察机的飞行速度越快。

一般防空武器根本够不着；二是飞行速度快，一般战斗机和空对空导弹速度无法达到；三是有一定的隐形能力和电子对抗能力。

衍生型号

　　SR-71 侦察机家族有 A、B、C 三种型号：SR-71A型主要用于侦察，一共生产了 29 架；SR-71B 型是双座教练机，只生产了 2 架，其中 1 架于 1968 年 1 月 1 日因飞行事故坠毁；SR-71C 型是 SR-71B 型失事后由原型机改装而成的教练机。

准确定位——无人机

美国 MQ-1 "捕食者" 无人机

MQ-1 无人机是美国通用原子公司研发的,可执行侦察任务和攻击任务,参加过多次战争,是美国空军中一种重要的军事无人机。

研发历程

1994 年 1 月,MQ-1 无人机作为 "高级概念技术验证" 开始研制;1994 年 7 月,MQ-1 无人机完成首次试飞,并于同年具备了实战能力;1995 年 7 月,为监视塞尔维亚战场,MQ-1 无人机被运送到阿尔巴尼亚;1997 年 8 月,为装备美国空军,开始低速率生产MQ-1 无人机。

呈倒 V 形的垂直尾翼起到支撑的作用

低置直翼

机头下面的传感式炮塔

收放式起落架

战机结构

MQ-1 无人机采用的是低置直翼，垂尾呈倒 V 形；起落架为收放式；螺旋桨为推进式；机头的下面为传感器炮塔；可携带 2 枚 AGM-114 反坦克导弹；动力装置为 1 台罗塔克斯 914F 涡轮增压四缸发动机。

军事放大镜

2018 年 3 月 9 日，美国最后一架 MQ-1 无人机执行完任务之后，成功降落，这是 MQ-1 无人机最后一次执行任务。

战机性能

　　MQ-1 无人机能够在简易的地面上起飞，在起飞过程中可以由遥控飞行员进行视距内控制；该无人机可采用软式着陆和降落伞紧急回收两种方式进行回收；该无人机可准确监视目标，且续航时间长，分辨率高。

你知道吗

你知道 MQ-1 无人机最初的名字叫什么吗?

实战历史

　　2003 年春，在伊拉克战争中，MQ-1 无人机在"无人区域"巡逻时，使用机载的激光目标指示仪，将目标照亮后，引导导弹攻击目标，表现优异。

美国 MQ-9 "收割者" 无人机

MQ-9 无人机是美国通用原子航空系统公司研发生产的一种无人作战飞机，主要执行情报、监视与侦察任务。

技术特点

MQ-9 无人机配备了 1 名飞行员，1 名传感器操作员。飞行员虽然没有亲自在空中驾驶，但其依然手握控制杆，可在地面控制站中执行作战计划，并拥有开火权。

飞行员会坐在控制站屏幕的左侧，这样可密切关注主屏幕及几个分屏幕上显示的信息，进而仔细观察无人机上安装的各

军事放大镜

MQ-9B 无人机是 MQ-9 无人机的升级版，于 2018 年完成首飞。MQ-9B 无人机分军用和民用两种，衍生出了"空中守卫者""海上守卫者"等多种型号。

个系统的工作状态，当分屏幕上显示出不同的指挥控制单位发出的交流信息时，飞行员可以快速地与地面部队进行交流。

战机性能

MQ-9 无人机安装了极其先进的红外设备、电子光学设备、微光电视、合成孔径雷达，具有较强的攻击能力和续航能力；该无人机能够为空中作战中心及地面部队收集战区的情报，进而准确地监控战场；该无人机动力强，飞行速度快，载弹量大。

实战历史

  2007 年 9 月 27 日，美空军第一架 MQ-9 无人机被派至阿富汗执行作战任务。

  2015 年，MQ-9 无人机在中东参加了美军计划的作战行动，在两年多的时间里，MQ-9 无人机在中东执行了近千次作战任务，这使美军更加重视 MQ-9 无人机。

你知道吗

???

  你知道 MQ-9 无人机可携带几枚 AGM-114 反坦克导弹吗？

美国 RQ-4 "全球鹰"无人机

　　"全球鹰"无人机是美国诺斯罗普·格鲁曼公司研制的高空高速无人侦察机。该无人机飞行控制系统采用的是全球定位系统（GPS）和惯性导航系统，可自动完成从起飞到着陆的整个飞行过程。

研发历程

　　1995 年，"全球鹰"无人机开始研制；1998 年，完成首次飞行；2000 年 6 月，"全球鹰"无人机系统被部署到爱德华兹空军基地；2001 年 4 月 22 日，"全球鹰"无人机执行从美国到澳大利亚的越洋飞行任务。

战机性能

"全球鹰"无人机有"大气层侦察卫星"之称,机上装有光电、高分辨率红外传感系统、CCD数字摄像机和合成孔径雷达,能在高空中穿透云、雨等障碍,连续监视运动目标,准确地识别地面各种飞机、导弹和车辆的类型,甚至能清晰地分辨出汽车轮胎的花纹。

你 知 道 吗

你知道美国"全球鹰"无人机的外形看起来像什么吗?

飞行记录

2001年4月22日凌晨,一架"全球鹰"无人机从美国加利福尼亚空军基地起飞,经过约22小时的连续飞行,

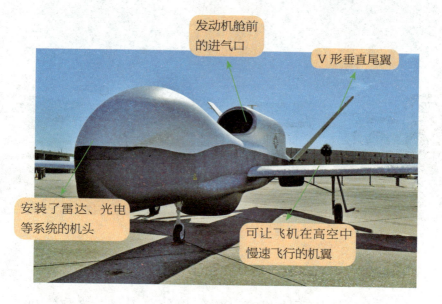

发动机舱前的进气口

V 形垂直尾翼

安装了雷达、光电等系统的机头

可让飞机在高空中慢速飞行的机翼

降落在澳大利亚阿莱德附近的艾钦瓦勒皇家空军基地，成为世界上第一架成功飞越太平洋的无人机。

军事放大镜

2020 年 6 月 20 日，伊朗法尔斯通讯社报道中，伊朗伊斯兰革命卫队首次发布了一年前击落美国"全球鹰"无人机时的防空指挥部画面，公布的画面中，清晰地显示了伊朗指挥部将美国"全球鹰"无人机击落的全过程。

空中雷达——预警机

美国 E-2 "鹰眼" 预警机

E-2 预警机是美国诺斯罗普·格鲁曼公司为美国海军舰队设计的空中预警机，是美国海军航母编队的耳目。

战机性能

与水面船舰的雷达相比，E-2 预警机不受地形与地平线上搜索范围的限制，可搜索空中的任意敌机或导弹；即使离航空母舰数百千米以外，E-2 预警机依然可

以进行探测预警作业，然后指挥战斗机拦截敌方飞行目标；E-2 预警机安装了数据链，可以将资料传输给整个战斗群的舰艇。

衍生型号

E-2A 在 1960 年 4 月首次试飞，1965 年开始正式服役，1967 年停产，总计生产 62 架，其中 51 架换装为 E-2B。

E-2B 是 E-2A 的换装型号，换装的部分包括比较新的电脑，并增强了系统的可靠性，加大了机尾的垂直舵。

军事放大镜

E-2 预警机上有 5 名人员，分别是正驾驶、副驾驶及 3 名战管人员，这 3 名战管人员分别是雷达官、战管官与空管官。雷达官既是预备空管官也是武器官，战管官负责指挥所有任务，空管官负责空中管制。

E-2C 在 1971 年 1 月首次试飞，1973 年 12 月开始服役。美国海军总共订购了 166 架，1971 年开始生产，1996 年全部交货。

E-2C 是为美国海军设计的全天候飞机，在 2 万米以上的高空中可以搜索、追踪及管制空域及水面上的飞机。它的电子仪器可以同时追踪 2000 个以上的目标及管制 40 个目标的拦截工作。该预警机具备极强的指挥与预警能力，是目前美国海军装备的主要预警机。

你知道吗

???

你知道 E-2 预警机是在哪一年完成首飞的吗？

外部销售

　　E-2 系列的预警机一开始是为了满足美国航空母舰的需要所研发和生产的，由于该系列的预警机功能比较完备、提升空间较大，再加上多年的改良，使其十分适合在陆地上空操作，加上价格比较适中，吸引了许多国家进行购买。

　　以色列、日本、埃及、新加坡、法国购买了 E-2 系列的预警机后，大多交由空军操作，只有法国海军将其配备在了戴高乐号航空母舰上。

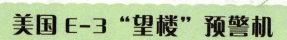

美国 E-3 "望楼" 预警机

E-3 预警机是美国波音公司在波音 707 民航机的基础上改装的第三代预警机，是目前世界上比较先进的预警机。

战机性能

E-3 预警机具有较强的生存能力，可作为一个强有力的流动空中雷达站，长时间地警戒、识别、跟踪敌方

的空中力量；该预警
机作为指挥中心和
控制中心，可快速部
署和采取战术行动；
该预警机安装的雷
达系统可提高该机

军事放大镜

在海湾战争中，E-3预警机是
最早投入部署的飞机之一，曾大规
模参与实战，执行过几百项任务，
执勤时间长达5000小时，在现代战
争中发挥了重要作用。

对大气层、地面、水面的雷达监视能力，除此之外，雷
达系统上的敌我识别系统具备的下视能力可抵抗地面杂
波的干扰。

发展阶段

E-3预警机的发展主要经历了两个阶段。

第一阶段（1981—1989），主要集中在使机载监视雷达具有海上监视能力。将 E-3A 改成 E-3B/C，E-3B 采用改型的 AN/APY-1 雷达，提高了海上监视能力；E-3C 采用 AN/APY-2 雷达，具有在任何情况下都能监视目标的能力。

第二阶段（1989—2003），主要提高机载雷达探测和追踪小目标的能力。根据雷达系统改进计划，

你知道吗

你知道 E-3 预警机生产线是在哪一年关闭的吗？

NATO OTAN

改进后的雷达大大增加了对巡航导弹的探测距离。除此之外，还提高了电子战支援系统的探测精度和灵敏度，并增强抗干扰性能和扩大可使用的信息种类，而且改进了计算机，提高了导航精度。

答案

P4　美国 F-22 "猛禽" 战斗机：1人

P7　美国 F-15 "鹰" 战斗机：2025 年

P10　美国 F/A-18 "大黄蜂" 战斗机：1983 年

P14　俄罗斯苏 -30 "侧卫 C" 战斗机：印度

P15　俄罗斯苏 -37 "侧卫 F 型" 战斗机：1 架

P20　美国 B-2 "幽灵" 轰炸机：21 架

P24　美国 B-29 "超级空中堡垒" 轰炸机：莱特 R-3350

P26　美国 B-1B "枪骑兵" 轰炸机：塞尔维亚

P29　俄罗斯图 -160 "海盗旗" 轰炸机：白天鹅

P32　俄罗斯图 -22M "逆火" 轰炸机：图 -22 轰炸机

P36　美国 S-70 "黑鹰" 武装直升机：1974 年

P38　欧洲 EC-665 "虎" 式武装直升机：2001 年

P41　俄罗斯米 -28 "浩劫" 武装直升机：阿帕奇斯基

P45　俄罗斯卡 -27 "蜗牛" 武装直升机：卡 -25 直升机

P50　美国 C-130 "大力神" 运输机：C-130H

P53　美国 C-17 "环球霸王 III" 运输机：珠海

P55　俄罗斯伊尔 -76 "耿直" 运输机：1971 年

P58　美国 C-5 "银河" 运输机：1972 年

P62　美国 U-2 "蛟龙夫人" 侦察机：2011 年

P66　美国 RC-135 "铆接" 侦察机：正义事业

P68　美国 SR-71 "黑鸟" 超音速侦察机：费用高昂

P74　美国 MQ-1 "捕食者" 无人机：RQ-1

P77　美国 MQ-9 "收割者" 无人机：14 枚

P79　美国 RQ-4 "全球鹰" 无人机：虎鲸

P84　美国 E-2 "鹰眼" 预警机：1960 年

P88　美国 E-3 "望楼" 预警机：1992 年

世界兵器大百科

雷霆之击——导弹

王　旭◎编著

河北出版传媒集团
方圆电子音像出版社
·石家庄·

图书在版编目（CIP）数据

雷霆之击——导弹 / 王旭编著. -- 石家庄：方圆
电子音像出版社，2022.8
　　（世界兵器大百科）
　　ISBN 978-7-83011-423-7

　　Ⅰ. ①雷… Ⅱ. ①王… Ⅲ. ①导弹－世界－少年读物
Ⅳ. ①E927-49

中国版本图书馆CIP数据核字(2022)第132907号

LEITING ZHI JI——DAODAN

雷霆之击——导弹

王　旭　编著

选题策划	张　磊
责任编辑	赵　彤
美术编辑	陈　瑜

出　　版	河北出版传媒集团　方圆电子音像出版社	
	（石家庄市天苑路1号　邮政编码：050061）	
发　　行	新华书店	
印　　刷	涿州市京南印刷厂	
开　　本	880mm×1230mm　1/32	
印　　张	3	
字　　数	45千字	
版　　次	2022年8月第1版	
印　　次	2022年8月第1次印刷	
定　　价	128.00元（全8册）	

前 言

人类使用兵器的历史非常漫长，自从进入人类社会后，战争便接踵而来，如影随形，尤其是在近代，战争越来越频繁，规模也越来越大。

随着战场形势的不断变化，兵器的重要性也日益被人们所重视，从冷兵器到火器，从轻武器到大规模杀伤性武器，仅用几百年的时间，武器及武器技术就得到了迅猛的发展。传奇的枪械、威猛的坦克、乘风破浪的军舰、翱翔天空的战机、千里御敌的导弹……它们在兵器家族中有着很多鲜为人知的知识。

你知道意大利伯莱塔 M9 手枪弹匣可以装多少发子弹吗？英国斯特林冲锋枪的有效射程是多少？美国"幽灵"轰炸机具备隐身能力吗？英国"武士"步兵战车的载员舱可承载几名士兵？哪一个型号的坦克在第二次世界大战欧洲战场上被称为"王者兵器"？为了让孩子们对世界上的各种兵器有一个全面和深入的认识，我们精心编撰了《世界兵器大百科》。

本书为孩子们详细介绍了手枪、步枪、机枪、冲锋枪，坦克、装甲车，以及海洋武器航空母舰、驱逐舰、潜艇，空中武器轰炸机、歼击机、预警机，精准制导的地对地导弹、防空导弹等王牌兵器，几乎囊括了现代主要军事强国在两次世界大战中所使用的经典兵器和现役的主要兵器，带领孩子们走进一个琳琅满目的兵器大世界认识更多的兵器装备。

　　本书融知识性、趣味性、启发性于一体，内容丰富有趣，文字通俗易懂，知识点多样严谨，配图精美清晰，生动形象地向孩子们介绍了各种兵器的研发历史、结构特点和基本性能，让孩子们能够更直观地感受到兵器的发展和演变等，感受兵器的威力和神奇，充分了解世界兵器科技，领略各国的兵器风范，让喜欢兵器知识的孩子们汲取更多的知识，成为知识丰富的"兵器小专家"。

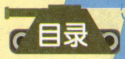

目录

地面作战——地对地导弹

美国 LGM-25C 导弹

　　LGM-25C 导弹是美国洛克希德·马丁公司研制的第二代洲际战略弹道导弹，该导弹的主要任务是攻击核武器库及大型硬目标等，对工业制造中心、人口密集城市也有巨大的破坏力。

防热材料为增强环氧树脂的弹头

二级导弹弹体

研发历程

1960 年 6 月，开始研制；1962 年 3 月，第一次试射成功；1963 年 6 月，结束飞行试验；1963 年 10 月，可供军队使用；1963 年 12 月，开始服役。

军事放大镜

冷战结束以后，大部分 LGM-25C 导弹被改装成了用于卫星发射的大力神 2 运载火箭。1988 年，改装后的大力神 2 运载火箭一共进行了十几次发射，通过发射测试以后，该运载火箭将多个军用气象和科学卫星送入了轨道。

衍生型号

2LV-4 导弹是在 LGM-25C 导弹的基础上经过改造而研制的一种运载火箭，LGM-25C 导弹之所以能够改造成运载火箭，是因为该导弹具有操作方便、可长时间储存及随时发射的特点。

SLV-5 导弹是在 LGM-25C 导弹改进型的基础上研制的一种重型空间发射器。

"大力神" 3 运载火箭是在 LGM-25C 导弹的基础上根据航天发射的需要而研制的一种运载火箭，该运载火箭有多种型号，其中包括 3A、3B、34B、3C、3D、3E、34D 等。

"大力神" 4 运载火箭是在 "大力神" 34D 运载火箭的基础上研制而成的，目的是增加一次性运载火箭的数量。

爆炸事件

你知道 LGM-25C 导弹退役的时间吗？

1980 年 9 月，在美国的一个导弹发射场中，工程师在对 LGM-25C 导弹进行保养作业时，不慎掉落一支套筒扳手，落入井底后，该套筒扳手反弹起来击中了导弹的第一级燃料箱的外壳，最后因毒蒸气从裂纹逸出而引发了爆炸。

1993 年 8 月，"大力神" 4 运载火箭发射时，由于一台固体助推器壳体被烧穿，进而导致火箭在升空约 100 秒时发生了爆炸。

美国"和平保卫者"洲际战略弹道导弹

　　"和平保卫者"导弹是美国大型固体洲际弹道导弹，代号为 MGM-118A，原名为"先进"洲际弹道导弹，即 MX 导弹，该导弹的主承包商是马丁·玛丽埃塔公司。

研发历程

　　1971 年，战略空军司令部提出研制计划；1973 年，

军事放大镜

　　根据《削减和限制进攻性战略武器条约》，美国第一枚"和平保卫者"导弹于 2002 年 10 月 4 日退出现役，而其他型号的导弹于 2005 年 9 月全部退出现役。

成立 MX 导弹计划局，开展预先研究工作；1976 年 3 月，进入方案论证阶段；1979 年 9 月，开始全面的工程研制；1983 年 6 月，进行第一次研制性飞行试验；1986 年，"和平保卫者"导弹开始服役并部署。

导弹结构

你知道"和平保卫者"导弹是美国第几代洲际战略弹道导弹吗？

"和平保卫者"导弹由弹头和弹体组成，弹头包括子弹释放舱、MK21 核弹头和整流罩，其弹头被认为是现今最精确有效的弹头；弹体分 4 级，前 3 级为固体火箭发动机，第 4 级为液体火箭发动机；采用惯性制导方式。

俄罗斯SS-18 "撒旦" 洲际弹道导弹

SS-18 "撒旦" 洲际弹道导弹是苏联时期著名的导弹设计机构——南方设计局研制的一种两级液体燃料惯性制导的重型洲际弹道导弹，同时也是世界上体积最大、威力最大的导弹。

导弹 "教父"

弗拉基米尔·费多罗维奇·乌特金是南方设计局的领导，被尊称为苏联导弹 "教父"。在研发导弹时，他比较倾向于设计、发展抗打击能力高的大威力洲际弹道导弹，并最终得到了时任苏联国防部长乌斯季诺夫的支持。1971年，苏联开始SS-18导弹的冷发射演练；1975年正式装备部队。

导弹性能

军事放大镜

在设计 SS-18 导弹的过程中，其推力备受重视，因此，研制成功以后可携带大量核弹头，

虽然 SS-18 导弹具有很多优秀的性能，但是苏联解体以后，参与研发的南方设计局划分给了乌克兰，该导弹的维护和改进自然都由乌克兰来完成。按计划，该导弹在 2020 年被 RS-28"萨尔马特"重型洲际导弹所替代。

且这些核弹头的威力巨大。SS-18 导弹上由于具有多个弹头，所以其击中目标的概率非常大，除此之外，还可精准地攻击敌人的弹道导弹防御系统，是目前打击效率最高的导弹之一。虽然 SS-18 导弹是一个体积巨大的武器，但其内部结构非常紧凑、严密，这样紧凑的结构大大增加了投射弹头的重量。SS-18 导弹采用的是潜射导弹地下井冷发射，

排烟道中浇铸了水泥，这大大缩短了发射井的直径，提高了发射井的抗压强度，增强了抗核打击的能力。除此之外，SS-18 导弹的弹体上及其他电子设备都经过抗核爆电磁脉冲加固，如此一来，该导弹便具备了极强的作战能力。SS-18 导弹采用了燃料耗尽关机技术，再加上巨大的推力，大大增加了导弹的射程。SS-18 导弹在设计的过程中保留了许多改造的空间和接口，这为该导弹后续的改进奠定了基础，使其具有很大的发展潜力。

你知道吗

你知道 SS-18 导弹共研发了几种型号吗？

衍生型号

SS-18 导弹早期型号包括Ⅰ、Ⅱ、Ⅲ型，这三种型号的 SS-18 导弹可携带约 2000 万吨 TNT 当量的单弹头。1983—1984 年，SS-18 导弹的这三种型号被 SS-18Ⅳ型导弹所取代。1988 年之后，部分 SS-18Ⅳ型导弹被 SS-18Ⅴ型导弹所代替，这个型号的导弹保留了俄罗斯战略火箭部队打击硬目标的能力。

俄罗斯 RT-2PM "白杨" 洲际战略弹道导弹

俄罗斯 RT-2PM "白杨" 洲际战略弹道导弹的研究工作由莫斯科热力研究所承担，该导弹研制成功后成了世界上第一种以公路机动部署的洲际弹道导弹，能够携带一枚或多枚分导弹头，具有较快的速度和较强的突防能力。

研发历程

1975 年，RT-2PM 导弹研发开始立项，计划在 SS-16、SS-20 导弹的基础上进行改进；1982 年 10 月，开始研制；1983 年 2 月，飞行试验取得两次成功；1985 年，开始装备部队，但飞行试验依然没有停止；1987 年，RT-2PM 导弹定型。

导弹结构

RT-2PM 导弹采用的是 3 级固体火箭发动机，其中第 1 级、第 2 级发动机壳体的制作材料是玻璃纤维复合材料，用圆筒段和钛合金前后封头，第 3 级发动机壳体的制作材料是有机纤维复合材料。

发射方式

RT-2PM 导弹的发射方式比较多，既可以在地下井中进行热发射，也可以在公路上使用发射车实施机动发射，紧急情况下还可把隐蔽着导弹的房子房顶盖打开，把导弹竖起来发射。

导弹特点

RT-2PM 导弹的飞行速度非常快，能够改变轨道进行机动飞行，具有极强的突防能力。由于 RT-2PM 导弹三用（运输、起竖、发射）发射车的性能比较复杂，所以 RT-2PM 导弹用于作战的代价非常大。除此之外，RT-2PM 导弹的操作费用和保养费用非常高。

试射历史

你知道吗

你知道 RT-2PM 导弹最初设定的服役期是多少年吗？

2013 年 10 月 10 日，从卡普斯京亚尔发射场试射了一枚 RT-2PM 导弹，成功击中了预定目标。

2013 年 10 月 30 日，从普列谢茨克发射场发射的一枚 RT-2PM 导弹，成功击中了预定在俄罗斯远东地区堪察加半岛的库拉靶场。

2013 年 12 月，为检验 RT-2PM 导弹在超期服役期间技术性能的稳定性，成功试射了一枚 RT-2PM 导弹。

2014 年 3 月，俄罗斯战略火箭兵试射了一枚 RT-2PM 导弹，成功击中了预定目标。

2015 年 8 月，试射一枚 RT-2PM 导弹，成功击中了预定靶场。

俄罗斯 RS-24 "亚尔斯" 洲际弹道导弹

RS-24 "亚尔斯" 洲际弹道导弹是莫斯科热工研究所在 RT-2PM2 弹道导弹的基础上研发而成的一种洲际弹道导弹。该导弹配置了分导式多弹头，大大加强了俄罗斯战略火箭兵的作战打击能力。

研发历程

进入 21 世纪前后，为取代 SS-18 洲际导弹，开始研发一种多弹头洲际弹道导弹；2007 年 5 月，首次试验成功击中了俄罗斯远东地区的堪察加的库拉靶场；2007 年 12 月，进行第二次试验；2008 年，进行两次发射试验；2009 年 12 月，

俄罗斯战略火箭兵开始换装 RS-24 导弹；2010 年 7 月，RS-24 导弹开始服役。

导弹性能

军事放大镜

运输 RS-24 导弹的车辆上有两个使用玻璃纤维制作的独立驾驶室，这两个驾驶室分别位于弹体的左边和发动机的右边，左边的驾驶室有两个座位，右边的驾驶室有一个座位。

RS-24 导弹安装了 RSM-56 弹道导弹的附加助推装置和分导式多弹头，极大地提高和增加了其命中率和射程；该导弹装备的固体燃料发动机，可加快其加速段的飞行速度，缩短敌方反应的时间；该导弹采用了格洛纳斯导航系统和惯性制导，使其具有很强的突防能力；

该导弹使用了主动式电子干扰系统、红外干扰系统等先进技术，这些技术能够使敌方的反导系统中的光电探测设备、引导控制系统等失效。因此，该导弹具有极强的抗干扰能力和飞行稳定性；该导弹能够穿透被保护的目标，进而降低被反导系统拦截的概率；该导弹能够以铁路机动的形式部署在火车上，不管在什么条件下都能够实施还击。

发射方式

RS-24导弹主要有两种发射方式，一种是固定式发射，一种是移动式发射。固定式发射是指在导弹发射井内发射；移动式发射是指使用专门运输RS-24导弹的车辆进行发射，

这种发射车采用的是液压气动式独立悬挂系统，可以在任何道路上行驶。

你知道吗

你知道运载 RS-24 导弹的车辆有几个车轮吗？

动态记录

2011 年 8 月，俄罗斯战略火箭兵一个团的三个营配备了 RS-24 导弹；2011 年 12 月，俄罗斯战略火箭兵另外一个团的两个营配备了 RS-24 导弹；2014 年 12 月，俄罗斯战略导弹部队司令宣称，2015 年本国战略导弹部队可能会拥有二十多枚 RS-24 导弹；2015 年 5 月，在俄罗斯卫国战争胜利 70 周年庆典上，RS-24 导弹公开亮相。

空中突击——空对地导弹

美国 AGM-65 "小牛" 空对地导弹

AGM-65 "小牛" 空对地导弹是由休斯飞机公司与雷锡恩公司研制、生产的一种空对地导弹，该导弹能够精准打击点状目标，主要任务是攻击坦克、飞机场、装甲车、炮兵阵地等目标。

研发历程

1965 年，AGM-65 导弹开始研究；1968 年 7 月，开始生产；1969 年 12 月，首次试射；1971 年 7 月，

开始批量生产；1973 年 1 月，确定基本型，开始进入
美国空军服役；1978 年 5 月停产。

导弹结构

AGM-65 导弹采用的是正常式气动外形布局，弹
体的中部和后部均有 4 片后掠三角形弹翼；弹体尾部
是十字形尾舵；弹体内部结构为舱段式，共有 3 个舱段，
分为前段、中段和后段；采用了模组化的设计方式，

后掠三角形弹翼

前部

后部

中部

导引系统

能够使不同的战斗部与寻标器结合在相同的固体燃料火箭发动机弹体上；导引系统包括激光、光电、感光耦合元件、红外线等；有两种弹头，一种弹头头部安装了接触引信，另一种弹头配置了延迟引信。

衍生型号

军事放大镜

除了美国的战斗机上装备了AGM-65导弹之外，其他许多国家的战斗机上也装备了AGM-65导弹，如此一来，AGM-65导弹成了世界上空对地导弹领域中最大的家族。

AGM-65A、AGM-65B是安装了电视制导的AGM-65导弹。AGM-65A导弹的外形呈圆柱状，十字形的弹翼和舵配置在同一个平面上，安装了1台双推力固体火箭发动机，电视导引头位于弹体的前部，镜头和电视摄像机间涂有保护层。AGM-65B导弹安装的是经过改进的影像放大式电视导引头，除此之外，还改进了万向支架和电子设备，这样一来，飞机座舱显示器的目标图像会更加清晰。

AGM-65C、AGM-65E是安装了激光制导的AGM-65导弹，这两种类型的导弹是在AGM-65B导弹的基础上发展而来的。

AGM-65D、AGM-65F、AGM-65G是安装了红外成像制导的AGM-65导弹。AGM-65D导弹是为空军研制的。

AGM-65F 导弹主要为海军服务，可以帮助海军不管是在白天还是在晚上都可以直接击中目标。AGM-65G 导弹是为了帮助空军对付各种加固目标而研制的。

实战历史

两伊战争中，伊朗曾用 F-4 战斗机装配 AGM-65 导弹来攻击波斯湾油轮和伊拉克的地面部队。波斯湾战争中，美军曾用 A-10 攻击机和 F-16 战斗机装配 AGM-65 导弹来攻击伊拉克的坦克部队。

你 知 道 吗

你知道 AGM-65 空对地导弹又叫作什么吗？

美国 AGM-158 联合防区外空对地导弹

AGM-158 联合防区外空对地导弹是美国洛克希德·马丁公司研制的一种新型空对地巡航导弹，主要任务是精准打击敌方的指挥系统、控制系统、通信系统、防空系统等，是目前世界上最先进的巡航导弹之一。

导弹结构

军事放大镜

2004 年，美国开始研制增程型 AGM-158B 导弹及尺寸比较小的 AGM-158C 导弹，增程型 AGM-158B 导弹的射程较远，AGM-158C 导弹被称为"微型监视攻击巡航导弹"。

AGM-158 导弹采用的是涡轮喷气发动机，可采用爆破杀伤弹、

穿甲弹等多种类型的战斗部；采用的惯性制导、GPS 中制导及红外成像末制导，使得导弹具备了评定攻击效果的能力；安装的抗干扰模块，可使导弹在 GPS 干扰的环境下正常使用，并集中攻击目标；该导弹主要采用的是隐身技术，因此具有昼夜全天候作战的能力。

导弹性能

AGM-158 导弹具有极高的击中率和较强的隐身突防能力，可攻击敌方固定目标和移动目标，并具有极强的杀伤能力，且杀伤面积大；该导弹具备的制导能力可摧毁敌方高价值目标；该导弹弹体采用的隐身设计可有效避免敌方防空火力的拦截。

你知道吗

你知道美国空军是什么时候授予第一批 AGM-158C LRASM 远程反舰导弹预生产合同的吗？

美国 AGM-88 "哈姆" 空对地导弹

AGM-88 "哈姆" 空对地导弹是美国得克萨斯仪表公司为美国海军和空军研制的一种机载高速空对地反辐射导弹,其主要任务是压制或摧毁地面及舰上的防空导弹系统。

导弹结构

AGM-88 导弹的气动布局为鸭式,弹体的中部装置了 4 片切尖控制舵;尾部有 4 片前缘后掠的尾翼,这 4 片尾翼呈梯形;该导弹的弹头为卵形弹头,弹体呈柱形;导弹从头部开始分别由导引头舱、飞行控制舱、战斗部舱、发动机舱等组成;有固定式的天线阵列;AGM-88 导弹的战斗部为高爆炸药预制破片杀伤型;AGM-88 导弹的飞行控制系统包括捷联式惯性导航装置、数字式自动驾驶仪和机电控制舵机。

攻击方式

AGM-88 导弹一共有三种攻击方式。

第一种为自卫方式。这是 AGM-88 导弹最基本的一种攻击方式，装载该导弹的战机上的

雷达探测到辐射源信号后，会对辐射源目标进行分类、威胁、判断、排序，然后向导弹发出数字指令，最后将确定的目标数据传递给导弹并显示给飞行员，只要目标进入导弹射程中就可以发射导弹。

第二种为预置方式。当向辐射源目标的位置发射导弹时，导弹的导引头会按照预定程序对辐射源目标进行搜索、识别、分类，随后会自动锁定目标，然后进行跟踪，直至将其摧毁。

第三种为随遇方式。装载 AGM-88 导弹的战机在飞行过程中，导弹导引头始终处于工作状态，该导弹会利用其极高的灵敏度对辐射源目标进行探测、定位、识别，然后将与目标相关的信息传递给飞行员，最后飞行员会瞄准目标并发射导弹。

衍生型号

AGM-88 导弹的衍生型号主要有 AGM-88B 导弹、AGM-88C 导弹、AGM-88D 导弹、AGM-88E 导弹等。

AGM-88B 导弹是 1982 年在 AGM-88A Block 2 导弹的基础上发展而来的，1989 年开始服役，1993 年停产。该导弹更换了一个高性能、低成本的新型导引头，改进了制导系统数字处理机中的软件。

AGM-88C 导弹是 20 世纪 80 年代末在 AGM-88B 导弹的基础上发展而来的，1990 年开始生产，1998 年停产。该导弹采用了更新过的导引头，可攻击采用频率捷变技术的雷达和 GPS 信号干扰源；采用了最新型的战斗部，增强了对目标的破坏力，能摧毁坚固无比的目标。

AGM-88D 导弹是 1998 年开始研制的，加装了 GPS/INS 制导装置，极大地提高了该导弹的灵活性，与此同时，还具有打击多种目标的能力。

AGM-88E 导弹是 AGM-88 导弹的最新型号，采用了新的制导段和修改控制段，该型号导弹的火力和记忆能力能够使其在足够的射程范围内作战。

你知道吗

你知道 AGM-88 导弹研制的时间吗？

空战武器——空对空导弹

美国 AIM-9 "响尾蛇" 空对空导弹

AIM-9 "响尾蛇" 空对空导弹是美国雷锡恩公司研制的一种近距红外制导空对空导弹, 是世界上第一种投入实战并有击落飞机纪录的空对空导弹, 同时也是世界上产量最多的空对空导弹之一。

导弹结构

AIM-9 导弹采用的是鸭式气动布局, 由制导控制舱、引信部、战斗部、动力装置、弹翼和舵面等组成;

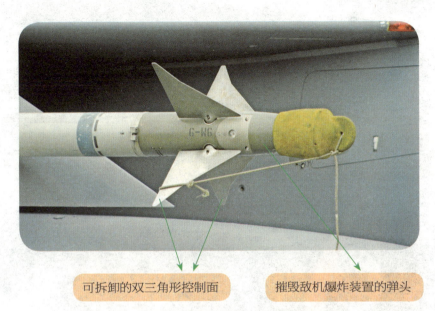

可拆卸的双三角形控制面   摧毁敌机爆炸装置的弹头

导弹呈圆柱形，弹头后部安装的可拆卸双三角形控制面大大改善了导弹的机动性。

设备作用

发动机为导弹提供推力，使得导弹能够在空中飞行；后稳定翼可使导弹在飞行时保持一定的高度；

军事放大镜

AIM-9空对空导弹对后来红外线导引空对空导弹的设计产生了非常深远的影响。例如，俄罗斯的第一款红外线导引空对空导弹K-13就是仿造AIM-9导弹而来的。

　　导引头用来观察从目标发出
的红外线；制导控制电子设备
用来分析并处理来自导引头的
信息，从而准确计划导弹的飞行路
线；动作控制可根据制导控制电子设备发出的指令来调
整导弹前端周围的飞行翼片；飞行翼片与飞机机翼上
的副翼非常相似，用来控制导弹在空中飞行时的方向；
引信系统能够在导弹到达目标时引爆弹头；电池为弹
载电子设备提供电源。

最新型号

　　AIM-9X 导弹是 AIM-9 系列导弹的最新型号，该导弹配置了全新的红外线影像寻标头、导引系统、弹体、控制面及燃气舵等，这大大提升了 AIM-9 系列导弹的作战能力。2004 年，美国海军与海军陆战队在 F/A-18C 战斗机上配备了 AIM-9X 导弹。2005 年，雷神公司宣称，他们已经向美国海军和空军递交了上千枚 AIM-9X 导弹，未来 20 年将会递交更多的 AIM-9X 导弹。

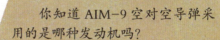

你知道吗

你知道 AIM-9 空对空导弹采用的是哪种发动机吗？

美国 AIM-7 "麻雀" 空对空导弹

AIM-7 "麻雀" 空对空导弹是美国研制的一种中程雷达半主动制导空对空导弹。美国空军、海军、海军陆战队航空兵曾广泛使用该导弹。与此同时，该导弹还销售至多个北约国家。

研发历程

20 世纪 40 年代末，美国海军决定研制一种用于空战的制导武器；1946 年 5 月，斯佩里公司设立了专门研制制导武器的部门；1947 年 3 月，斯佩里公司提出三点式导引法单波束系统，7 月将该系统正式命名为 "麻雀"；1948 年 8 月，"麻雀" 导弹进行第一次无动力飞行。

导弹性能

AIM-7 导弹本身并不能发射雷达波，而是借助发射平台上雷达波反射的连续波信号，来实现导向目标，极大地提高了接收器的反制能力；

AIM-7 导弹奠定了现代中程空对空导弹的基本布局；AIM-7 导弹的弹体又细又长，极大地减小了导弹飞行过程中的阻力；AIM-7 导弹不需要很大的推力就能获得较快的速度和较远的航程；AIM-7 导弹采用了雷达半主动制导技术，可平衡导弹的可靠性和命中精度。

衍生型号

AIM-7A 导弹最初代号为 AAM-N-2，1962 年以后统一命名为 AIM-7A，由于该导弹在使用的过程中出现了诸多问题，所以很快便退役了。

AIM-7B 导弹于 1950 年开始研制，最初被命名为 XAAM-N-2A "麻雀 II"，1952 年编号为 AAM-N-3，后期更改为 AIM-7B。该导弹采用的是主动雷达导引头，运载该导弹的战机可同时发射多枚导弹来攻击多个目标。

AIM-7C 和 AIM-7D 导弹的结构性能基本上一样，但 AIM-7D 导弹采用的是新型可存储液体燃料火箭发动机，所以该导弹的飞行性能比 AIM-7C 导弹要好。

AIM-7E 采用了改进后的固体燃料火箭发动机，大大提高了导弹飞行的速度，增加了射程，但其命中率较低。

AIM-7F 采用的是新型的两级推力发动机，增加了导弹的射程；还采用了由固态电子元器件组成的导引控制段，提高了导弹的可靠性；还装置了大威力的导弹战斗部，同时为该导弹后期的改造和升级预留了空间。

AIM-7M 导弹是"麻雀"导弹家族中使用最普遍的一个型号，于 1982 年开始服役。该导

军事放大镜

在 1991 年的海湾战争中，AIM-7M 导弹发挥了极大的作用，美国军队使用该导弹击落了对方多架飞机。

弹安装了新型逆向单脉冲导引头、无线电近炸引信、数字控制电路等；导弹的弹体做了流线型处理，减少了导弹在飞行过程中的空气阻力。

AIM-7P 型导弹是在 AIM-7M 导弹的基础上改进而成的，增加了新型无线信号接收装置，这样一来，装载 AIM-7P 型导弹的飞机将导弹发射之后，依然能够对导弹进行中段连续波制导。

你知道吗

你知道 AIM-7 导弹的头部呈什么形状吗？

法国"米卡"空对空导弹

"米卡"空对空导弹是法国玛特拉公司研制的一种先进的中程空对空导弹，可装在法国"幻影 2000"、英国"海鹞"战机上。

研发历程

1981 年年底，"米卡"导弹开始研制；1983 年 10 月，进行无制导地面试射；1985 年年初，进入制造阶段；1990 年春，"幻影 2000"战斗机上装载"米卡"导弹进行飞行试验；1992 年 1 月，进行多次空中试射；1995 年，试射成功；1997 年定型。

> **军事放大镜**
>
> 2000 年 7 月，西班牙航空制造公司、德国戴姆勒－克莱斯勒宇航公司及法国宇航－玛特拉公司合并，组成了欧洲航空防务和空间公司，如此一来，"米卡"导弹就转归到了欧洲航空防务和空间公司的控股子公司欧洲导弹集团门下。

导弹结构

"米卡"导弹采用正常气动外形，窄长边条弹翼和后缘呈阶梯形的尾翼，呈十字形配置，尾喷口内装有 4

个燃气偏转装置，大大提高了导弹的机动性，导弹通过4个与气动舵联动的燃气舵进行方向控制，能使导弹在飞行中自始至终以很高的过载做机动飞行。

导弹性能

"米卡"导弹可分别安装主动雷达导引头和被动红外导引头，射程远、机动性好、制导精度高，既可用于中距拦射，也可用于近距格斗；具有"发射后不管"和多目标攻击的能力；"米卡"导弹的主动雷达型采用捷联式惯性系统和主动雷达制导，其主动雷达的探测距离非常远，被动红外制导型采用的是红外成像焦平面阵列／电荷耦合器件，分辨率高，抗干扰能力强。

你知道吗

你知道"米卡"空对空导弹一共有几种型号吗？

防御空袭——防空导弹

美国 MIM-104 "爱国者" 防空导弹

MIM-104 "爱国者" 防空导弹是美国雷神公司研制的第三代中远程、中高空防空导弹系统，服役以后，该导弹成为美国军队中主要的中高空防空武器。

研发历程

1967 年，MIM-104 导弹开始研制；1970 年，美国首次对 MIM-104 导弹进行试验；1982 年，MIM-104 导弹研制成功；1984 年，MIM-104 导弹开始服役。

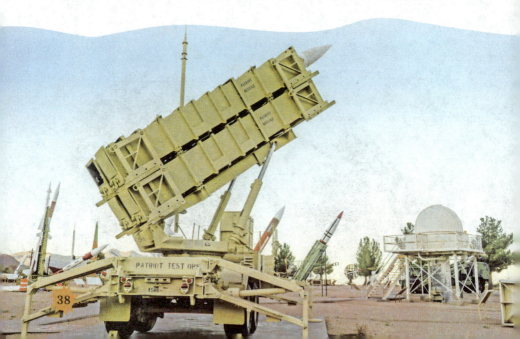

导弹结构

MIM-104导弹系统由发射装置、作战控制中心、相控阵雷达、电源等组成；该导弹弹体呈圆柱形，弹体头部呈尖卵形，没有弹翼，控制尾翼呈十字形；该导弹的战斗部安装了无线电近炸引信，内部装有很多高爆炸药；该导弹采用了单脉冲雷达导引头、模式化的数字式弹上制导设备等；该导弹采用了高性能的固体火箭发动机。

军事放大镜

在海湾战争中，美军的MIM-104导弹成功拦截了伊拉克军队发射的"飞毛腿"导弹，这是MIM-104导弹第一次在实战中成功拦截弹道导弹。

导弹性能

MIM-104 导弹具有较强的抗毁能力和攻击能力，可同时应对多个目标；MIM-104 导弹能够在强烈的电子干扰的环境下拦截高、中、低空来袭的飞机或者巡航导弹；MIM-104 导弹系统具有较强的自动性，一部相控阵雷达可以完成多项任务，如对目标进行搜索、探测、跟踪、识别等，而且射击反应时间非常短，仅需十几秒。

导弹部署

MIM-104 导弹深受一些国家的喜欢，其中包括日本、

波兰、希腊、土耳其、韩国等，这些国家购买 MIM-104 导弹后分别部署在不同的地方。

日本购买 MIM-104 导弹主要部署在佐世保海军基地、普天间空军基地、三泽空军基地、横田空军基地、嘉手纳空军基地等。

波兰购买 MIM-104 导弹主要为了应对普京针对欧盟的扩军计划。

希腊军方部署 MIM-104 导弹是为了维护雅典奥运会期间的治安，防范来自空中的恐怖攻击。

北约外长在 2012 年 12 月批准土耳其的请求，在土耳其与叙利亚接壤的边境地区部署 MIM-104 导弹，目的是防止叙利亚的袭击。

你知道吗

你知道 MIM-104 导弹有几种型号吗？

英国"警犬"防空导弹

"警犬"防空导弹是英国布列斯托公司早期研制的一种固定式全天候防空导弹防御系统，主要用来对付高空高速飞机。

导弹结构

"警犬"导弹的弹体头部呈尖拱形，其他部分呈圆柱形；弹体的中部配置了一对旋转弹翼，用来机动飞行；弹翼平面状态下呈梯形，翼尖为马赫角切除，翼剖面呈尖锐的菱形；弹身中后部的上方、下方各安装了1台液体冲压发动机；弹身后部四周安装了4台固体助推器，每台助推器的尾部都安装了1片稳定尾翼。

衍生型号

"警犬"防空导弹主要有2个型号，分别是MK1和MK2。

　　"警犬"MK1 导弹研制的时间为 1949 年，服役时间为 1958 年。该类型的导弹具有射程不足、低空性能差、命中精度低、杀伤力小等缺点。所以，1958 年开始在此基础上进行改进，研制出"警犬"MK2 导弹。1964 年 8 月，"警犬"MK2 导弹开始服役，逐渐替代了"警犬"MK1 导弹。

　　"警犬"MK2 导弹采用的是 BRJ-801 冲压发动机，大大增加了导弹的推力，采用的是连续波体制，从而提高了低空性能和命中精度，使用了烈性炸药和核战斗部，

水平稳定翼

发动机

助推器

弹体

增强了对目标的杀伤力。与"警犬"MK1相比，"警犬"MK2的性能有所提高，但其依然存在着很多缺点，比如当该

军事放大镜

　　"警犬"导弹部队以营为建制单位，每个营设有一个发射控制站和一部目标指示雷达，每个营又包括两个连，连是最小的火力单位，能够独立作战。

导弹执行高空拦截任务时，很容易被目标摆脱；不能同时攻击多个目标；发射前的准备工作烦琐。

作战过程

当远程搜索雷达发现敌方目标后，就会开始跟踪目标，在跟踪目标的同时会将敌方目标运动的信号自动发送给跟踪雷达。这时跟踪雷达会马上捕获目标，然后将敌方目标的方位、高度、速度等信息传给中央控制站。敌方目标信号的信息数据会被输入计算装置储存器中，并且显示在屏幕上，然后再选择要发射的导弹。发射架上的导弹会与目标照射雷达方位同步运动，导弹发射以后，导弹上的接收机就会开始工作，然后不断地接收目标的信息，最后把导弹引向目标。

你知道吗

你知道"警犬"MK1导弹是什么时候开始研制的吗？

45

俄罗斯 S-300 防空导弹

　　S-300 防空导弹是苏联金刚石中央设计局和安泰公司研制与生产的第三代防空导弹武器系统。目前，S-300 系列防空导弹已发展成为反巡航导弹、反战术弹道导弹等多用途防空与反导系统。

导弹结构

　　S-300 导弹弹体呈锥形，弹体头部安装了导引头、弹上计算机、无线电引信、战斗部、惯导装置、

舵舱及固体火箭发动机；拦截器采用的是无翼正常式气动布局；

军事放大镜

　　2021 年 9 月，有报道称，乌克兰导弹部队按照实战的方式对 S-300 导弹系统进行了多项作战演练，演练任务包括军事防御和基础设施防御等。

弹体尾部安装了4个气动控制舵面。

两种系列

S-300P 系列导弹是S-300 系统的原型，于 1970 年开始研制，1977 年装备苏军，其最新改进型 S-300PMU2 "骄子" 系统于 1992 年开始服役，俄罗斯军方称其性能优于美国的 "爱国者" 地对空导弹系统。

S-300PMU2 "骄子" 系统由指挥中心、目标搜索雷达、制导站、48N6E2 型导弹及四联装发射车等部分组成，

能同时拦截 6 个目标，具有全天候全空域作战能力。48N6E2 型导弹采用惯性制导、主动雷达末端制导和破片杀伤战斗部，发射方式为垂直发射。据报道，该导弹既能在某一距离引爆来袭导弹的弹头，也能引爆导弹燃料箱。因此，即使该导弹本身的爆炸碎片没有直接击中目标，也能摧毁目标。

　　S-300V 系列导弹于 1987 年装备苏军陆军部队，该系列导弹由指挥车、圆扫描雷达、扇面扫描雷达、多通道导弹制导站、9M83 型导弹及四联装履带式发射车、9M82 型导弹及二联装履带式发射车等部分组成，能同时拦截 24 个目标。该导弹采用惯性制导和半主动雷达末端制导，发射方式为垂直发射。该系统配用 9M83M 型、

9M82M 型两种导弹，二者可分别对付距离较近和较远的目标，能拦截 24 个气动式目标（飞机类）。

作战过程

　　首先探测到来袭的导弹，通过远程雷达、预警卫星等空间传感器获取预警信息。当来袭导弹进入搜索雷达作用范围时，开始实施追踪，并向发射连发出警报，进行发射准备，拦截来袭导弹。在扇面扫描雷达给出攻击目标的指示后，会接连发射两枚导弹，第一枚导弹拦截来袭导弹，如果没有拦截成功，第二枚导弹进行拦截。如果第一批发射的两枚导弹均未击中来袭导弹，即可发射第二批导弹。

你知道吗

你知道我国是哪一年订购的第一批 S-300 导弹吗？

俄罗斯 S-400 防空导弹

S-400 防空导弹是俄罗斯阿尔玛兹－安泰中央设计局研制的第四代防空导弹系统，该导弹可用于防御超低空到高空、近距离到超远程的空袭，具有很强的作战能力。

导弹结构

S-400 导弹的火力单位由目标指示雷达、导弹发射车、多功能雷达、低空补直雷达等构成。S-400 导弹的指挥控制系统由两辆车组成，一辆是搜索指示雷达车，

另外一辆是指挥控制车。S-400 导弹在飞行初期和中期采用的是带有无线电校正的惯性制导，最后拦截目标时采用的是自动制导。

先进设备

S-400 导弹系统充分利用了俄罗斯在无线电、雷达、火箭制造、微电子技术和计算机技术等领域的最先进研究成果。

S-400 导弹系统配置了全自动模式工作的目标瞄准系统，战斗部分离后，能用于战略弹道导弹防御。

S-400 导弹系统升级后能和 A-135M 反导弹系统共享目标数据信息，在 A-135M 反导弹系统协同下，可以拦截洲际弹道导弹。

导弹性能

S-400 导弹具有非常远的射程，据报道，其还能探测隐形飞机；该导弹具有反导能力，

军事放大镜

S-400 导弹是在 S-300P 导弹的基础上改进而来的，它配备了射程更远的新导弹和新型相控阵跟踪雷达，雷达具有 360° 的全向覆盖能力。

但只能拦截那些距离 S-400 导弹发射装置比较近且射程比较短的弹道导弹；该导弹独特的导弹系统，使其具有较强的抗干扰能力；该导弹可同时执行搜索跟踪目标、制导导弹、反电子干扰等任务。

出售记录

2015 年，中国从俄罗斯购买了 S-400 防空导弹系统，装备 6 个营；2017 年 7 月，土耳其与俄罗斯达成协议，购买俄罗斯 S-400 反导系统；2018 年 10 月，俄罗斯与印度签署 S-400 防空导弹系统的出口合同，预计 2023 年 4 月前完成交易。

你 知 道 吗

你知道 S-400 导弹的北约代号叫作什么吗？

俄罗斯 SA-6 "根弗" 防空导弹

SA-6 "根弗" 防空导弹是苏联 Toporov OKB-134 特种工程设计局研制的一种机动式全天候型中近程、中低防空武器系统，曾多次出现在战争中。

导弹结构

SA-6 导弹的弹头呈尖卵形，弹体呈圆柱形；弹体的中部设有冲压发动机进气孔，从外形上看，进气道向后延伸，

沿弹体方向呈四道凸起；有两组控制面，第一组控制面位于弹体底端，呈梯形，前缘后掠，第二组控制面位于冲压发动机进气孔所在段，前缘后掠，翼尖有切角；SA-6导弹系统分开装在两辆履带车上，这两辆履带车分别是三联装导弹发射车和制导雷达车。

导弹性能

SA-6导弹采用多波段多频率工作，具有很强的抗干扰能力；采用固冲一体化发动机，提高了导弹的稳定性；杀伤率高，反应速度快；火力密度大；采用全程半主动雷达制导，具有较高的命中率。

后续改进

SA-6导弹在使用的过程中也进行过一系列的改进，例如，

军事放大镜

SA-6B导弹是SA-6导弹的一种衍生型号，该型号的导弹发射车履带底盘上安装了三枚3M9M1导弹，底盘的前部还安装了一部"毁灭之火 Fire Dome"制导雷达。

将导弹上的设备全部装在一部履带车上，这样车辆之间就不需要铺设电缆，极大地减少了搜索、跟踪目标时的引导误差、标定误差等；自动调平和升降结构；采用固冲组合发动机，但改进后的 SA-6 导弹在使用过程中暴露了很多缺点，所以该导弹后来逐渐被 SA-11 导弹所代替。

实战历史

你知道吗

你知道装运 SA-6 导弹的三联装导弹发射车上可以乘坐几个人吗？

第四次中东战争爆发后，阿拉伯国家使用 SA-6 导弹击落了以色列多架飞机。

第五次中东战争爆发后，在贝卡谷地战斗期间，因为以色列针对 SA-6 导弹采用了新的对抗措施，所以在几分钟内就摧毁了十几个以 SA-6 为主体的导弹防空网。

1999 年，科索沃战争爆发，SA-6 导弹摧毁了南联盟军队多架"战斧"巡航导弹，美国空军一架 F-16 战斗机曾在白天被 SA-6 导弹击毁。

苏联 SA-8 "壁虎" 防空导弹

　　SA-8 "壁虎" 防空导弹是 20 世纪 70 年代苏联研制的一种陆上机动近程低空、全天候地对空导弹武器系统，能够拦截低空、超低空飞机，也适用于野战防空。

导弹结构

　　SA-8 导弹采用的是鸭式布局，整体呈细长圆柱体，弹体的前部有 4 个控制舵，呈梯形；弹体的尾部是 4 个稳定翼，这 4 个稳定翼的后缘与发动机的喷口持平；舵和尾翼均按 X 形配置，尾翼是折叠式的。

导弹性能

　　SA-8 导弹具有较远的射程、较好的机动性能，

军事放大镜

　　1982 年，第五次中东战争爆发以后，叙利亚与以色列在贝卡谷地发生了剧烈的空战，在这期间，以色列共摧毁叙利亚部署的 3 枚 SA-8 防空导弹。

所以其作战空域较大；该导弹及雷达的体积非常小，重量很轻，可将整个系统装在同一辆车上；该导弹抗干扰性能好，单发命中率高，近程脱靶量小于 10 米，又拥有自主或联网作战能力，生存能力很强。

衍生型号

你知道吗

你知道 SA-8 导弹是哪一年开始服役的吗？

SA-8A "壁虎" 导弹采用的是四联装发射车，导弹暴露于发射轨道上，1960 年开始研发，1971—1972 年开始服役；SA-N-4 "壁虎" 导弹是在 SA-8A 导弹的基础上改进的海军舰载型号，1972 年开始服役；SA-8B "壁虎 Mod-0" 导弹采用的是六联装发射车，每枚导弹均密封包装，1975 年开始服役；SA-8B "壁虎 Mod-1" 导弹安装了敌我识别系统，加强了对敌方直升机的杀伤力，1980 年开始服役。

美国 RIM-7 "海麻雀" 舰对空导弹

RIM-7 "海麻雀" 舰对空导弹是美国海军使用的一种全天候、近程、低空点防域的舰对空导弹，主要任务是应对敌方的地空飞机、反舰导弹和巡航导弹。

导弹结构

RIM-7 导弹采用的是全动翼式气动布局；弹体的头部呈锥形；弹体中

军事放大镜

自 1967 年 RIM-7 导弹进入美国海军服役以后，美国海军对该导弹进行过多次改进，RIM-7 导弹的改进基本上与同种型号的空对空导弹同步。

部安装了两对弹翼，可发挥舵和副翼的作用，产生升力和控制力；弹体后部安装了两对固定的尾翼，主要用来控制导弹的稳定性。

导弹性能

RIM-7 导弹具有命中率高、反应快、抗干扰能力强、适用范围广、全天候、全方位、多目标攻击能力等优良的性能。

衍生型号

RIM-7 导弹的衍生型号有很多，都是在 AIM-7 "麻雀" 空对空导弹的基础上发展而来的，包括 RIM-7E、RIM-7E2、RIM-7H、RIM-7F、RIM-7M、RIM-7R，其中 RIM-7M 是标准型。

你知道 RIM-7 导弹的制导方式吗？

装甲杀手——反坦克导弹

美国"陶"系列反坦克导弹

　　"陶"系列反坦克导弹是美国休斯飞机公司研制的一种重型反坦克导弹，主要用于攻击坦克、装甲车辆和火炮阵地等坚固目标，该系列的导弹是世界上使用最广泛的一种反坦克导弹。

导弹特点

　　"陶"系列导弹发射平台较为灵活，可以车载发射，也可以机载发射；与原型相比，增大了射程，提高了破甲能力；具有对付披挂反应装甲目标的能力。虽然"陶"系列导弹有这些优点，但是由于该系列的导弹采用的是有线制导的方式，所以大大限制了导弹的射程，而且，发射导弹的平台也很容易被敌方击中。

衍生型号

原型"陶"系列导弹的发射装置由发射筒、回转体和三脚架组成，有三种运载工具。

陶1型导弹于1981年开始服役，能够在大横向风的条件下操纵发射装置，增加了导弹的射程；导弹战斗部安装的压电开关增加了战斗部起爆的可靠性。

陶2型导弹于1979年开始研制，于1983年开始服役。该导弹采用了增程发动机，大大增加了射程；新增

军事放大镜

"陶"系列反坦克导弹弹体呈柱形，有两对控制翼面，该系列导弹发射筒也呈柱形，从发射筒的1/3处开始变粗，明显呈前后两段。

了一个二氧化碳激光器光标，改善了导弹的制导性能，提高了导弹在恶劣气候下的作战能力；发射装置采用了新的数字式发射制导装置。

陶2A型导弹于1987年开始服役，主要用于攻击披挂反应装甲目标。

陶 2B 型导弹于 1992 年开始服役，主要用于攻击敌方的坦克顶装甲。

实战历史

在越南战争后期，美军在 AH-1 攻击直升机上装载了"陶"系列导弹来攻击越南军队的坦克，具有较高的击中率。

在第四次中东战争期间，以色列直升机上装载的"陶"系列导弹，在抗击叙利亚军队好几百辆坦克的攻击中起到了十分重要的作用。

在海湾战争中，美国军队中的 M901 式导弹发射车、大批 M2 步兵战车、M3 骑兵战车、AH-15 直升机等都装载了"陶"系列反坦克导弹，摧毁了伊拉克军队炮兵的几十辆坦克。

你知道"陶"系列反坦克导弹是从什么时候开始研制的吗？

美国 AGM-114 "地狱火" 反坦克导弹

AGM-114 "地狱火" 反坦克导弹是美国洛克希德·马丁公司研制的一种由直升机发射的近程空对地导弹，该导弹是专门为 "阿帕奇" 武装直升机而研制的，主要用来攻击敌方的坦克。

导弹性能

AGM-114 反坦克导弹的引导方式是半主动激光诱导，具有较强的抗干扰能力，激光发生器向着目标照射激光，导弹的接收器收到来自目标反射的激光，使导弹沿着目标反射的激光飞行攻击；发射距离远，精准度高，杀伤力大；采用的模块式设计能够根据战术的需要和气象条件选择不同的制导方式，进而配制不同的导引头。

衍生型号

AGM-114 反坦克导弹的衍生型号共分为两代。

第一代有 AGM-114A 导弹、AGM-114B 导弹、AGM-114C 导弹、AGM-114D/E 导弹等。AGM-114A 导弹是基本型，采用了半主动激光导引头；AGM-114B 导弹采用了半主动激光、射频 / 红外和红外成像 3 种导引头，安装了引信保险备炸装置，具有较大的杀伤力；

军事放大镜

AGM-114 反坦克导弹于 1970 年开始研制，是在"大黄蜂"空对地导弹的基础上研制而成的。该导弹自 1971 年开始试验，1975 年试射了几十枚，有一半以上都试射成功。

AGM-114C 导弹与 AGM-114B 导弹基本相同，唯一不同的是 AGM-114C 导弹没有安装引信保险备炸装置；AGM-114D/E 导弹安装了串列装药战斗部，与 AGM-114A 导弹相比，该型号的导弹弹体更长、质量更大。

第二代有 AGM-114L 导弹、AGM-114M 导弹、AGM-114N 导弹、AGM-114P 导弹、ATM-114Q 导弹、AGM-114S 导弹、AGM-114T 导弹等。AGM-114L 导弹使用的是空心装药破甲弹弹头，具有全天候作战能力；AGM-114M 导弹是破裂型导弹，能够有效地打击舰只、岩洞、轻型装甲、建筑物、掩体等目标；

AGM-114N 导弹是为了专门攻击地上坚固的建筑物及地下目标所改造的；AGM-114P 导弹是无人飞机高空飞行时的优化版本；ATM-114Q 导弹是装备了惰性战斗部的 ATM-114N；AGM-114S 导弹用点电荷来代替弹头；AGM-114T 导弹使用的是钝感弹药火箭发动机和电磁控制。

实战历史

1989 年，美军入侵巴拿马，首次使用 AGM-114 导弹来攻击巴拿马国防军司令部；1991 年，海湾战争爆发，在这次战争中，AGM-114 导弹得到广泛使用，主要装备在 AH-64A 型攻击直升机及 AH-1W 型"超级眼镜蛇"直升机上，击毁伊拉克军队大量装甲目标和工事；2003 年 3 月—2010 年 8 月，在"伊拉克自由行动"期间，美军和盟军发射近千枚 AGM-114 导弹；2016 年 5 月，塔利班领导人阿赫塔尔·穆罕默德·曼苏尔被美军用 MQ-9 无人机发射的两枚 AGM-114 导弹射中，当场死亡。

你知道吗

你知道在 1976 年，AGM-114 导弹被定为哪种攻击直升机的机载武器吗？

法国、德国"米兰"反坦克导弹

"米兰"反坦克导弹由法国和德国联合研制,该导弹采用了目视瞄准、红外半主动跟踪、导线传输指令的制导方式,是第二代轻型反坦克导弹的典型代表。

导弹性能

军事放大镜

目前列装部队装置的主要是"米兰2"型改进导弹,该导弹已装备近40个国家,曾多次用于局部战争和武装冲突。

"米兰"反坦克导弹的射程较远;弹头采用的是高爆反坦克弹,能够穿透几百毫米厚的钢装甲;"米兰"反坦克导弹不仅能够攻击坦克,还能攻击直升机和巡逻艇;"米兰"导弹在非洲战场、海湾战场表现出色,说明它具有非常灵活的作战方式。

衍生型号

1984年,"米兰2"导弹研制成功,该型号采用了经过改进的穿甲弹,大大增加了破甲深度。1991年,

"米兰2T"导弹研制成功，该型号在"米兰2"导弹的基础上加装了一个先行战斗部，用来对付带有反爆装甲的目标。1995年，"米兰3"导弹研制成功，它安装了脉冲氙红外信标和一个热成像夜视仪，极大地提高了抗干扰能力。

实战历史

1982年，在英阿马尔维纳斯群岛战争中，英国军队曾经使用"米兰"导弹摧毁了阿根廷军队的地下碉堡。

1982年，黎巴嫩战争（第五次中东战争）爆发，黎巴嫩政府军将"米兰"反坦克导弹部署在贝鲁特东区和黎西北部地区，用来对付敌军。

1991年，在海湾战争中，法国军队曾使用"米兰"导弹参战。

你知道吗

你知道"米兰"反坦克导弹是哪种作战方式的理想武器吗?

以色列 "长钉" 反坦克导弹

"长钉"反坦克导弹是 20 世纪末期以色列自行研制的第四代反坦克制导武器，主要服役于以色列国防军，除此之外，北约的多个成员国、印度、新加坡、哥伦比亚等均有装备。

军事放大镜

"长钉"反坦克导弹的两组弹翼呈矩形，弹尾是固定式弹翼，弹体中部尺寸较小的弹翼平时呈折叠状。

研发历程

20 世纪 80 年代，以色列制订研发反坦克导弹的计划；20 世纪 90 年代末，拉斐尔公司推出 NT 系列的反坦克导弹；1999 年，公布 NT 系列导弹原型；2002 年，拉斐尔公司宣布将原来的 NT 家族更名为"长钉"家族。

导弹结构

"长钉"反坦克导弹由导引头、前战斗部、电池组、主发动机和主战斗部等部分组成。发射装置由命令发射单元、热成像仪和三脚架等组成；导弹的中部和后部分别有 4 个翼片，尾部的固定式弹翼主要用来控制飞行；导弹的战斗部采用的是串列高爆双弹头结构，可大大增加导弹的穿透能力。

导弹性能

"长钉"反坦克导弹反应迅速，使用非常便捷；采用了固体状态摄像机图像转换装置，极大地提高了"长钉"反坦克导弹的灵敏度和识别目标时的分辨率；"长钉"反坦克导弹采用了高抛物线飞行弹道，所以当导弹接近目标时就会做俯冲攻击，这样可避开敌方主战坦克厚重的前装甲，除此之外，高抛物线飞行弹道受地形影响小，能够在山地、丘陵等复杂的地形作战；"长钉"反坦克导弹使用的是光纤数据传输链路，可使该导弹在相同载荷和动力下获得较远的射程，还能赋予导弹更多的作战模式和更大的任务弹性。

导弹型号

长钉-SR反坦克导弹为短射程型，是一种低成本的便携式反坦克导弹系统，使用对象为步兵、特种部队和快速反应部队，可攻击装甲、掩体、混凝土工事等多种目标。

因为长钉-SR反坦克导弹的射程比较短，所以固体火箭发动机的尺寸会小一些，全系统的重量也会更轻一些，因此射手不需要架起三脚架，肩扛也可以发射。

长钉-MR反坦克导弹为中射程型，是一种轻型、便携式的多用途导弹系统，其主要部署在以色列的南部地区。

长钉-LR反坦克导弹为长射程型，该型导弹上安装的探测器和光纤数字通信链，使得导弹在发射后能够修正目标数据或者转换攻击目标，完成实时监控、敌我识别和战斗损害评估，击中率高，还能对周围

你知道吗

你知道长钉-NLOS导弹弹体中部靠后有几副弹翼吗？

目标造成一定的附带伤害。长钉-LR反坦克导弹上装备的光纤通信制导系统，可以将射手的意图以数字的形式传给导弹，还能将导弹导引头扫描到的画面以图像的形式传给射手，所以导弹在飞行过程中，射手可以稍微修改瞄准点，进而提高命中率。长钉-LR反坦克导弹不仅可以安装在三脚架上使用，还可以架设在轻型战斗车辆上使用。

攻船能手——反舰导弹

法国"飞鱼"反舰导弹

　　"飞鱼"反舰导弹是法国宇航公司研制的一种反舰导弹，该导弹具有多种发射方式，如舰射、潜射、空射等，该导弹还能在接近水面不到 5 米的地方飞行，而且不会接触水面，是一种整体性能较好的反舰导弹。

导弹结构

　　"飞鱼"反舰导弹采用的是正常式气动布局，由导引头、前部设备舱、战斗部、主发动机、助报器、后部设备舱、弹翼和舵面组成；弹身呈锥头圆形，

弹身的中部和尾部有四个弹翼和舱面，弹翼呈梯形悬臂式。

衍生型号

MM38导弹是舰射型反舰导弹，于1967年开始研发。

AM39导弹是空射型反舰导弹，有两台发动机，主发动机为端面燃烧的固体火箭发动机，助推器是侧面燃烧药柱的固体火箭发动机。该导弹可适应超音速飞行的需求，1974年开始研发，1979年开始服役。

SM39导弹是潜射型反舰导弹，该导弹使用了马达动力的辅助动力舱，可以在水面以下航行。

军事放大镜

"飞鱼"反舰导弹的攻击目标是敌方大型水面舰艇，该导弹在飞行时采用的是惯性导航，待接近目标后，该导弹就会启动主动雷达搜寻装置，正因为这样，该导弹在接近目标前不容易被发现。

MM40 导弹是改良式舰射型反舰导弹，采用了数位电路和新寻标器。

实战历史

1982 年，马岛战争爆发。在这次战争中，"飞鱼"反舰导弹击沉了英国的谢菲尔德号驱逐舰，这也是英国自第二次世界大战之后第一艘被击沉的战舰，自此"飞鱼"反舰导弹声名大噪。

两伊战争期间，伊拉克使用"飞鱼"反舰导弹攻击伊朗方面的船只及途经波斯湾海域载有原油的油轮，曾将世界最大的邮轮"海上巨人号"击沉。

1987 年 5 月，伊拉克一架战机发射两枚"飞鱼"反舰导弹，击中美国海军斯塔克号护卫舰，使该舰遭到严重损害。

你知道吗

你知道"飞鱼"反舰导弹首次对外公开的时间吗？

美国 AGM-84 "鱼叉" 反舰导弹

AGM-84 "鱼叉" 反舰导弹是麦克唐纳·道格拉斯公司研制的一种反舰导弹，可以从飞机上发射，也可以从各种水面军舰及潜艇上发射，是美国海军和空军最主要的一种反舰武器。

研发历程

1965 年，反舰导弹研究方案开启；1969 年，进行方案论证；1970 年 11 月，开始研制；1971 年 1 月，开始招标；1971 年 6 月，

军事放大镜

2021 年 6 月，有媒体报道称，为打击挪威海岸的一艘靶船，美国海军使用 P-8A 反潜机发射了两枚 AGM-84D "鱼叉" 反舰导弹，这是美军第一次在欧洲战区用 P-8A 反潜机发射 AGM-84 反舰导弹。

确定麦克唐纳·道格拉斯公司为该反舰导弹的主承包商；1972 年 12 月—1977 年 3 月，进行飞行和实战测试，并于 1975 年开始量产；1977 年 7 月，开始服役。

导弹结构

AGM-84 导弹弹体上装有两组十字形翼面，弹体中部装有四片大面积梯形翼，弹尾有四面全动式控制面；AGM-84 导弹的战斗部、加力器采用的是钢质材料，外壳、翼面采用的是铝合金材料；

梯形翼

弹头

尾翼

AGM-84 导弹的动力装置是涡轮发动机；制导方式是中段惯性制导和末段主动雷达制导；弹头处安装了两种可互换导引头，即主动雷达导引头和红外成像导引头。

发射过程

AGM-84 导弹在发射之前，由载机上的探测系统提供目标数据，然后输入导弹的计算机中；导弹发射后，会迅速下降至 60 米左右的巡航高度，以约 0.75 马赫的速度飞行；在离目标一定距离时，导引头可根据选定的方式进行搜索；

捕获目标后，AGM-84 导弹会降低高度，在海面上飞行；接近敌舰时，导弹会立即跃升，再迅速向目标俯冲，穿入甲板内部爆炸，完成高效摧毁。

实战历史

　　1980 年，两伊战争爆发，伊朗使用美国的 RGM-84A "鱼叉"反舰导弹击沉伊拉克海军级 L-78 号两栖支援舰；1988 年，美国海军开入波斯湾，介入两伊战争，在交战过程中，美国与伊朗均使用了"鱼叉"反舰导弹。

你知道吗

　　你知道 AGM-84 反舰导弹的发射器是什么形状吗？

苏联P-15 "白蚁" 反舰导弹

　　P-15反舰导弹由苏联彩虹设计局研制，它的外形就像是一架小飞机，该导弹是世界上最早击沉军舰的反舰导弹。

研发历程

　　20世纪50年代，由于P-1导弹在使用的过程中出现了严重的不足，所以苏联方将其淘汰，为补足这方面的空缺，苏联决定开发用于"肯达"级巡洋舰的P-5导弹。因为当时苏联的驱逐舰的反舰导弹没有进一步更新，而当时的苏联急需大量小型导弹艇作为海战的"拳头"，至此苏联提出研制P-15导弹的计划。

1953年，开始研究；1957年10月，首次试射；1960年，交付苏联海军。

导弹结构

P-15导弹采用的是中端自动驾驶仪和末端主动雷达寻的复合制导，当该导弹飞入目标区中时，采用的是

军事放大镜

P-15导弹经过一系列的改进后，其弹翼由固定型变为活动型，当弹翼在发射箱中时，其处于折叠状态；当导弹飞离发射箱后，弹翼就会自动展开，呈飞行状态。

末制导雷达或红外末制导设备导引；巡航期间使用自动驾驶仪控制；战斗部为聚能穿甲型；该导弹在发射时，

你知道吗 ？？？

你知道新型的 P-15 导弹的绰号叫什么吗？

助推器将导弹加速到接近一定的巡航速度后会自动脱落，这时主发动机就会开始工作。

实战历史

在第三次中东战争中，埃及海军的"蚊子"级导弹快艇上装置了 P-15 导弹，并用该导弹击沉了以色列海军的"埃拉特"号驱逐舰，这次战争中创造了小艇战胜大舰的纪录，显示了 P-15 导弹的巨大威力和极强的作战能力，让全世界对 P-15 导弹的优良性能刮目相看。

俄罗斯P-800"红宝石"反舰导弹

　　P-800"红宝石"反舰导弹是俄罗斯切洛梅设计局研制的一种反舰导弹,用来取代P-270"蚊子"反舰导弹和P-700"花岗岩"导弹。

研发历程

　　20世纪80年代后期,苏联计划研制一种新型反舰导弹;20世纪90年代,虽然俄罗斯发生了严重的经济危机,

但新型反舰导弹的研制工作依然有了很大的进展；20世纪 90 年代中期，新型反舰导弹进入试验阶段；20 世纪 90 年代末，莫斯科航展上推出了新型导弹样品，后来将这个新型反舰导弹命名为"红宝石"。

导弹结构

P-800 反舰导弹采用的是复合导航系统，并使用了标准的空气动力外

在俄罗斯，P-800 反舰导弹的装备对象是俄罗斯海军，除了俄罗斯之外，印度、印度尼西亚及叙利亚等国家也装备了 P-800 反舰导弹。

形；弹体上安装了梯形折叠的主翼和尾翼；发动机采用的是超音速冲压喷气巡航发动机，该发动机的进气道位于导弹的头锥中心线的两侧。

导弹性能

P-800 反舰导弹重量较轻、尺寸很小、飞行速度很快，具有很强的滑翔空气动力性能；该导弹具有极强的攻击能力，能够在剧烈的电子干扰的条件下，对敌方战舰进行攻击；该导弹对外界条件要求很低，所以不需要进行特殊维护和保养。

发射过程

当 P-800 反舰导弹从发射筒射出后，发动机中的固体燃料加速器会立刻启动，在几秒钟之内使导弹加速到 2 马赫以上；之后固体燃料加速器关闭，冲压式液体燃料喷气发动机继续工作，使导弹继续以 2.5 马赫左右的速度飞行；进入飞行的最后阶段后，该导弹会跃出无线电地平线，这时导弹中的雷达导引头重新开始工作，跟踪目标，最后击中目标。

你知道吗

你知道 P-800 反舰导弹在北约代号是什么吗？

俄罗斯、印度PJ-10 "布拉莫斯"反舰导弹

　　"布拉莫斯"反舰导弹是俄罗斯和印度合资，由布拉莫斯航空航天公司研制的新一代超音速反舰巡航导弹。该导弹是在俄罗斯P-800"红宝石"反舰导弹的基础上研制的，俄罗斯方负责该导弹的研制与生产工作，印度方负责研制该导弹的制导系统。

研发历程

　　1995年12月，俄罗斯与印度联合研制超音速反舰导弹，后来因为研制经费不足，终止了该项目的研发；

1996 年 2 月，俄罗斯导弹生产和设计商与印度联合组建布拉莫斯航空航天公司，决定共同研制代号为 P-J10、名称为"布拉莫斯"的超音速

"布拉莫斯"的英文名字为 BrahMos，是由印度布拉马普特拉河（Brahmaputra Rivers）和俄罗斯莫斯科河（Moscow River）这两个英文单词缩写后组成的，其寓意既有布拉马普特拉河狂放的一面，又有莫斯科河优雅的一面，象征了印度和俄罗斯两国之间的友谊。

巡航导弹；2001 年 6 月，"布拉莫斯"导弹首次试射；2003 年 2 月，"布拉莫斯"导弹在孟加拉湾进行的第三次飞行试验取得成功，这也是第一次在舰船上成功发射舰载型"布拉莫斯"导弹；2003 年 12 月，印度海军开始实施为期 10 年的导弹武器装备计划；2004 年 4 月，"布拉莫斯"导弹进行了第十次试射。

导弹性能

　　"布拉莫斯"导弹具有超音速、多弹道的性能；"布拉莫斯"导弹具有极强的突防能力、抗反导拦截能力和抗干扰能力；"布拉莫斯"导弹采用的是梭镖式气动布局外形设计，且弹身的表层涂抹了印度研制生产的雷达吸波涂料，大大增强了该导弹的隐身性能；"布拉莫斯"导弹可以最大限度地躲避雷达的搜索探测，进而降低被敌方雷达发现的概率；当"布拉莫斯"导弹在飞行末段下降到10米左右时，就会贴近海平面并做蛇形机动弹道飞行，可有效躲避敌方的拦截。

你知道吗

　　你知道印度政府是在哪一年批准在本国东北部中印边境附近部署"布拉莫斯"反舰巡航导弹的吗？